큐브 유형 동영상 강의

학습 효과를 높이는 응용 유형 강의

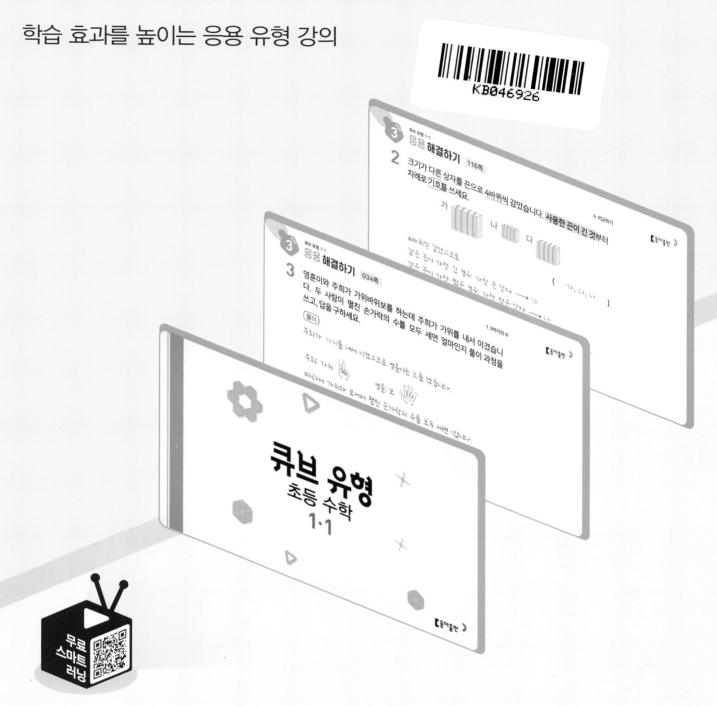

1초 만에 바로 강의 시청

QR코드를 스캔하여 동영상 강의를 바로 볼 수 있습니다. 응용 유형 문항별로 필요한 부분을 선택할 수 있도록 강의 시간과 강의명을 클릭할 수 있습니다.

친절한 문제 동영상 강의

수학 전문 선생님의 응용 문제 강의를 보면서 어려운 문제의 해결 방법 및 풀이 전략을 체계적으로 배울 수 있습니다.

나의 목표와 다짐을 적어 주세요.

2주		2단원				이번 주 스스로 평가		
	1회차	2회차	3회차	4회차	5회차	😄 매우 잘함	😐 보통	😣 노력 요함
	유형책 031~033쪽	유형책 036~041쪽	유형책 042~045쪽	유형책 046~051쪽	유형책 052~055쪽	☐	☐	☐
	월 일	월 일	월 일	월 일	월 일			

이번 주 스스로 평가				3단원				3주
😄 매우 잘함	😐 보통	😣 노력 요함	5회차	4회차	3회차	2회차	1회차	
☐	☐	☐	유형책 074~077쪽	유형책 070~073쪽	유형책 064~069쪽	유형책 059~061쪽	유형책 056~058쪽	
			월 일	월 일	월 일	월 일	월 일	

6주		5단원				이번 주 스스로 평가		
	1회차	2회차	3회차	4회차	5회차	😄 매우 잘함	😐 보통	😣 노력 요함
	유형책 122~125쪽	유형책 126~128쪽	유형책 129~131쪽	유형책 134~139쪽	유형책 140~143쪽	☐	☐	☐
	월 일	월 일	월 일	월 일	월 일			

이번 주 스스로 평가				6단원				7주
😄 매우 잘함	😐 보통	😣 노력 요함	5회차	4회차	3회차	2회차	1회차	
☐	☐	☐	유형책 162~165쪽	유형책 158~161쪽	유형책 152~157쪽	유형책 147~149쪽	유형책 144~146쪽	
			월 일	월 일	월 일	월 일	월 일	

학습 진도표

사용 설명서
1. 공부할 날짜를 빈칸에 적습니다.
2. 한 주가 끝나면 스스로 평가합니다.

1주 — 1단원

	1회차	2회차	3회차	4회차	5회차	이번 주 스스로 평가
	유형책 008~013쪽	유형책 014~017쪽	유형책 018~023쪽	유형책 024~027쪽	유형책 028~030쪽	😀 매우 잘함 😐 보통 😫 노력 요함
	월 일	월 일	월 일	월 일	월 일	

4주

이번 주 스스로 평가	5회차	4회차	3회차	2회차	1회차	
😀 매우 잘함 😐 보통 😫 노력 요함	유형책 094~097쪽	유형책 090~093쪽	유형책 086~089쪽	유형책 082~085쪽	유형책 078~081쪽	
	월 일	월 일	월 일	월 일	월 일	

5주 — 4단원

	1회차	2회차	3회차	4회차	5회차	이번 주 스스로 평가
	유형책 098~100쪽	유형책 101~103쪽	유형책 106~111쪽	유형책 112~115쪽	유형책 116~121쪽	😀 매우 잘함 😐 보통 😫 노력 요함
	월 일	월 일	월 일	월 일	월 일	

8주 — 총정리

이번 주 스스로 평가	5회차	4회차	3회차	2회차	1회차	
😀 매우 잘함 😐 보통 😫 노력 요함	유형책 180~183쪽	유형책 177~179쪽	유형책 174~176쪽	유형책 170~173쪽	유형책 166~169쪽	
	월 일	월 일	월 일	월 일	월 일	

수학의 기본
큐브 시리즈

큐브 연산 | 1~6학년 1, 2학기(전 12권)

난이도 구성

전 단원 연산을 다잡는 기본서

- 교과서 전 단원 구성
- 개념-연습-적용-완성 4단계 유형 학습
- 실수 방지 팁과 문제 제공

큐브 개념 | 1~6학년 1, 2학기(전 12권)

난이도 구성

교과서 개념을 다잡는 기본서

- 교과서 개념을 시각화 구성
- 수학익힘 교과서 완벽 학습
- 기본 강화책 제공

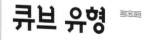

큐브 유형 | 1~6학년 1, 2학기(전 12권)

난이도 구성

모든 유형을 다잡는 기본서

- 기본부터 응용까지 모든 유형 구성
- 대표 예제로 유형 해결 방법 학습
- 서술형 강화책 제공

큐브 유형

유형책

초등 수학

2·1

큐브 유형

구성과 특징

큐브 유형은 기본 유형, 플러스 유형, 응용 유형까지
모든 유형을 담은 유형 기본서입니다.

유형책

1STEP 개념 확인하기

교과서 핵심 개념을 한눈에 익히기

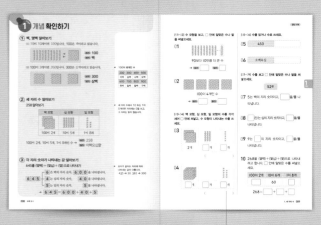

기본 문제로 배운 개념을 확인

2STEP 유형 다잡기

유형별 대표 예제와 해결 방법으로 유형을 쉽게 이해하기

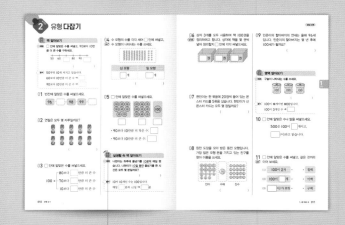

플러스 유형
학교 시험에 꼭 나오는 틀리기 쉬운 유형

서술형 강화책

서술형 다지기

대표 문제를 통해 단계적 풀이 방법을 익힌 후
유사/발전 문제로 서술형 쓰기 실력을 다지기

서술형 완성하기

서술형 다지기에서 연습한 문제에 대한 실전 유형 완성하기

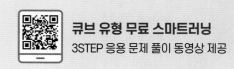
3STEP **응용 해결하기**

각종 경시대회에 출제되는 응용, 심화 문제를 통해 실력을
한 단계 높이기

평가 **단원 마무리** + **1~6단원 총정리**

마무리 문제로 단원별 실력 확인하기

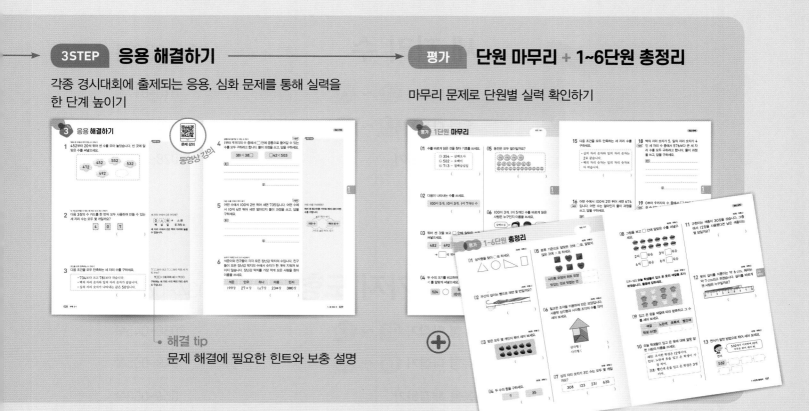

• **해결 tip**
문제 해결에 필요한 힌트와 보충 설명

⊘ 큐브 유형은 모든 문제를 모아 **단원별 → 개념별 → 난이도별 → 유형별**로 세분화하였습니다.

1

세 자리 수

학습을 끝낸 후
색칠하세요.

개념
확인하기

유형
다잡기
유형 01~11

⊛ 중요 유형

⊘ 이전에 배운 내용

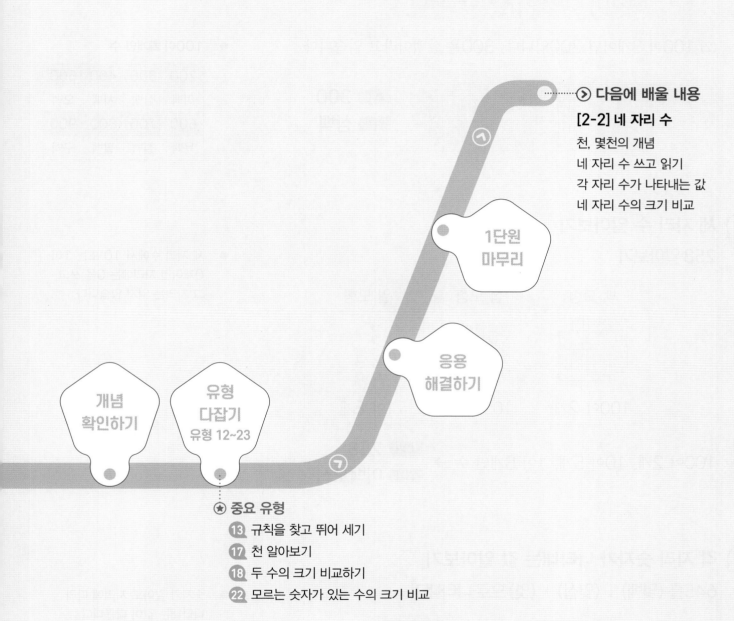

▶ **다음에 배울 내용**

[2-2] 네 자리 수

천, 몇천의 개념

네 자리 수 쓰고 읽기

각 자리 수가 나타내는 값

네 자리 수의 크기 비교

1단원 마무리

응용 해결하기

개념 확인하기

유형 다잡기 유형 12~23

★ **중요 유형**

⑬ 규칙을 찾고 뛰어 세기

⑰ 천 알아보기

⑱ 두 수의 크기 비교하기

㉒ 모르는 숫자가 있는 수의 크기 비교

① **백, 몇백 알아보기**

(1) 10이 10개이면 100입니다. 100은 백이라고 읽습니다.

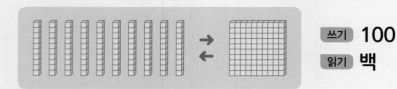

쓰기 **100**
읽기 **백**

(2) 100이 3개이면 300입니다. 300은 삼백이라고 읽습니다.

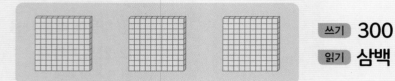

쓰기 **300**
읽기 **삼백**

● 100이 ■개인 수

200	300	400	500
이백	삼백	사백	오백
600	700	800	900
육백	칠백	팔백	구백

② **세 자리 수 알아보기**

258 알아보기

백 모형	십 모형	일 모형
100이 2개	10이 5개	1이 8개

100이 2개, 10이 5개, 1이 8개인 수 → 쓰기 **258**
읽기 **이백오십팔**

● 세 자리 수에서 10 또는 1이 0개이면 자리에는 0을 쓰고, 그 자리는 읽지 않습니다.

③ **각 자리 숫자가 나타내는 값 알아보기**

645를 (몇백) + (몇십) + (몇)으로 나타내기

6 4 5 ┌ **6** 은 백의 자리 숫자, **6 0 0** 을 나타냅니다.
      ├ **4** 는 십의 자리 숫자, **4 0** 을 나타냅니다.
      └ **5** 는 일의 자리 숫자, **5** 를 나타냅니다.

→ **6 4 5 = 6 0 0 + 4 0 + 5**

● 숫자가 같아도 자리에 따라 나타내는 값이 다릅니다.
435 → 30, 382 → 300

[01~02] 수 모형을 보고, ☐ 안에 알맞은 수나 말을 써넣으세요.

01

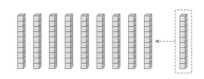

90보다 10만큼 더 큰 수

→ 쓰기 ☐   읽기 ☐

02

100이 4개인 수

→ 쓰기 ☐   읽기 ☐

[03~04] 백 모형, 십 모형, 일 모형의 수를 각각 세어 ☐ 안에 써넣고, 수 모형이 나타내는 수를 쓰세요.

03

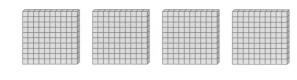

2개   ☐개   ☐개

(   )

04

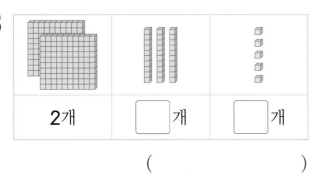

☐개   ☐개   ☐개

(   )

[05~06] 수를 읽거나 수로 쓰세요.

05 | 453 | |

06 | 오백육십 | |

[07~09] 수를 보고 ☐ 안에 알맞은 수나 말을 써넣으세요.

529

07 5는 백의 자리 숫자이고, ☐ 을/를 나타냅니다.

08 ☐ 은/는 십의 자리 숫자이고, ☐ 을/를 나타냅니다.

09 9는 ☐ 의 자리 숫자이고, ☐ 을/를 나타냅니다.

10 268을 (몇백)+(몇십)+(몇)으로 나타내려고 합니다. ☐ 안에 알맞은 수를 써넣으세요.

100이 2개	10이 6개	1이 8개
☐	60	☐

268 = ☐ + ☐ + ☐

유형 01 백 알아보기

예제 ☐ 안에 알맞은 수를 써넣고, 90보다 10만 큼 더 큰 수를 구하세요.

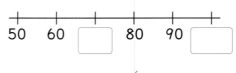

(   )

풀이 50부터 10씩 커지고 있습니다.

60보다 10만큼 더 큰 수 ➔ ☐

90보다 10만큼 더 큰 수 ➔ ☐

01 빈칸에 알맞은 수를 써넣으세요.

| 96 | ☐ | 98 | 99 | ☐ |

02 연필은 모두 몇 자루일까요?

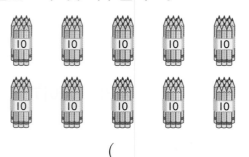

(   )

03 ☐ 안에 알맞은 수를 써넣으세요.

┌ 80보다 ☐ 만큼 더 큰 수

100 ➔ ┤ 70보다 ☐ 만큼 더 큰 수

└ 10보다 ☐ 만큼 더 큰 수

04 수 모형의 수를 각각 세어 ☐ 안에 써넣고, **중요★** 수 모형이 나타내는 수를 쓰세요.

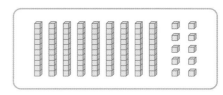

십 모형	일 모형
☐ 개	☐ 개

(   )

05 ☐ 안에 알맞은 수를 써넣으세요.

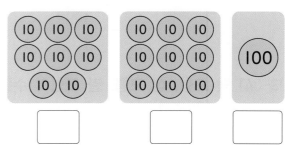

☐   ☐   ☐

· 90보다 10만큼 더 작은 수: ☐

· 90보다 10만큼 더 큰 수: ☐

+플러스 유형 02 실생활 속 백 알아보기

예제 나현이는 하루에 줄넘기를 <u>10분씩</u> 매일 했 습니다. 나현이가 <u>10일 동안</u> 줄넘기를 한 시 간은 모두 몇 분일까요?

(   )

풀이 10이 10개인 수는 100입니다.

매일 ☐ 분씩 10일 ➔ ☐ 분

06 상자 3개를 모두 사용하여 책 100권을 정리하려고 합니다. 상자에 책을 몇 권씩 넣어 정리할지 ☐ 안에 각각 써넣으세요.

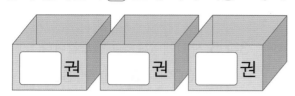

☐ 권　☐ 권　☐ 권

07 현민이는 한 묶음에 20장씩 들어 있는 몬스터 카드를 5묶음 샀습니다. 현민이가 산 몬스터 카드는 모두 몇 장일까요?

(　　　　　　　)

08 칭찬 도장을 모아 받은 동전 모형입니다. 가장 많은 모형 돈을 가지고 있는 친구를 찾아 이름을 쓰세요.

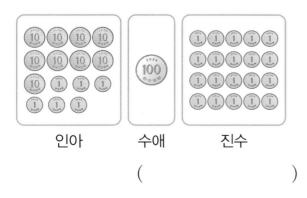

인아　　수애　　진수

(　　　　　　　)

09 민준이의 할아버지의 연세는 올해 96세입니다. 민준이의 할아버지는 몇 년 후에 100세가 될까요?

(　　　　　　　)

유형 03 **몇백 알아보기**

예제 구슬이 나타내는 수를 쓰세요.

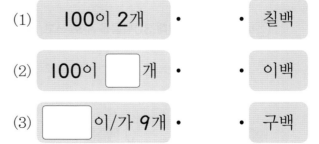

(　　　　　　　)

풀이 100이 ■개이면 ■00입니다.

100이 3개인 수 ➡ ☐

10 ☐ 안에 알맞은 수나 말을 써넣으세요.

500은 100이 ☐ 개이고,

☐ (이)라고 읽습니다.

11 ☐ 안에 알맞은 수를 써넣고, 같은 것끼리 이어 보세요.

(1) │ 100이 2개 │　•　•　│ 칠백 │

(2) │ 100이 ☐ 개 │　•　•　│ 이백 │

(3) │ ☐ 이/가 9개 │　•　•　│ 구백 │

12 동전은 모두 얼마인지 구하세요.
중요★

( )

13 옳은 것을 찾아 기호를 쓰세요.

> ㉠ 100이 **7**개이면 **70**입니다.
> ㉡ 600은 100이 **60**개입니다.
> ㉢ 10이 **80**개이면 **800**입니다.

( )

14 빨대의 수를 쓰고 읽어 보려고 합니다. 풀
서술형 이 과정을 쓰고, 답을 구하세요.

1단계 10개짜리 빨대 10묶음은 몇 개인지 구하기

_____

_____

2단계 10개짜리 빨대 30묶음을 수로 쓰고, 읽기

_____

쓰기 ( ) 읽기 ( )

+플러스
유형 **몇백 사이의 관계 알아보기**
04

예제 **300**과 **500** 사이에 있는 몇백을 쓰세요.

( )

풀이 **3**과 **5** 사이에 있는 수는 **4**입니다.

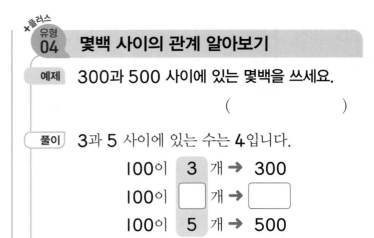

100이 **3** 개 ➡ **300**
100이 ☐ 개 ➡ ☐
100이 **5** 개 ➡ **500**

15 〈보기〉에서 알맞은 수를 찾아 ☐ 안에 써
넣으세요.

〈보기〉
200 **500** **100**

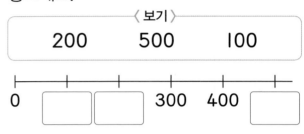

0 ☐ ☐ 300 400 ☐

16 수 모형을 보고 알맞은 것에 ◯표 하세요.

400보다 작습니다. ( )

400보다 크고 **500**보다
작습니다. ( )

500보다 큽니다. ( )

17 현우가 설명하는 수는 모두 몇 개일까요?

현우

500보다 크고, 900보다 작은 수 중에서 몇백이야.

( )

19 수수깡이 한 통에 100개씩 들어 있습니다. 연아가 수수깡 2통을 샀다면 연아가 산 수수깡은 모두 몇 개일까요?

( )

20 공깃돌이 한 봉지에 10개씩 담겨 있습니다. 70봉지에 담겨 있는 공깃돌은 모두 몇 개일까요?

( )

18 안의 수와 더 가까운 수를 찾아 색칠해 보세요.

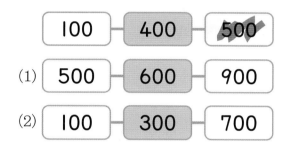

| 100 | 400 | 500 |

(1) | 500 | 600 | 900 |

(2) | 100 | 300 | 700 |

21 (서술형) 10원짜리 동전 30개를 100원짜리 동전으로 바꾸려고 합니다. 100원짜리 동전 몇 개로 바꿀 수 있는지 풀이 과정을 쓰고, 답을 구하세요.

1단계 10원짜리 동전은 모두 얼마인지 구하기

_____

_____

2단계 100원짜리 동전 몇 개로 바꿀 수 있는지 구하기

_____

_____

답 _____

+플러스
유형 **05** **실생활 속 몇백 알아보기**

예제 한 상자에 100개씩 들어 있는 감이 4상자 있습니다. 감은 모두 몇 개일까요?

( )

풀이 100이 4개인 수는 400입니다.

[ ]개씩 [ ]상자 ➡ [ ]개

난 부자야!

다 10원짜리잖아?

유형
06 세 자리 수 알아보기

예제 수 모형이 나타내는 수를 쓰세요.

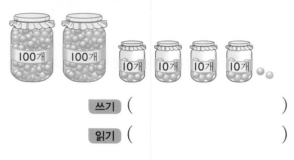

100이 3개	10이 5개	1이 4개

(   )

풀이 백, 십, 일 모형의 수를 차례로 씁니다.

100이 3개 → ☐

10이 5개 → ☐

1이 4개 → ☐
_____
→ ☐

22 사탕의 수를 쓰고, 읽어 보세요.

쓰기 (   )

읽기 (   )

23 수를 바르게 읽은 것을 찾아 기호를 쓰세요.

> ㉠ 315 – 삼백일오
> ㉡ 503 – 오백삼
> ㉢ 840 – 팔백사
> ㉣ 617 – 육십칠

(   )

24 성냥개비는 모두 몇 개일까요?
중요★

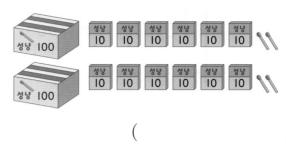

(   )

25 100이 8개, 10이 4개인 수를 바르게 읽은 사람은 누구인지 이름을 쓰세요.

팔백사십 — 미나   팔백사 — 준호

(   )

유형
07 세 자리 수 나타내기

예제 백 모형, 십 모형, 일 모형이 9개씩 있습니다. 가지고 있는 수 모형을 사용하여 215를 나타내려고 합니다. ☐ 안에 알맞은 수를 써넣으세요.

백 모형	십 모형	일 모형
2개	☐개	☐개

풀이

215는 ┌ 백 모형 2 개 ┐
       ├ 십 모형 ☐개 ┤ 로 나타냅니다.
       └ 일 모형 ☐개 ┘

26 연서는 동전을 이용하여 457을 나타냈습니다. ☐ 안에 알맞은 수를 구하세요.

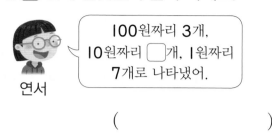

연서: 100원짜리 3개, 10원짜리 ☐개, 1원짜리 7개로 나타냈어.

(   )

27 나타내고 싶은 세 자리 수를 ☐ 안에 써넣고, 그 수만큼 그림을 묶어 나타내세요.

☐

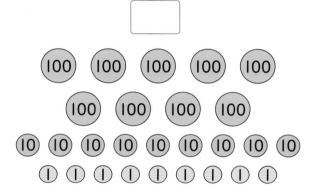

28 538을 여러 가지 방법으로 나타낸 것입니다. 잘못 나타낸 것을 찾아 기호를 쓰세요.

> ㉠ 백 모형 5개, 십 모형 3개, 일 모형 8개로 나타냅니다.
> ㉡ 백 모형 5개, 십 모형 2개, 일 모형 28개로 나타냅니다.
> ㉢ 백 모형 4개, 십 모형 13개, 일 모형 8개로 나타냅니다.

(   )

**+플러스
유형 08 실생활 속 세 자리 수 알아보기**

예제 귤이 100개씩 3상자, 10개씩 2상자, 낱개로 5개 있습니다. 귤은 모두 몇 개일까요?

(   )

풀이 100개씩 3상자 → 300개
10개씩 2상자 → ☐개
1개씩 5개 → ☐개
➡ ☐개

29 전단지가 100장씩 4묶음과 10장씩 6묶음, 낱장으로 3장 있습니다. 전단지는 모두 몇 장일까요?

(   )

30 민수는 간식으로 50원짜리 초콜릿 4개, 10원짜리 사탕 13개를 샀습니다. 민수가 산 간식은 모두 얼마인지 풀이 과정을 쓰고, 답을 구하세요.

1단계 초콜릿은 모두 얼마인지 구하기

_____

2단계 사탕은 모두 얼마인지 구하기

_____

3단계 간식은 모두 얼마인지 구하기

_____

답 _____

유형 09 각 자리 숫자 알아보기

예제 백의 자리 숫자가 3인 수를 찾아 기호를 쓰세요.

> ㉠ 263   ㉡ 317   ㉢ 130

(   )

풀이 주어진 수에서 백의 자리 숫자를 찾습니다.

㉠ 2̲63   ㉡ 3̲17   ㉢ 1̲30

☐   ☐   ☐

➡ 백의 자리 숫자가 3인 수: ☐

31 주어진 수의 백, 십, 일의 자리 숫자는 얼마인지 ☐ 안에 알맞은 수를 써넣으세요.

> 육백십구

백의 자리	십의 자리	일의 자리
☐	☐	☐

32 주어진 네 수 중 십의 자리 숫자가 가장 큰 수를 찾아 쓰세요.

> 283   902   316   845

(   )

33 수 배열표를 보고 물음에 답하세요.

530	531	532	533	534	535
540	541	542	543	544	545
550	551	552	553	554	555

(1) 십의 자리 숫자가 4인 수를 모두 찾아 노란색으로 색칠해 보세요.

(2) 일의 자리 숫자가 3인 수를 모두 찾아 빨간색으로 색칠해 보세요.

(3) 두 가지 색으로 모두 칠해진 수를 찾아 쓰세요.

(   )

유형 10 각 자리 숫자가 나타내는 값 알아보기

예제 밑줄 친 숫자는 얼마를 나타낼까요?

4<u>7</u>3 ➡ ☐

풀이 4<u>7</u>3에서 7은 ☐의 자리 숫자입니다.

➡ 나타내는 값: ☐

34 주어진 수를 〈보기〉와 같이 나타내세요.

> 〈보기〉
> 264 = 200 + 60 + 4

(1) 839 = ___ + ___ + ___

(2) 783 = ___ + ___ + ___

35 밑줄 친 숫자가 얼마를 나타내는지 수 모형에서 찾아 ◯표 하세요.

244

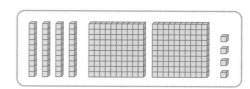

36 다음 수에서 밑줄 친 두 숫자 3의 다른 점을 쓰세요.

(서술형)

3̲63̲

다른 점 _____

_____

37 다음 3장의 수 카드를 한 번씩 모두 사용하여 일의 자리 숫자가 4인 세 자리 수를 만들어 보세요.

(중요★)

0   4   7

(   )

1
단원

38 미나가 설명하는 수를 구하세요.

100이 6개인 세 자리 수야.
십의 자리 숫자는 30을 나타내고,
781과 일의 자리 숫자가 똑같아.

미나

(   )

+플러스
유형
11 ■의 자리 숫자가 주어진 세 자리 수 만들기

(예제) 십의 자리 숫자와 일의 자리 숫자는 6으로 같고, 백의 자리 숫자가 나타내는 값이 700인 세 자리 수를 쓰세요.

(   )

(풀이) • 십, 일의 자리 숫자: ☐

• 백의 자리 숫자가 나타내는 값: 700

➡ 백의 자리 숫자: ☐

따라서 세 자리 수는 ☐ 입니다.

39 깃발에 적힌 세 수를 한 번씩 모두 사용하여 십의 자리 숫자가 8인 세 자리 수를 만들려고 합니다. 만들 수 있는 세 자리 수는 모두 몇 개일까요?

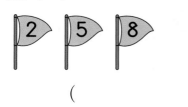

(   )

STEP 1 개념 확인하기

④ **뛰어 세기**

100씩 뛰어 세기: 백의 자리 수가 1씩 커집니다.

10씩 뛰어 세기: 십의 자리 수가 1씩 커집니다.

1씩 뛰어 세기: 일의 자리 수가 1씩 커집니다.

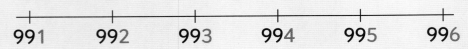

천 알아보기

999보다 1만큼 더 큰 수 → 쓰기 **1000** 읽기 **천**

● ●씩 거꾸로 뛰어 세면 뛰어 세는 자리의 수가 1씩 작아집니다.

● 1000 나타내기
  - 999보다 1만큼 더 큰 수
  - 990보다 10만큼 더 큰 수
  - 900보다 100만큼 더 큰 수

⑤ **수의 크기 비교하기**

두 수의 크기 비교

① 백의 자리 수가 다르면
   백의 자리 수가 클수록 더 큽니다.

783 < 819
└ 7<8 ┘

② 백의 자리 수가 같고 십의 자리 수가 다르면
   십의 자리 수가 클수록 더 큽니다.

783 > 719
└ 8>1 ┘

③ 백, 십의 자리 수가 각각 같고 일의 자리 수가
   다르면 일의 자리 수가 클수록 더 큽니다.

713 < 719
└ 3<9 ┘

● 세 자리 수의 크기를 비교할 때에는 백의 자리 수부터 차례로 비교합니다.

세 수의 크기 비교

	백의 자리	십의 자리	일의 자리	
423 →	4	2	3	→ 가장 큰 수
257 →	2	5	7	→ 가장 작은 수
259 →	2	5	9	

4>2   5=5   7<9
423이 가장 큼.   257이 가장 작음.

01 100씩 뛰어 세어 보세요.

235 335

02 10씩 뛰어 세어 보세요.

575 595

03 뛰어 센 것을 보고 ☐ 안에 알맞은 수를 써넣으세요.

| 419 | 429 | 439 | 449 | 459 |

→ ☐ 씩 뛰어 세었습니다.

[04~05] 다음을 보고 물음에 답하세요.

996 997 ☐ ☐ ☐

04 1씩 뛰어 세어 빈칸에 알맞은 수를 써넣으세요.

05 999보다 1만큼 더 큰 수는 얼마일까요?

( )

06 수 모형을 보고 두 수의 크기를 비교하여 ◯ 안에 > 또는 <를 알맞게 써넣으세요.

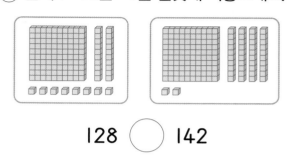

128 ◯ 142

[07~09] 두 수의 크기를 비교하여 ◯ 안에 > 또는 <를 알맞게 써넣으세요.

07 595 ◯ 590

08 265 ◯ 518

09 674 ◯ 631

10 ☐ 안에 알맞은 수를 써넣고, 세 수의 크기를 비교하여 알맞은 수에 ◯표 하세요.

	백의 자리	십의 자리	일의 자리
723 →	7	2	3
581 →	5	☐	☐
539 →	5	☐	☐

가장 큰 수: (723 , 581 , 539)
가장 작은 수: (723 , 581 , 539)

유형 **12** 몇씩 뛰어 세기

예제 100씩 뛰어 셀 때 ㉠에 알맞은 수를 쓰세요.

| 514 | 614 | | ㉠ | 914 |

( )

풀이 100씩 뛰어 세면 백의 자리 수가 1씩 커집니다.

5̲14 – 6̲14 – ⬚ – ⬚ – 9̲14

01 100씩 뛰어 센 것을 찾아 기호를 쓰세요.

㉠ 290 – 390 – 490 – 590 – 690

㉡ 450 – 460 – 470 – 480 – 490

( )

02 1씩 뛰어 세어 보세요.

| 795 | 796 | 797 | |

| | | | 802 |

03 100씩 뛰어 세어 보세요.

| 214 | | | 514 |

| 614 | | 814 | |

04 539부터 10씩 뛰어 세면서 선으로 이어 보세요.

05 50씩 뛰어 세어 보세요.

| 458 | | | | |

유형 **13** 규칙을 찾고 뛰어 세기

예제 몇씩 뛰어서 센 것일까요?

| 452 | 453 | 454 | 455 | 456 |

( )

풀이 백, 십, 일의 자리 중 ⬚의 자리 수가 1씩 커집니다.

➡ ⬚씩 뛰어 센 것입니다.

06 빈칸에 알맞은 수를 써넣으세요.

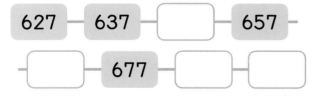

| 627 | 637 | | 657 |

| | 677 | | |

07 〈보기〉의 규칙과 같은 방법으로 뛰어 세어
중요* 보세요.

〈보기〉

| 573 | 673 | 773 | 873 |

| 167 | | | |

08 수의 규칙을 바르게 설명한 것을 찾아 기호를 쓰세요.

| 637 | 638 | 639 | 640 | 641 |

㉠ 십의 자리 수가 1씩 커집니다.
㉡ 100씩 커집니다.
㉢ 1씩 뛰어 센 것입니다.

( )

09 ☐ 안에 알맞은 수를 써넣고, 몇씩 뛰어 세었는지 쓰세요.

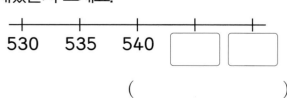

530 535 540 ☐ ☐

( )

10 다음 수 배열표의 가로(→) 또는 세로(↓)
창의형 한 줄에 색칠하고, 색칠한 칸에 있는 수는
몇씩 뛰어 센 것인지 설명해 보세요.

353	354	355	356	357	358
363	364	365	366	367	368
373	374	375	376	377	378
383	384	385	386	387	388

(설명)

**+플러스
유형 14**   **거꾸로 뛰어 세기**

(예제) 550부터 100씩 거꾸로 뛰어 셀 때 빈칸에
알맞은 수를 써넣으세요.

| 550 | 450 | | 250 | |

(풀이) 100씩 거꾸로 뛰어 세면 백의 자리 수가 1씩
작아집니다.

5̲50−4̲50−☐50−2̲50−☐50

11 리아가 말한 방법으로 뛰어 세어 보세요.

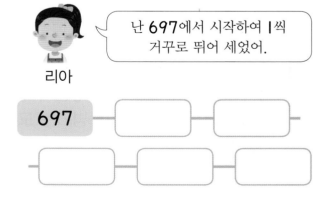

난 697에서 시작하여 1씩
거꾸로 뛰어 세었어.

리아

| 697 | | |

| | | |

12 몇씩 거꾸로 뛰어 센 것일까요?

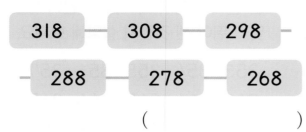

318 — 308 — 298 —

— 288 — 278 — 268

( )

13 뛰어 세는 규칙을 찾아 빈칸에 알맞은 수를 써넣으세요.

736 — 636 — 536 — ⬜ — ⬜

+플러스 유형 15 **실생활 속 뛰어 세기**

예제 저금통에 550원이 있습니다. 100원씩 3번 더 넣으면 저금통에 있는 돈은 모두 얼마가 될까요?

( )

풀이 550 — 650 — ⬜ — ⬜
　　　　　　100　　100　　100

14 연수는 오전에 줄넘기를 100번씩 2번 했습니다. 오후에 줄넘기를 10번씩 7번 더 했다면 연수가 오늘 한 줄넘기는 모두 몇 번일까요?

( )

15 승아는 책을 하루에 1권씩 읽습니다. 오늘까지 읽은 책이 175권이라면 3일 전까지 읽은 책은 몇 권이었는지 풀이 과정을 쓰고, 답을 구하세요.

(서술형)

[1단계] 뛰어 세는 방법 찾기

_____

_____

[2단계] 3일 전까지 읽은 책 수 구하기

_____

답 _____

+플러스 유형 16 **■만큼 더 큰(작은) 수 알아보기**

예제 나타내는 수를 쓰세요.

576보다 10만큼 더 큰 수

( )

풀이 10만큼 더 큰 수는 10만큼 한 번 뛰어 센 수입니다.

→ 576보다 10만큼 더 큰 수: 5⬜6

16 빈칸에 알맞은 수를 써넣으세요.

1만큼 더 작은 수　　　　　　1만큼 더 큰 수

⬜ — 348 — ⬜

17 주어진 수보다 1, 10, 100만큼 더 큰 수를 각각 구하세요.

$$366$$

1만큼 더 큰 수	
10만큼 더 큰 수	
100만큼 더 큰 수	

18 중요★ 다음 중 나타내는 수가 다른 하나를 찾아 기호를 쓰세요.

㉠ 733보다 1만큼 더 큰 수
㉡ 744보다 10만큼 더 작은 수
㉢ 644보다 100만큼 더 큰 수

( )

19 1000을 나타내는 수가 <u>아닌</u> 것에 ×표 하세요.

• 999 다음의 수 ( )
• 909보다 1만큼 더 큰 수 ( )
• 990보다 10만큼 더 큰 수 ( )

20 서술형 은혁이는 심부름을 할 때마다 칭찬 점수 100점을 받습니다. 1000점을 받으려면 심부름을 몇 번 해야 하는지 풀이 과정을 쓰고, 답을 구하세요.

1단계 1000은 100이 몇 개인 수인지 알아보기

2단계 심부름을 해야 하는 횟수 구하기

답 _____

유형 17 천 알아보기

예제 뛰어 세었을 때, ★에 알맞은 수를 구하세요.

996 — 997 — ☐ — ☐ — ★

( )

풀이 일의 자리 수가 ☐씩 커집니다.

→ 996 — 997 — 99☐ — 99☐
— ☐

21 다음 중 1000에 가장 가까운 수를 찾아 쓰세요.

993 800 970

( )

유형 18 두 수의 크기 비교하기

예제 두 수의 크기를 비교하여 ◯ 안에 > 또는 <를 알맞게 써넣으세요.

523 ◯ 478

풀이 백, 십, 일의 자리 수를 차례로 비교합니다.

백의 자리 수의 비교: 5 ◯ 4

→ 523 ◯ 478

22 ☐ 안에 수 모형의 수를 써넣고, 두 수의 크기를 비교하여 ◯ 안에 > 또는 <를 알맞게 써넣으세요.

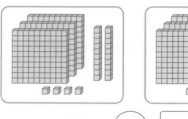 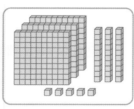

324 ◯ ☐

23 두 수 중 더 큰 수에 색칠해 보세요.

769   784

24 두 수의 크기를 비교하여 ◯ 안에 > 또는 <를 알맞게 써넣으세요.

(1) 500+30+7 ◯ 525

(2) 800+9 ◯ 803

25 두 수의 크기를 바르게 비교한 것을 찾아 기호를 쓰세요.

ㄱ 725 > 720   ㄴ 332 < 294

( )

26 더 작은 수를 말한 사람을 찾아 이름을 쓰세요.

효린: 육백이
진우: 100이 6개, 10이 2개, 1이 1개인 수

( )

27 내가 만든 세 자리 수를 2개 쓰고, 두 수의 크기를 비교해 보세요.

창의형

내가 만든 세 자리 수	

내가 만든 세 자리 수 중에서

더 큰 수는 ☐ 입니다.

유형 19 여러 개의 수의 크기 비교하기

예제 세 수의 크기를 비교하여 가장 작은 수를 쓰세요.

| 603 | 753 | 625 |

( )

풀이

	백의 자리	십의 자리	일의 자리
603 →	6	0	3
753 →	☐	5	3
625 →	☐	☐	☐

가장 작은 수: ☐

28 세 수의 크기를 비교하여 가장 큰 수부터 차례로 쓰세요.

| 150 | 252 | 193 |

( )

29 네 수의 크기를 비교하여 두 번째로 큰 수를 찾아 쓰세요.

| 629 | 712 | 683 | 597 |

( )

+플러스 유형 20 실생활 속 수의 크기 비교

예제 과학책은 185쪽, 수학책은 136쪽입니다. 어느 책의 쪽수가 더 많을까요?

( )

풀이 185 ◯ 136이므로

☐ 의 쪽수가 더 많습니다.

30 주경이와 규민이는 은행에서 다음과 같은 수가 적힌 번호표를 들고 기다리고 있습니다. 번호표를 더 먼저 뽑은 사람의 이름을 쓰세요.

 주경
225

규민
231

( )

31 **서술형** 채소 가게에 오늘 들어온 채소의 수입니다. 가장 적게 들어온 채소는 무엇인지 풀이 과정을 쓰고, 답을 구하세요.

오이	당근	감자
316개	287개	293개

[1단계] 세 수의 크기 비교하기

_____

_____

[2단계] 가장 적게 들어온 채소 구하기

_____

답 _____

32 현진이와 친구들이 모은 우표의 수를 나타낸 것입니다. 우표를 가장 많이 모은 사람은 누구일까요?

이름	현진	유리	나준	연경
우표 수(장)	105	137	89	152

(   )

+플러스
유형 21 **범위에 알맞은 수 구하기**

예제 ☐ 안에 들어갈 수 있는 수를 모두 쓰세요.

$$254 < ☐ < 258$$

(   )

풀이 1씩 뛰어 세면서 254보다 크고, 258보다 작은 수를 찾습니다.

254 **255** ☐ ☐ 258

33 ■에 알맞은 수를 찾아 쓰세요.

$$628 < ■$$

642   623

(   )

34 535보다 크고 540보다 작은 세 자리 수는 모두 몇 개일까요?
중요★

(   )

35 수 카드를 한 번씩만 사용하여 ☐ 안에 알맞은 수를 써넣으세요.

348   381   370

$$345 < \boxed{}$$

$$366 < \boxed{}$$

$$377 < \boxed{}$$

+플러스
유형 22 **모르는 숫자가 있는 수의 크기 비교**

예제 ☐ 안에 들어갈 수 있는 수를 모두 찾아 ◯표 하세요.

$$3☐7 < 347$$

(1 , 2 , 3 , 4 , 5 , 6)

풀이 백의 자리 수와 일의 자리 수가 같으므로 십의 자리 수를 비교합니다.

십의 자리 수의 비교: ☐ < ☐

→ ☐ 안에 들어갈 수 있는 수: 1, 2, ☐

36 세 자리 수의 크기를 비교하여 ◯ 안에 > 또는 <를 알맞게 써넣으세요.

43■   47▲

37 1부터 9까지의 수 중에서 ☐ 안에 들어갈 수 있는 수를 모두 구하려고 합니다. 풀이 과정을 쓰고, 답을 구하세요.
서술형

$$\boxed{}00 < 558$$

(1단계) 백의 자리 수를 비교하여 ☐ 안에 들어갈 수 있는 수 구하기

_____

_____

(2단계) ☐ 안에 5가 들어갈 수 있는지 확인하기

_____

_____

답 _____

38 가고 싶은 체험학습 장소에 투표했더니 놀이공원에 투표한 학생이 동물원에 투표한 학생보다 더 많았습니다. 0부터 9까지의 수 중에서 ☐ 안에 들어갈 수 있는 수는 모두 몇 개일까요?

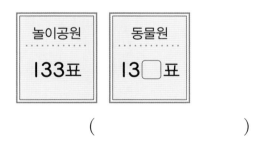

놀이공원	동물원
133표	13☐표

( )

39 백의 자리 숫자가 2, 일의 자리 숫자가 7인 세 자리 수 중에서 273보다 큰 수를 모두 쓰세요.

( )

+플러스 유형 23 가장 큰(작은) 세 자리 수 만들기

예제 3, 5, 1로 만들 수 있는 세 자리 수 중에서 가장 큰 수를 구하세요.

( )

풀이 가장 큰 수를 만들려면 가장 높은 자리부터 큰 수를 차례로 놓습니다.

$5 > \boxed{} > \boxed{}$ 이므로 만들 수 있는 가장 큰 세 자리 수는 $\boxed{}$ 입니다.

40 공에 적힌 수를 한 번씩만 사용하여 가장 큰 세 자리 수와 가장 작은 세 자리 수를 각각 만들어 보세요.
중요★

가장 큰 수 ( )
가장 작은 수 ( )

41 칠판에 적힌 수 중 3개를 골라 한 번씩만 사용하여 세 자리 수를 만들려고 합니다. 만들 수 있는 세 자리 수 중에서 가장 작은 수를 구하세요.

( )

단원

STEP 3 응용 **해결하기**

1 뛰어 센 수에서 비어 있는 수 구하기

452부터 20씩 뛰어 센 수를 모아 놓았습니다. 빈 곳에 알맞은 수를 써넣으세요.

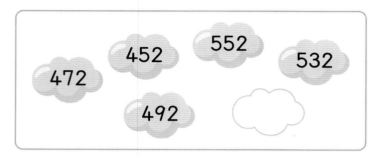

2 수 카드로 만들 수 있는 세 자리 수의 개수 구하기

다음 3장의 수 카드를 한 번씩 모두 사용하여 만들 수 있는 세 자리 수는 모두 몇 개일까요?

4   0   7

(   )

3 조건을 모두 만족하는 수 구하기

다음 조건을 모두 만족하는 세 자리 수를 구하세요.

- 734보다 크고 781보다 작습니다.
- 백의 자리 숫자와 일의 자리 숫자가 같습니다.
- 십의 자리 숫자가 나타내는 값은 50입니다.

(   )

세 자리 수에서 0은 어디에?

0 ▲ ■ → ▲ ■
백 십 일   두 자리 수

세 자리 수에서 0은 백의 자리에 놓을 수 없습니다.

7□□보다 크고 7○○보다 작은 세 자리 수는?

7□□< (세 자리 수) < 7○○

구하려는 세 자리 수의 백의 자리 숫자도 7입니다.

공통으로 들어갈 수 있는 수 찾기 〔서술형〕

4 1부터 9까지의 수 중에서 ☐ 안에 공통으로 들어갈 수 있는 수를 모두 구하려고 합니다. 풀이 과정을 쓰고, 답을 구하세요.

> 381<38☐   ☐42<503

〔풀이〕

_____

_____

〔답〕 _____

1 단원

어떤 수를 구하고 뛰어 세기 〔서술형〕

5 어떤 수에서 100씩 2번 뛰어 세면 735입니다. 어떤 수에서 10씩 4번 뛰어 세면 얼마인지 풀이 과정을 쓰고, 답을 구하세요.

〔풀이〕

_____

_____

〔답〕 _____

어떤 수를 구하려면?

뛰어 센 횟수만큼 거꾸로 뛰어 세어 어떤 수를 구합니다.

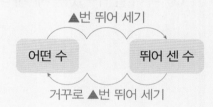

숫자가 지워진 수의 크기 비교하기

6 석준이와 친구들이 각각 모은 장난감 딱지의 수입니다. 친구들이 모은 장난감 딱지의 수에서 숫자가 한 개씩 지워져 보이지 않습니다. 장난감 딱지를 가장 적게 모은 사람을 찾아 이름을 쓰세요.

석준	민우	하나	아중	민지
199장	27★장	1▲7장	23◆장	3■0장

(   )

동전을 사용하여 만들 수 있는 금액 구하기

7 동전 6개 중에서 3개를 사용하여 나타낼 수 있는 세 자리 수는 모두 몇 개인지 구하세요.

(1) 위의 동전 중에서 3개를 사용하여 세 자리 수를 나타낼 수 있는 경우를 모두 찾아 표를 완성해 보세요.

100원	10원	1원	세 자리 수
1개	1개	1개	111

(2) 나타낼 수 있는 세 자리 수는 모두 몇 개일까요?

( )

범위 안의 수 중 조건에 맞는 수의 개수 구하기

8 385보다 크고 415보다 작은 수 중에서 백의 자리 숫자가 십의 자리 숫자보다 큰 수는 모두 몇 개인지 구하세요.

(1) 385보다 크고 415보다 작은 수 중에서 백의 자리 숫자가 3일 때, 십의 자리 숫자를 모두 구하세요.

( )

(2) 385보다 크고 415보다 작은 수 중에서 백의 자리 숫자가 4일 때, 십의 자리 숫자를 모두 구하세요.

( )

(3) 백의 자리 숫자가 십의 자리 숫자보다 큰 수는 모두 몇 개일까요?

( )

01 수를 바르게 읽은 것을 찾아 기호를 쓰세요.

> ㉠ 354 – 삼백오사
> ㉡ 502 – 오백이
> ㉢ 713 – 칠백삼십일

(   )

02 다음이 나타내는 수를 쓰세요.

100이 5개, 10이 3개, 1이 7개인 수

(   )

03 뛰어 센 것을 보고 ☐ 안에 알맞은 수를 써넣으세요.

482 — 492 — 502 — 512

→ ☐ 씩 뛰어 세었습니다.

04 두 수의 크기를 비교하여 ○ 안에 > 또는 < 를 알맞게 써넣으세요.

524 ○ 509보다 10만큼 더 큰 수

05 동전은 모두 얼마일까요?

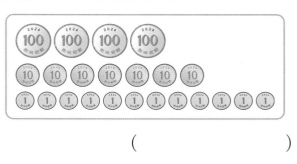

(   )

06 100이 3개, 1이 5개인 수를 바르게 읽은 사람은 누구인지 이름을 쓰세요.

삼백오십   리아
삼백오   도율

(   )

07 숫자 3이 300을 나타내는 수를 찾아 쓰세요.

143   738   563   309

(   )

08 뛰어 센 규칙을 찾아 빈 곳에 알맞은 수를 써넣으세요.

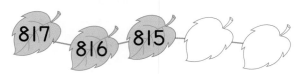

817   816   815

09 고구마를 연지는 154개 캤고, 사랑이는 129개 캤습니다. 누가 고구마를 더 많이 캤을까요?

( )

10 밑줄 친 숫자 5가 나타내는 값이 가장 큰 것을 찾아 기호를 쓰세요.

㉠ 6<u>5</u>2   ㉡ 30<u>5</u>   ㉢ <u>5</u>14   ㉣ 9<u>5</u>8

( )

11 과일꼬치 한 줄에 방울토마토가 10개씩 꽂혀 있습니다. 30줄에 꽂혀 있는 방울토마토는 몇 개일까요?

( )

12 50씩 뛰어 셀 때 ㉠에 알맞은 수는 얼마인지 구하세요.

725   [ ]   [ ]   ㉠

( )

13 수의 크기를 비교하여 가장 작은 수부터 차례로 쓰세요.

483   621   502   497

[ ] , [ ] , [ ] , [ ]

14 수 카드 3장을 한 번씩 사용하여 세 자리 수를 만들려고 합니다. 만들 수 있는 수 중에서 십의 자리 숫자가 8인 수를 구하세요.

0   5   8

( )

15 다음 조건을 모두 만족하는 세 자리 수를 구하세요.

> • 십의 자리 숫자와 일의 자리 숫자는 **2**로 같습니다.
> • 백의 자리 숫자는 일의 자리 숫자보다 작습니다.

(   )

16
(서술형) 어떤 수에서 **100**씩 **2**번 뛰어 세면 **674**입니다. 어떤 수는 얼마인지 풀이 과정을 쓰고, 답을 구하세요.

(풀이)

(답) _____

17 수 모형 중에서 **3**개를 사용하여 나타낼 수 있는 세 자리 수는 모두 몇 개일까요?

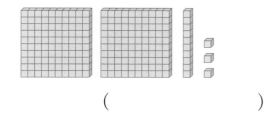

(   )

18
(서술형) 백의 자리 숫자가 **5**, 일의 자리 숫자가 **4**인 세 자리 수 중에서 **576**보다 큰 세 자리 수를 모두 구하려고 합니다. 풀이 과정을 쓰고, 답을 구하세요.

(풀이)

(답) _____

19
(서술형) **0**부터 **9**까지의 수 중에서 ☐ 안에 들어갈 수 있는 수는 모두 몇 개인지 풀이 과정을 쓰고, 답을 구하세요.

> 66☐ < 664

(풀이)

(답) _____

20 일부가 가려진 세 자리 수입니다. 세 수의 크기를 비교하여 가장 큰 수의 기호를 쓰세요.

> ㉠ 3●6   ㉡ 301   ㉢ 29◆

(   )

2

여러 가지 도형

학습을 끝낸 후
색칠하세요.

개념
확인하기

유형
다잡기
유형 01~13

이전에 배운 내용

[1-1] 여러 가지 모양

 모양 찾기

[1-2] 모양과 시각

모양 찾기

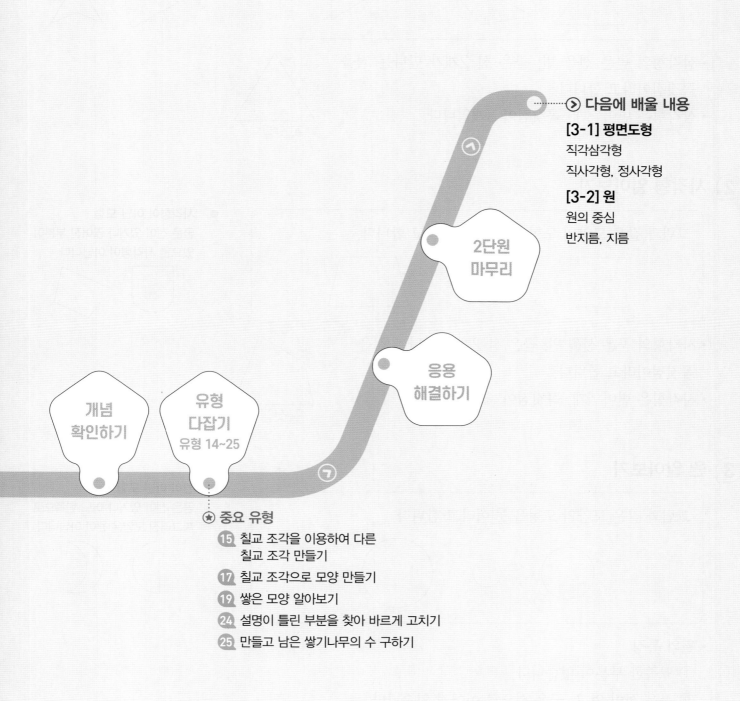

2단원
마무리

응용
해결하기

개념
확인하기

유형
다잡기
유형 14~25

STEP 1 개념 확인하기

① 삼각형 알아보기

> 그림과 같은 모양의 도형을 **삼각형**이라고 합니다.
>
>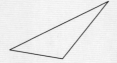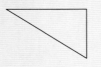

- 삼각형의 곧은 선을 변, 곧은 선 2개가 만나는 점을 꼭짓점이라고 합니다.
- 삼각형은 변이 3개, 꼭짓점이 3개입니다.

● **삼각형이 아닌 도형**
굽은 선이 있거나 곧은 선이 3개보다 많으면 삼각형이 아닙니다.

② 사각형 알아보기

> 그림과 같은 모양의 도형을 **사각형**이라고 합니다.
>
>

- 사각형의 곧은 선을 변, 곧은 선 2개가 만나는 점을 꼭짓점이라고 합니다.
- 사각형은 변이 4개, 꼭짓점이 4개입니다.

● **사각형이 아닌 도형**
굽은 선이 있거나 끊어진 부분이 있으면 사각형이 아닙니다.

③ 원 알아보기

> 그림과 같은 모양의 도형을 **원**이라고 합니다.
>
>

- 원의 특징
  ① 뾰족한 부분이 없습니다.
  ② 곧은 선이 없고, 굽은 선으로 이어져 있습니다.
  ③ 길쭉하거나 찌그러진 곳 없이 어느 쪽에서 보아도 똑같이 동그란 모양입니다.

● **원이 아닌 도형**
곧은 선이 있거나 어느 한쪽으로 찌그러진 모양은 원이 아닙니다.

01 삼각형이면 ○표, 아니면 ×표 하세요.

(   )   (   )   (   )

02 사각형이면 ○표, 아니면 ×표 하세요.

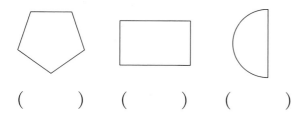

(   )   (   )   (   )

03 원이면 ○표, 아니면 ×표 하세요.

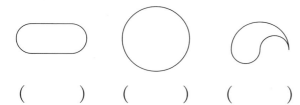

(   )   (   )   (   )

[04~05] □ 안에 알맞은 말을 써넣으세요.

04

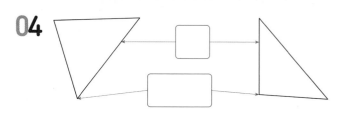

05

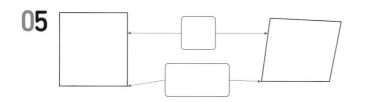

[06~07] □ 안에 알맞은 수를 써넣으세요.

06

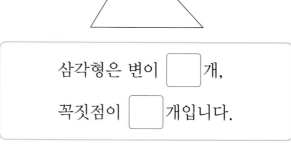

삼각형은 변이 □개,

꼭짓점이 □개입니다.

07

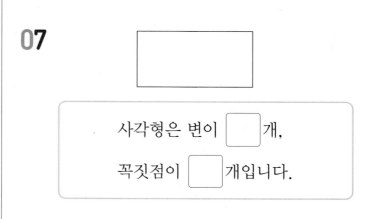

사각형은 변이 □개,

꼭짓점이 □개입니다.

08 삼각형을 그려 보세요.

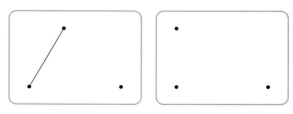

09 사각형을 그려 보세요.

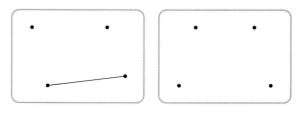

유형 01 삼각형 알아보기

예제 삼각형을 찾아 기호를 쓰세요.

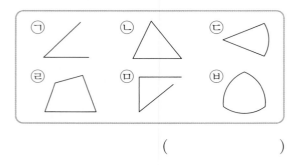

(   )

풀이 삼각형: 곧은 선 □ 개로 둘러싸인 도형

01 삼각형에 대한 설명으로 <u>틀린</u> 것을 모두 고르세요. (   )

① 곧은 선으로 둘러싸여 있습니다.
② 변이 **3**개입니다.
③ 꼭짓점이 **3**개입니다.
④ 끊어진 부분이 있습니다.
⑤ 굽은 선이 있습니다.

02 삼각형을 모두 찾아 색칠해 보세요.

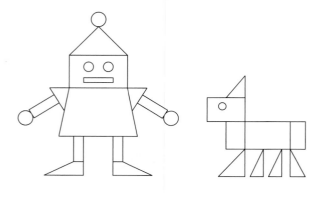

03 (서술형) 도형이 삼각형인지 <u>아닌지</u> 쓰고, 그 이유를 쓰세요.

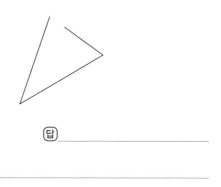

답 _____

이유 _____

04 삼각형은 모두 몇 개일까요?

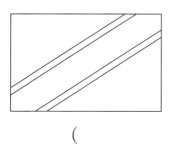

(   )

유형 02 삼각형 그리기

예제 왼쪽과 같은 삼각형을 그려 보세요.

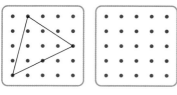

풀이

점의 칸수를 세어 왼쪽과 크기와 모양이 같도록 삼각형을 그립니다.

05 주어진 선을 이용하여 서로 다른 삼각형을 **2**개 그려 보세요.

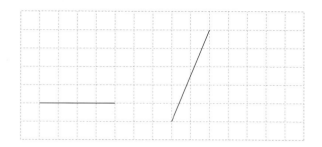

06 삼각형을 이용하여 봄 풍경을 그려 보세요.

유형 03 **사각형 알아보기**

예제 사각형이 <u>아닌</u> 것을 모두 찾아 기호를 쓰세요.

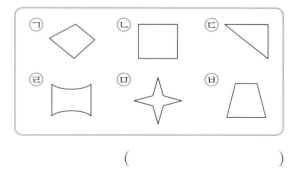

( )

풀이 사각형: 곧은 선 ☐ 개로 둘러싸인 도형

07 사각형에 대한 설명으로 옳은 것에는 ◯표, 중요★ <u>틀린</u> 것에는 ✕표 하세요.

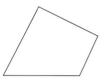

(1) 곧은 선으로 둘러싸여 있습니다.

( )

(2) 변이 **5**개입니다. ( )

(3) 꼭짓점이 **4**개입니다. ( )

08 주변에서 사각형 모양의 물건을 **1**개 찾아 쓰세요.

( )

09 사각형은 모두 몇 개일까요?

( )

10 ㉠과 ㉡에 알맞은 수를 각각 쓰세요.

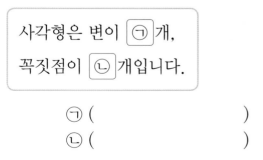

사각형은 변이 ㉠ 개,
꼭짓점이 ㉡ 개입니다.

㉠ ( )

㉡ ( )

유형 04 사각형 그리기

예제 삼각형보다 꼭짓점의 수가 1개 더 많은 도형을 그려 보세요.

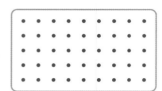

풀이 삼각형보다 꼭짓점의 수가 1개 더 많은 도형은 □ 입니다. → 변이 □ 개인 도형을 그립니다.

11 두 변과 한 점을 이어 사각형을 완성하려면 어느 점과 이어야 할까요? (　　　)

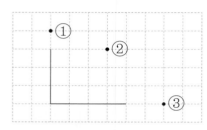

12 주어진 선을 이용하여 사각형을 2개 완성해 보세요.

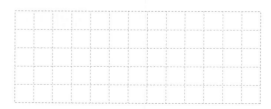

13 서로 다른 사각형을 2개 그려 보세요.

14 다음 선을 한 변으로 하는 사각형을 그리려고 합니다. 더 그려야 하는 변은 모두 몇 개인지 풀이 과정을 쓰고, 답을 구하세요.
(서술형)

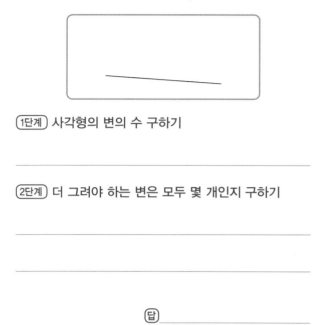

[1단계] 사각형의 변의 수 구하기

―――――――――――――――――――

[2단계] 더 그려야 하는 변은 모두 몇 개인지 구하기

―――――――――――――――――――

답 ―――――――――

유형 05 원 알아보기

예제 원은 어느 것일까요? (　　　)

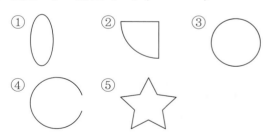

풀이 원: 어느 쪽에서 보아도 똑같이 동그란 모양

15 원만 이용하여 그린 그림을 찾아 기호를 쓰세요.

가　　　　　　　나

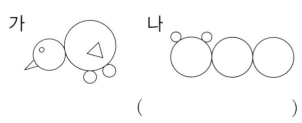

(　　　　　)

16 원에 대해 바르게 말한 사람을 모두 찾아 ◯표 하세요.

현우 ( ) 미나 ( ) 연서 ( )

17 원이 <u>아닌</u> 도형을 찾아 기호를 쓰고, 그 이유를 쓰세요.

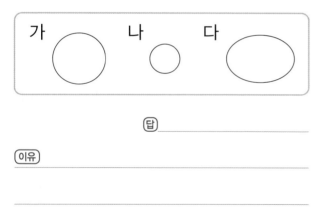

답 _____

이유 _____

18 원을 찾아 원 안에 있는 수들의 합을 구하세요.

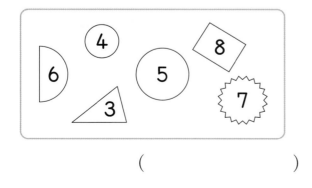

( )

유형 06 **원 그리기**

예제 크기가 서로 다른 원을 2개 그려 보세요.

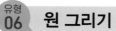

풀이 동전, 반지 등을 이용하여 원을 그립니다.

19 원만 이용하여 그림을 그려 보세요.

20 삼각형, 사각형, 원을 이용하여 성을 꾸며 보세요.

유형 07 원의 개수 구하기

예제 원은 모두 몇 개일까요?

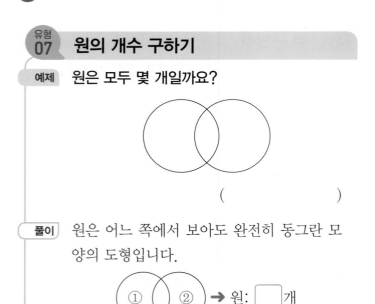

( )

풀이 원은 어느 쪽에서 보아도 완전히 동그란 모양의 도형입니다.

① ② → 원: ☐개

21 그림에서 찾을 수 있는 원은 모두 몇 개일까요?

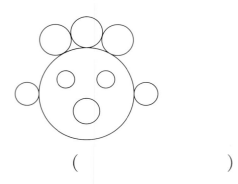

( )

22 원이 더 많은 것의 기호를 쓰세요.
중요★

가   나

( )

유형 08 삼각형, 사각형, 원 알아보기
+플러스

예제 ㉠과 ㉡에 알맞은 수의 합을 구하세요.

- 삼각형의 변은 ㉠개입니다.
- 사각형의 꼭짓점은 ㉡개입니다.

( )

풀이 삼각형의 변: ☐개 → ㉠=☐

사각형의 꼭짓점: ☐개 → ㉡=☐

→ ㉠과 ㉡에 알맞은 수의 합:

☐ + ☐ = ☐

23 삼각형과 사각형의 공통점을 모두 찾아 기호를 쓰세요.

㉠ 변과 꼭짓점이 있습니다.
㉡ 둥근 부분이 있습니다.
㉢ 곧은 선으로 둘러싸여 있습니다.

( )

24 자전거 바퀴가 원과 삼각형이라면 어떻게
창의형 될지 설명해 보세요.

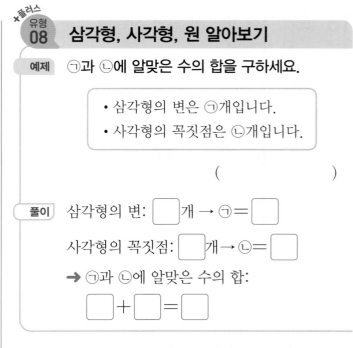

설명

25 현우가 여러 가지 도형으로 만든 우주선입니다. 물음에 답하세요.

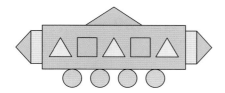

(1) 이용한 도형은 각각 몇 개일까요?

삼각형	사각형	원

(2) 가장 많이 이용한 도형은 무엇일까요?

( )

유형 09 **삼각형과 사각형으로 나누기**

예제 그림을 삼각형 1개와 사각형 1개로 나누어 보세요.

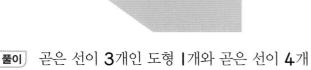

풀이 곧은 선이 3개인 도형 1개와 곧은 선이 4개인 도형 1개가 되도록 선을 긋습니다.

26 그림을 삼각형 2개와 사각형 1개로 나누어 보세요.

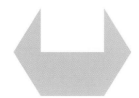

+플러스
유형 10 **조건을 만족하는 도형 알아보기**

예제 세 사람이 설명하는 도형의 이름을 쓰세요.

> 아인: 곧은 선으로 둘러싸여 있어.
> 진희: 변이 3개야.
> 민채: 곧은 선 2개가 만나는 점은 3개야.

( )

풀이 곧은 선 2개가 만나는 점은 꼭짓점입니다.
→ 변이 3개, 꼭짓점이 3개인 도형은
[ ] 입니다.

27 〈조건〉을 모두 만족하는 도형의 이름은 무엇인지 풀이 과정을 쓰고, 답을 구하세요.
(서술형)

〈조건〉
• 곧은 선으로 둘러싸여 있습니다.
• 변과 꼭짓점의 수의 합은 8개입니다.

1단계 변과 꼭짓점의 수 각각 구하기

_____

_____

_____

2단계 조건을 모두 만족하는 도형의 이름 쓰기

_____

답 _____

+플러스
유형 11 설명에 맞는 도형 그리기

예제 설명에 맞는 도형을 완성해 보세요.

> • 변이 **3**개입니다.
> • 도형의 안쪽에 점이 **4**개 있습니다.

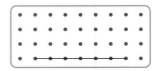

풀이 변이 **3**개인 도형은 [ ] 입니다. 안쪽에 점이 **4**개 있도록 [ ] 을 완성합니다.

---

28 설명에 맞게 도형을 그린 사람을 찾아 이름을 쓰세요.

> • 변이 **4**개입니다.
> • 도형의 안쪽에 점이 **3**개 있습니다.

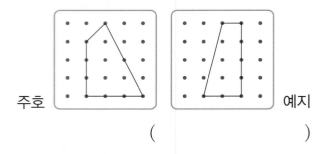

주호   예지

(   )

---

29 설명에 맞는 도형을 그려 보세요.

중요★

> • 변이 **3**개입니다.
> • 도형의 안쪽에 점이 **3**개 있습니다.

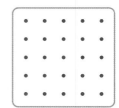

유형 12 잘랐을 때 생기는 도형의 수 구하기

예제 다음 도형을 점선을 따라 자르면 어떤 도형이 몇 개 생길까요?

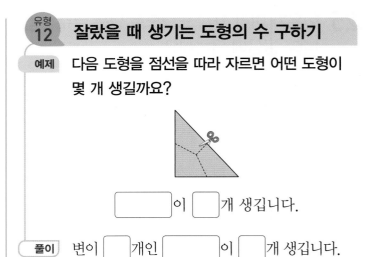

[ ] 이 [ ] 개 생깁니다.

풀이 변이 [ ] 개인 [ ] 이 [ ] 개 생깁니다.

---

30 다음 도형을 점선을 따라 자르면 어떤 도형이 몇 개 생길까요?

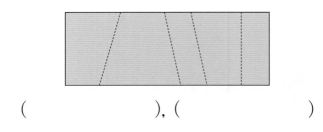

(   ), (   )

---

31 다음 종이에 세 점을 꼭짓점으로 하는 도형을 그리고, 그린 도형의 변을 따라 자르면 어떤 도형이 몇 개 생기는지 차례로 쓰세요.

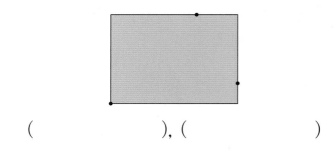

(   ), (   )

---

32 그림과 같이 종이를 **2**번 접었다가 펼친 후 접힌 선을 따라 자르면 어떤 도형이 몇 개 만들어질까요?

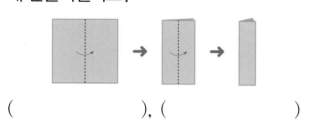

( ), ( )

+플러스
유형
13 **크고 작은 도형의 수 구하기**

예제 그림에서 찾을 수 있는 크고 작은 사각형은 모두 몇 개일까요?

①
②

( )

풀이 • 작은 도형 **1**개로 이루어진 사각형:

▢ , ▢ → ▢ 개

• 작은 도형 **2**개로 이루어진 사각형:

①＋② → ▢ 개

→ 크고 작은 사각형의 수: ▢ 개

33 국기에서 찾을 수 있는 크고 작은 사각형은 모두 몇 개일까요?

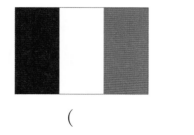

( )

34 그림에서 찾을 수 있는 크고 작은 삼각형은 모두 몇 개인지 구하세요.

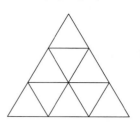

(1) ▢ 안에 알맞은 수를 써넣으세요.

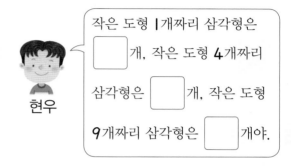

현우 작은 도형 **1**개짜리 삼각형은 ▢ 개, 작은 도형 **4**개짜리 삼각형은 ▢ 개, 작은 도형 **9**개짜리 삼각형은 ▢ 개야.

(2) 크고 작은 삼각형은 모두 몇 개일까요?

( )

35 그림에서 찾을 수 있는 크고 작은 사각형은 모두 몇 개인지 구하려고 합니다. 풀이 과정을 쓰고, 답을 구하세요.
서술형

1단계 크고 작은 사각형은 각각 몇 개인지 구하기

_____

_____

2단계 크고 작은 사각형은 모두 몇 개인지 구하기

_____

_____

답_____

2
단원

④ 칠교판 알아보기

칠교 조각의 모양 알아보기

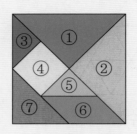

삼각형	사각형
①, ②, ③, ⑤, ⑦	④, ⑥

● 칠교 조각은 모두 7개입니다.
→ 삼각형: 5개,
  사각형: 2개

칠교 조각으로 도형 만들기

 → 삼각형 2조각으로 사각형을 만들었습니다.

● 칠교 조각으로 여러 가지 도형을 만들 때 변이 맞닿게 붙여야 합니다.

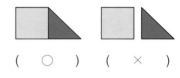

(○)   (×)

⑤ 쌓은 모양 알아보기

쌓은 모양에서 위치와 방향 알아보기

내 앞에 있는 쪽이 앞쪽(반대쪽은 뒤쪽), 오른손이 있는 쪽이 오른쪽, 왼손이 있는 쪽이 왼쪽입니다.

설명대로 똑같이 쌓기

빨간색 쌓기나무를 1개 놓습니다.

빨간색 쌓기나무의 오른쪽에 쌓기나무 2개를 나란히 놓습니다.

빨간색 쌓기나무의 위에 쌓기나무 1개를 놓습니다.

⑥ 여러 가지 모양으로 쌓기

쌓기나무 4개로 여러 가지 모양 만들기

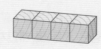

만든 모양 설명하기

쌓기나무 3개가 1층에 옆으로 나란히 있고, 가운데 쌓기나무 위에 쌓기나무 1개가 있습니다.

[01~02] 칠교판을 보고 물음에 답하세요.

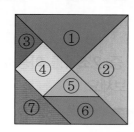

01 삼각형과 사각형을 각각 찾아 번호를 쓰세요.

삼각형 (   )

사각형 (   )

02 ☐ 안에 알맞은 수를 써넣으세요.

> 칠교 조각 중 삼각형은 ☐ 개,
>
> 사각형은 ☐ 개 있습니다.

[03~04] 설명하는 쌓기나무를 찾아 ◯표 하세요.

03

> 빨간색 쌓기나무의
> 왼쪽에 있는 쌓기나무

04

> 빨간색 쌓기나무의
> 뒤에 있는 쌓기나무

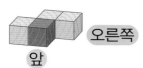

05 쌓기나무 3개로 만든 모양에 ◯표 하세요.

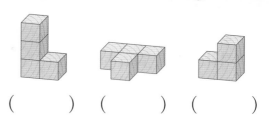

(   ) (   ) (   )

06 쌓기나무 4개로 만든 모양에 ◯표 하세요.

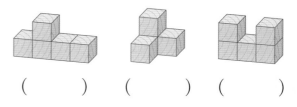

(   ) (   ) (   )

07 쌓기나무 5개로 만든 모양에 ◯표 하세요.

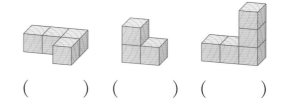

(   ) (   ) (   )

08 쌓기나무로 쌓은 모양을 설명한 것입니다.
☐ 안에 알맞은 수를 써넣으세요.

> 1층에 쌓기나무 ☐ 개가 옆으로 나
>
> 란히 있고, 오른쪽 쌓기나무의 위에
>
> 쌓기나무가 ☐ 개 있습니다.

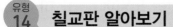

예제 칠교판을 보고 ①번 조각과 모양이 같은 나머지 조각은 몇 개인지 구하세요.

(   )

풀이 ①번 조각은 삼각형입니다.

①번 조각과 모양이 같은 나머지 조각:

②, ☐, ☐, ⑦ → ☐ 개

01 칠교 조각이 삼각형이면 빨간색, 사각형이면 파란색으로 색칠해 보세요.

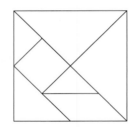

02 칠교 조각에 대해 바르게 말한 사람의 이름을 쓰세요.

칠교 조각에는 삼각형, 사각형, 원이 있어. — 주경

칠교 조각 중 크기가 가장 큰 조각은 삼각형이야. — 현우

칠교 조각 중 삼각형은 6개야. — 준호

(   )

예제 칠교 조각 중 2조각을 이용하여 ⑦번 조각을 만들어 보세요.

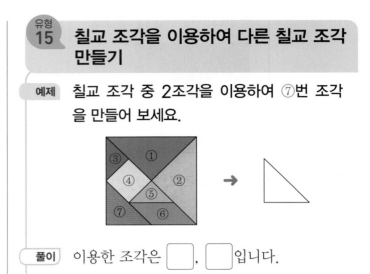

풀이 이용한 조각은 ☐, ☐ 입니다.

[03~05] 칠교판을 보고 물음에 답하세요.

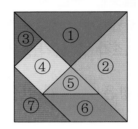

03 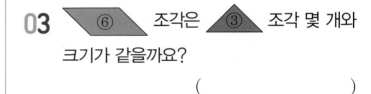 ⑥ 조각은 ③ 조각 몇 개와 크기가 같을까요?

(   )

04 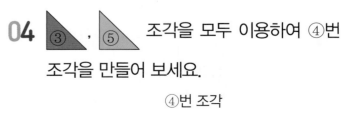 ③, ⑤ 조각을 모두 이용하여 ④번 조각을 만들어 보세요.

④번 조각

05 칠교 조각 3개를 이용하여 ①번 조각을 만들어 보세요.

유형 16 이용한 조각의 수 알아보기

예제 칠교 조각을 이용하여 만든 모양입니다. 이용한 삼각형과 사각형 조각은 각각 몇 개일까요?

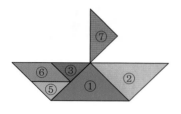

삼각형 (   )

사각형 (   )

풀이 삼각형과 사각형 조각의 번호를 써서 이용한 조각 수를 알아봅니다.

• 삼각형: ☐, ☐, ☐, ☐, ☐번

• 사각형: ☐

06 칠교 조각을 이용하여 만든 모양입니다. 이용한 삼각형과 사각형 조각 수의 차는 몇 개인지 구하세요.

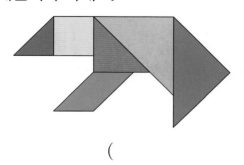

(   )

---

07 칠교 조각을 이용하여 만든 도형입니다. 두 도형 가, 나를 만드는 데 이용한 삼각형 조각은 모두 몇 개인지 구하세요.

가   나

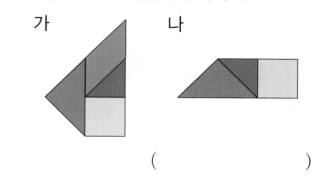

(   )

유형 17 칠교 조각으로 모양 만들기

예제 주어진 칠교 조각 3개를 모두 이용하여 삼각형을 만든 것의 기호를 쓰세요.

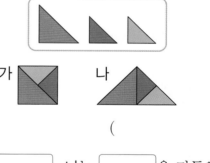

가   나

(   )

풀이 가는 ☐☐☐☐, 나는 ☐☐☐☐을 만들었습니다.

08 세 조각을 모두 이용하여 오른쪽 사각형을 만들어 보세요.

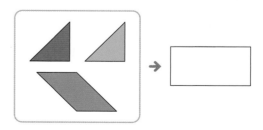

[09~11] 칠교판을 보고 물음에 답하세요.

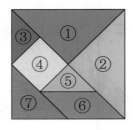

09 ⑥, ⑦번 조각을 모두 이용하여 사각형을 만들어 보세요.

10 ③, ⑤, ⑦번 조각을 모두 이용하여 삼각형을 만들어 보세요.

11 칠교 조각 중 3조각을 골라 모두 한 번씩 (중요★) 이용하여 서로 다른 방법으로 삼각형을 2개 만들어 보세요.

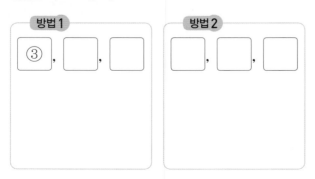

방법 1 ③ , ☐ , ☐

방법 2 ☐ , ☐ , ☐

12 칠교판의 일곱 조각을 모두 이용하여 고양이 모양을 완성해 보세요.

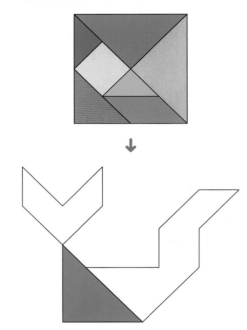

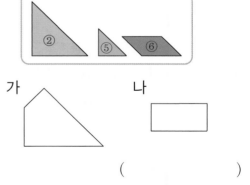

+플러스
유형 **18** **만들 수 없는 모양 찾기**

예제 세 조각을 모두 이용하여 만들 수 <u>없는</u> 모양의 기호를 쓰세요.

가   나

(   )

풀이 ②, ⑤, ⑥번을 모두 이용하여 만든 모양은 ☐ 입니다.

따라서 만들 수 없는 모양은 ☐ 입니다.

13 주어진 칠교 조각 중 **3개**를 이용하여 오른쪽 모양을 만들려고 합니다. 필요 <u>없는</u> 조각을 찾아 ◯표 하세요.

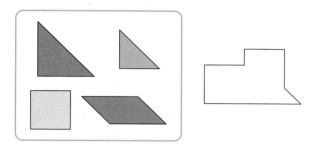

14 〈보기〉의 조각을 모두 이용하여 만들 수 <u>없는</u> 모양을 찾아 기호를 쓰려고 합니다. 풀이 과정을 쓰고, 답을 구하세요.

(서술형)

〈보기〉

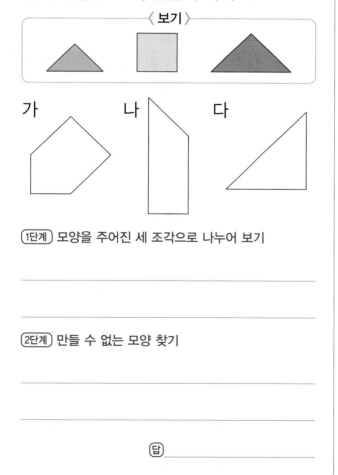

1단계 모양을 주어진 세 조각으로 나누어 보기

_____

_____

2단계 만들 수 없는 모양 찾기

_____

_____

답 _____

유형 **19** **쌓은 모양 알아보기**

예제 설명대로 쌓은 모양의 기호를 쓰세요.

빨간색 쌓기나무 위에 노란색 쌓기나무가 있습니다.

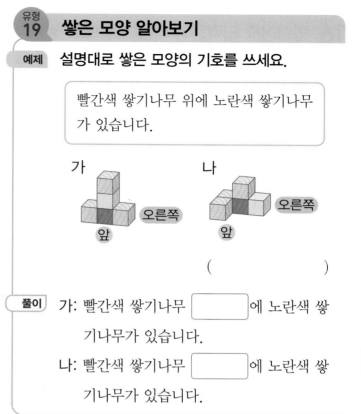

(   )

풀이 가: 빨간색 쌓기나무 [   ]에 노란색 쌓기나무가 있습니다.

나: 빨간색 쌓기나무 [   ]에 노란색 쌓기나무가 있습니다.

15 쌓기나무로 쌓은 모양에 대한 설명입니다. 〈보기〉에서 알맞은 말을 골라 ▢ 안에 써넣으세요.

〈보기〉

위   앞   왼쪽   오른쪽

빨간색 쌓기나무 l개가 있고, 그 [   ]에 쌓기나무 **2개**가 있습니다. 그리고 빨간색 쌓기나무 [   ]에 쌓기나무 l개가 있습니다.

16 명령어를 입력하여 다음 모양으로 쌓기나무를 정리하려고 합니다. 〈보기〉에서 필요한 명령어를 모두 찾아 기호를 쓰세요.

▶ "정리해"라고 말할 때

빨간색 쌓기나무 놓기

⟨보기⟩
- ㉠ 빨간색 쌓기나무 오른쪽에 쌓기나무 2개 놓기
- ㉡ 빨간색 쌓기나무 왼쪽에 쌓기나무 2개 놓기
- ㉢ 빨간색 쌓기나무 앞에 쌓기나무 1개 놓기
- ㉣ 빨간색 쌓기나무 위에 쌓기나무 1개 놓기

(   )

17 자신만의 조건을 정하고, 조건에 맞게 쌓기나무를 색칠해 보세요.
(창의형)

- 빨간색 쌓기나무 [   ]에 초록색 쌓기나무 놓기
- 노란색 쌓기나무 [   ]에 파란색 쌓기나무 놓기

예제 오른쪽과 똑같은 모양으로 쌓으려면 쌓기나무가 몇 개 필요한지 구하세요.

(   )

풀이 각 층별 쌓기나무의 수를 더합니다.

1층: [   ]개, 2층: [   ]개 ➡ [   ]개

18 모양을 만드는 데 필요한 쌓기나무의 수가 다른 하나를 찾아 ◯표 하세요.

19 두 모양 가, 나를 1개씩 만들려면 쌓기나무가 모두 몇 개 필요한지 풀이 과정을 쓰고, 답을 구하세요.
(서술형)

가   나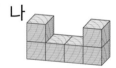

1단계 필요한 쌓기나무의 수 각각 구하기

_____

_____

2단계 쌓기나무가 모두 몇 개 필요한지 구하기

_____

답 _____

나도 있어.
나를 빼고 개수를 세면 안된다고!

유형 21 쌓기나무 ■개로 만든 모양

예제 쌓기나무 3개로 만든 모양을 찾아 기호를 쓰세요.

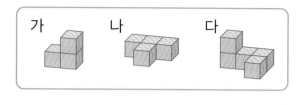

( )

풀이 쌓기나무 몇 개로 만든 모양인지 알아봅니다.

가	나	다
☐개	☐개	☐개

➡ 쌓기나무 3개로 만든 모양: ☐

20 쌓기나무 6개로 만든 모양입니다. 잘못 설명한 사람은 누구인지 이름을 쓰세요.

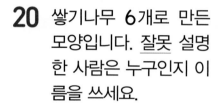

민준: 2층으로 쌓은 모양입니다.
미정: 1층에 3개, 2층에 2개를 쌓았습니다.
은지: 1층에는 쌓기나무 3개를 옆으로 나란히 놓고 가운데 쌓기나무의 앞에 쌓기나무 1개를 놓았습니다.

( )

21 쌓기나무 5개로 모양을 만들어 보세요.

유형 22 설명대로 쌓기나무 쌓기

예제 설명대로 쌓기나무를 쌓을 때 쌓기나무 1개를 더 놓아야 하는 곳은 어느 곳일까요?

쌓기나무 3개가 1층에 옆으로 나란히 있고, 가운데 쌓기나무의 위에 1개가 있습니다.

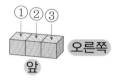

( )

풀이 설명대로 쌓기나무를 쌓으면 다음과 같습니다.

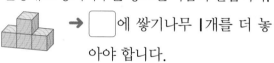 ➡ ☐에 쌓기나무 1개를 더 놓아야 합니다.

22 지훈이가 쌓기나무로 쌓은 모양을 설명한 것입니다. 지훈이가 쌓은 모양을 찾아 ◯표 하세요.

쌓기나무 4개가 1층에 옆으로 나란히 있고, 맨 오른쪽 쌓기나무 위에 쌓기나무 1개가 있습니다.

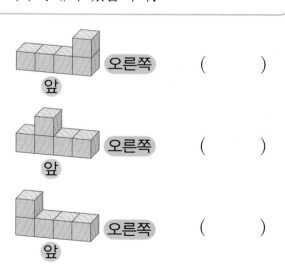

( )

( )

( )

23 설명대로 쌓기나무를 쌓으려고 합니다. 모양을 완성해 보세요.

> 빨간색 쌓기나무의 왼쪽으로 2개가 나란히 있고, 빨간색 쌓기나무의 뒤에는 2개가 2층으로 있습니다.

앞   오른쪽

유형 23 **똑같은 모양 만들기**

예제 왼쪽 모양에서 쌓기나무 1개를 빼어 오른쪽 모양과 똑같이 만들려고 합니다. 왼쪽 모양에서 빼야 하는 쌓기나무에 ○표 하세요.

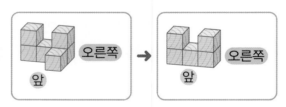

풀이 두 모양을 비교하여 서로 다른 부분을 찾습니다.

24 〈보기〉와 똑같은 모양으로 쌓으려고 합니다. 쌓기나무를 더 놓아야 하는 곳은 어느 곳일까요? (   )

〈보기〉

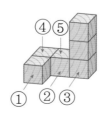

25 왼쪽 모양에서 쌓기나무 1개를 옮겨 오른쪽과 똑같은 모양으로 만들려고 합니다. 옮겨야 할 쌓기나무의 기호를 쓰세요.

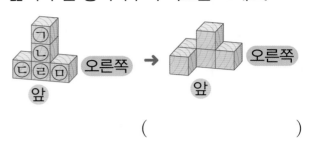

(   )

26 왼쪽 모양을 오른쪽과 똑같이 쌓으려면 쌓기나무가 몇 개 더 필요할까요?

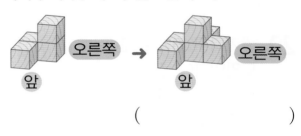

(   )

27 쌓기나무 7개를 사용하여 만든 모양입니다. 다음 모양에서 쌓기나무를 1개만 옮겨 만들 수 <u>없는</u> 모양을 찾아 기호를 쓰세요.

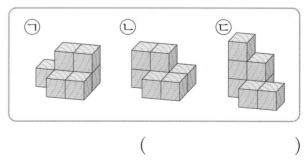

(   )

유형 24 설명이 틀린 부분을 찾아 바르게 고치기

예제 쌓기나무로 쌓은 모양에 대한 설명입니다. 틀린 부분을 찾아 기호를 쓰세요.

오른쪽
앞

> 쌓기나무 <u>2개</u>가 1층에 옆으로 나란히 있
> ㉠
> 고, <u>오른쪽</u> 쌓기나무 위에 쌓기나무 <u>2개</u>
> ㉡   ㉢
> 가 있습니다.

(   )

풀이 쌓기나무의 위치와 개수를 살펴봅니다.

오른쪽 쌓기나무 위에 쌓기나무 ☐ 개가

있으므로 잘못 설명한 것은 ☐ 입니다.

28 쌓기나무로 쌓은 모양에 대한 설명입니다.
서술형 틀린 부분에 밑줄을 긋고, 바르게 고쳐 보세요.

오른쪽
앞

1단계 틀린 부분에 밑줄 긋기

> 쌓기나무 3개가 1층에 옆으로 나란히
> 있고, 맨 오른쪽과 가운데 쌓기나무 위에
> 쌓기나무가 각각 1개씩 있습니다.

2단계 바르게 고치기

_____

_____

유형 25 만들고 남은 쌓기나무의 수 구하기

예제 지유는 쌓기나무 8개를 가지고 있었습니다.
지유가 다음과 같은 모양을 만들었다면 만들고 남은 쌓기나무는 몇 개일까요?

오른쪽
앞

(   )

풀이 (만들고 남은 쌓기나무의 수)
= (지유가 가지고 있던 쌓기나무의 수)
    − (사용한 쌓기나무의 수)
= 8 − ☐ = ☐ (개) ┐ 1층에 4개, 2층에 2개

29 쌓기나무로 다음과 같은 모양을 만들었습니다. 쌓기나무가 9개 있었다면 모양을 만들고 남은 쌓기나무는 몇 개일까요?

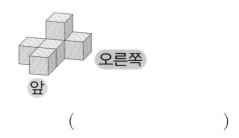

오른쪽
앞

(   )

30 준혁이와 연재가 쌓기나무로 만든 모양입니다. 쌓기나무가 처음에 10개 있었다면 두 모양을 만들고 남은 쌓기나무는 몇 개일까요?

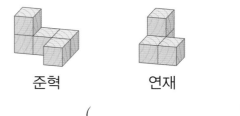

준혁   연재

(   )

점을 이어 만들 수 있는 도형의 수 구하기

1 세 점을 이어 만들 수 있는 삼각형은 모두 몇 개일까요?

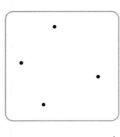

(   )

도형에서 규칙 찾기

2 규칙을 찾아 ? 안에 알맞은 도형의 이름을 쓰세요.

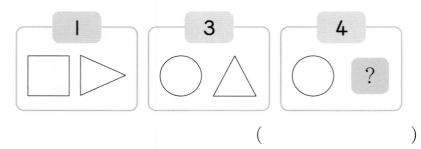

(   )

설명대로 쌓은 모양 찾기

서술형

3 설명대로 쌓기나무를 쌓은 모양을 찾아 기호를 쓰려고 합니다. 풀이 과정을 쓰고, 답을 구하세요.

> • 2층으로 쌓았습니다.
> • 6개로 만들었습니다.
> • 1층에 5개가 있습니다.

가　　　　나

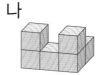

(풀이)

_____

_____

_____

(답)_____

쌓기나무를 옮겨서 똑같은 모양 만들기

4 왼쪽 모양에서 쌓기나무 1개를 옮겨서 오른쪽과 똑같은 모양을 만들려고 합니다. 쌓기나무를 어떻게 옮겨야 하는지 설명해 보세요.

설명

해결 tip

쌓기나무를 옮겨서 똑같은 모양을 만들려면?

옮기기 전 모양과 옮긴 후 모양을 비교하여 다른 부분을 찾습니다.

옮기기 전 모양　옮긴 후 모양

크고 작은 도형의 수 구하기

5 칠교판에서 찾을 수 있는 크고 작은 사각형은 모두 몇 개일까요?

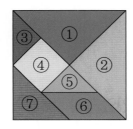

(　　　　　　　)

위에서 본 모양 알아보기

6 〈 보기 〉의 그림은 쌓기나무로 쌓은 모양을 위에서 본 그림입니다. 어떤 쌓기나무 모양을 본 것인지 찾아 ◯표 하세요.

〈 보기 〉
앞

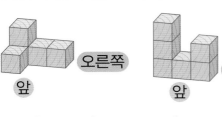

(　　　)　　(　　　)　　(　　　)

위에서 본 모양을 알아보려면?

위에서 본 모양은 1층에 있는 쌓기나무의 모양과 같습니다.

가장 많은 도형과 가장 적은 도형의 수의 차 구하기

7 그림에서 가장 많이 이용한 도형과 가장 적게 이용한 도형의 수의 차는 몇 개인지 구하세요.

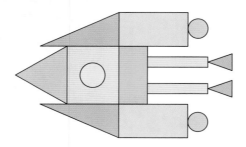

(1) 가장 많이 이용한 도형의 수는 몇 개일까요?

( )

(2) 가장 적게 이용한 도형의 수는 몇 개일까요?

( )

(3) 가장 많이 이용한 도형과 가장 적게 이용한 도형의 수의 차는 몇 개인지 구하세요.

( )

남은 쌓기나무의 수가 더 많은 사람 구하기

8 쌓기나무를 여진이는 12개, 주호는 11개 가지고 있었습니다. 두 사람이 각각 다음과 같은 모양을 만들었다면 남은 쌓기나무가 더 많은 사람은 누구인지 이름을 쓰세요.

여진   주호

(1) 여진이가 모양을 만들고 남은 쌓기나무는 몇 개일까요?

( )

(2) 주호가 모양을 만들고 남은 쌓기나무는 몇 개일까요?

( )

(3) 남은 쌓기나무가 더 많은 사람은 누구일까요?

( )

남은 쌓기나무의 수를 구하려면?

(남은 쌓기나무 수)

= 처음에 가지고 있던 쌓기나무 수 − 모양을 만드는 데 사용한 쌓기나무 수

01 점을 모두 곧은 선으로 이었을 때 만들어지는 도형의 이름을 쓰세요.

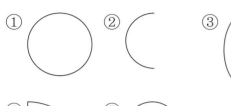

(   )

02 원을 모두 고르세요. (   )

03 쌓기나무 **5**개로 쌓은 모양을 찾아 기호를 쓰세요.

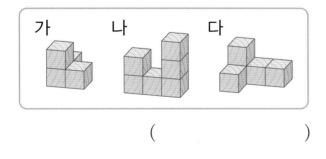

(   )

04 삼각형과 사각형을 각각 **1**개씩 그려 보세요.

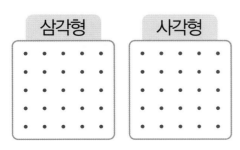

05 칠교 조각 중 사각형을 모두 찾아 번호를 쓰세요.

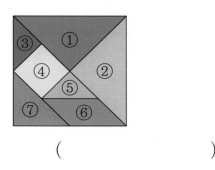

(   )

06 변과 꼭짓점이 <u>없는</u> 도형을 찾아 기호를 쓰세요.

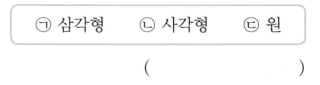

(   )

07 칠교 조각을 이용하여 만든 모양입니다. 사용한 삼각형과 사각형 모양 조각은 각각 몇 개일까요?

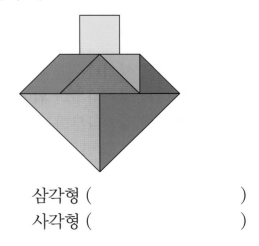

삼각형 (   )

사각형 (   )

08 세 조각을 모두 이용하여 사각형을 만들어 보세요.

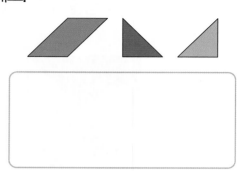

09 세 도형의 꼭짓점의 수의 합은 몇 개인지 (서술형) 풀이 과정을 쓰고, 답을 구하세요.

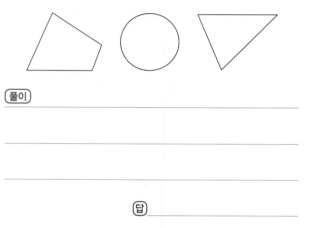

(풀이)

_____

_____

(답) _____

10 다음 모양을 주어진 조건에 맞게 색칠해 보세요.

• 빨간색 쌓기나무의 왼쪽에 노란색
• 노란색 쌓기나무의 위에 파란색
• 빨간색 쌓기나무의 오른쪽에 초록색

앞   오른쪽

11 다음 도형을 점선을 따라 자르면 어떤 도형이 몇 개 생길까요?

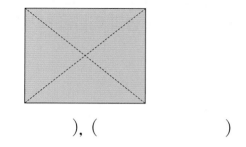

( ), ( )

12 왼쪽 모양을 오른쪽 모양과 똑같이 만들려고 합니다. 왼쪽 모양에서 빼야 하는 쌓기나무는 몇 개일까요?

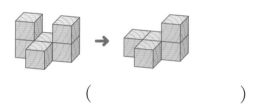

( )

13 잘못 설명한 것을 찾아 기호를 쓰세요.

ㄱ 원은 변과 꼭짓점이 없습니다.
ㄴ 삼각형은 꼭짓점이 3개입니다.
ㄷ 삼각형은 사각형보다 변이 1개 더 많습니다.

( )

14 원을 찾아 원 안에 있는 수들의 합을 구하세요.

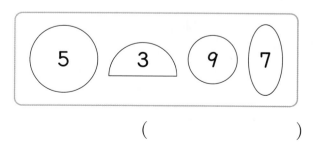

( )

15 오른쪽 모양을 보고 잘못 설명한 것을 찾아 기호를 쓰세요.

오른쪽
앞

> ㉠ 쌓기나무 **3**개가 **1**층에 옆으로 나란히 있고 맨 왼쪽과 맨 오른쪽 쌓기나무 위에 **2**개씩 쌓았습니다.
> ㉡ 쌓기나무 **3**개가 **1**층에 옆으로 나란히 있고 **2**층에는 **2**개, **3**층에는 **1**개를 쌓았습니다.

(   )

16 다음 설명에 맞는 도형을 그려 보세요.

> • 변이 **4**개입니다.
> • 도형의 안쪽에 점이 **6**개 있습니다.

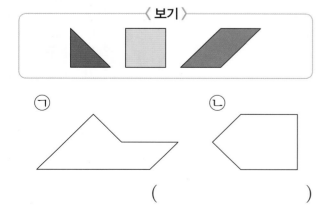

17 〈보기〉의 조각을 한 번씩만 이용하여 만들 수 없는 모양의 기호를 쓰세요.

〈보기〉

㉠   ㉡

(   )

18 쌓기나무로 쌓은 모양을 보고 어떻게 쌓은 것인지 설명해 보세요.
(서술형)

오른쪽
앞

설명

19 그림에서 찾을 수 있는 크고 작은 사각형은 모두 몇 개인지 풀이 과정을 쓰고, 답을 구하세요.
(서술형)

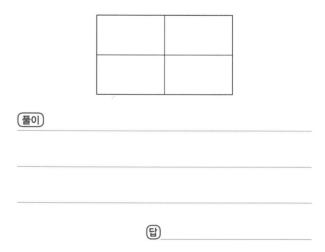

풀이

답

20 종윤이와 인아가 쌓기나무를 **10**개씩 가지고 있었습니다. 두 사람이 각각 다음과 같은 모양을 만들었다면 남은 쌓기나무가 더 많은 사람은 누구인지 이름을 쓰세요.

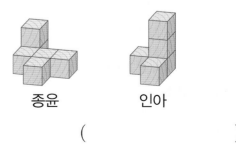

종윤   인아

(   )

3

덧셈과 뺄셈

학습을 끝낸 후
색칠하세요.

개념
확인하기

유형
다잡기
유형 01~12

개념
확인하기

유형
다잡기
유형 13~27

★ 중요 유형

06 십의 자리에서 받아올림이 있는
(두 자리 수)+(두 자리 수)

10 합이 가장 큰(작은) 덧셈식 만들기

11 덧셈식 완성하기

★ 중요 유형

19 받아내림이 있는
(두 자리 수)−(두 자리 수)

26 크기 비교에서 □ 안에
알맞은 수 구하기

27 수 카드로 만든 수의 차
구하기

⊙ 이전에 배운 내용

[1-2] 덧셈과 뺄셈
세 수의 덧셈과 뺄셈
(몇)+(몇)=(십몇)
(십몇)−(몇)=(몇)
받아올림이 없는 두 자리 수의 덧셈
받아내림이 없는 두 자리 수의 뺄셈

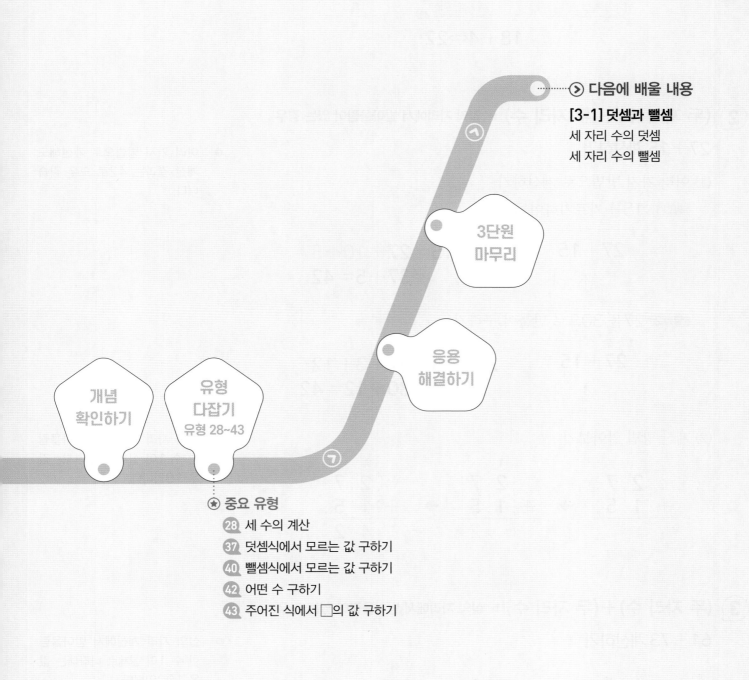

⊙ 다음에 배울 내용

[3-1] 덧셈과 뺄셈
세 자리 수의 덧셈
세 자리 수의 뺄셈

3단원
마무리

응용
해결하기

개념
확인하기

유형
다잡기
유형 28~43

① (두 자리 수)＋(한 자리 수) ▶ 받아올림이 있는 경우

18＋4 계산하기

일 모형 10개＝십 모형 1개

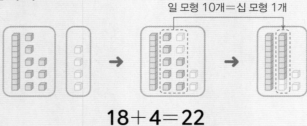

18＋4＝22

● **이어 세기로 구하기**
18 → 19 → 20 → 21 → 22
→ 18에서 1씩 4번 뛰어 세면 22입니다.

② (두 자리 수)＋(두 자리 수) ▶ 일의 자리에서 받아올림이 있는 경우

27＋15 계산하기

(1) 여러 가지 방법으로 계산하기

방법1 15를 가르기하여 구하기

$$27＋15$$
$$10 \quad 5$$

$$27＋15＝27＋10＋5$$
$$＝37＋5＝42$$

방법2 27을 30으로 만들어 구하기

$$27＋15$$
$$3 \quad 12$$

$$27＋15＝27＋3＋12$$
$$＝30＋12＝42$$

● 여러 가지 방법으로 계산해도 계산 결과는 42로 모두 같습니다.

(2) 계산 방법 알아보기

$$\begin{array}{r} 2\ 7 \\ +\ 1\ 5 \\ \hline \end{array} \rightarrow \begin{array}{r} {}^{1}\ \ \\ 2\ 7 \\ +\ 1\ 5 \\ \hline 2 \end{array} \rightarrow \begin{array}{r} {}^{1}\ \ \\ 2\ 7 \\ +\ 1\ 5 \\ \hline 4\ 2 \end{array}$$

● 일의 자리 계산에서 받아올림한 수 1이 실제로 나타내는 값은 10입니다.

③ (두 자리 수)＋(두 자리 수) ▶ 십의 자리에서 받아올림이 있는 경우

61＋73 계산하기

$$\begin{array}{r} 6\ 1 \\ +\ 7\ 3 \\ \hline 4 \end{array} \rightarrow \begin{array}{r} {}^{1}\ \ \\ 6\ 1 \\ +\ 7\ 3 \\ \hline 3\ 4 \end{array} \rightarrow \begin{array}{r} {}^{1}\ \ \\ 6\ 1 \\ +\ 7\ 3 \\ \hline 1\ 3\ 4 \end{array}$$

● 십의 자리 계산에서 받아올림한 수 1이 실제로 나타내는 값은 100입니다.

[01~02] 그림을 보고 덧셈을 해 보세요.

01

$23+9=\boxed{}$

02

$15+28=\boxed{}$

[03~05] 39+17을 여러 가지 방법으로 계산해 보세요.

03 17을 가르기하여 구하세요.

$39+17=39+10+\boxed{}$

$=49+\boxed{}=\boxed{}$

04 39를 40으로 만들어 구하세요.

$39+17=39+1+\boxed{}$

$=40+\boxed{}=\boxed{}$

05 39와 17을 가르기하여 구하세요.

$39+17=30+10+9+7$

$=40+\boxed{}=\boxed{}$

[06~07] ☐ 안에 알맞은 수를 써넣으세요.

06

$$\begin{array}{r}\boxed{}\\ 4\quad6\\ +\quad8\\ \hline \boxed{}\end{array} \rightarrow \begin{array}{r}\boxed{}\\ 4\quad6\\ +\quad8\\ \hline \boxed{}\,\boxed{}\end{array}$$

07

$$\begin{array}{r}\boxed{}\\ 2\quad7\\ +\;3\quad5\\ \hline \boxed{}\end{array} \rightarrow \begin{array}{r}\boxed{}\\ 2\quad7\\ +\;3\quad5\\ \hline \boxed{}\,\boxed{}\end{array}$$

[08~11] 계산해 보세요.

08 $56+7=\boxed{}$

09 $42+38=\boxed{}$

10 $55+72=\boxed{}$

11 $68+89=\boxed{}$

STEP 2 유형 다잡기

유형 01 **여러 가지 방법으로
(두 자리 수)+(한 자리 수) 계산하기**

예제 그림을 보고 덧셈을 해 보세요.

$$36+5=\boxed{}$$

풀이 · 십 모형: **3**개
· 일 모형: $6+5=11$(개)

→ 십 모형 $\boxed{}$개, 일 모형 1개와 같으므로

$$36+5=\boxed{}$$입니다.

01 $19+4$를 이어 세기로 구하세요.

19   20   21 $\boxed{}$ $\boxed{}$

$$19+4=\boxed{}$$

02 $25+7$을 구하려고 합니다. 수판에 더하는 수 7만큼 △를 그려 넣고, $\boxed{}$ 안에 알맞은 수를 써넣으세요.

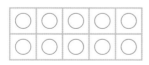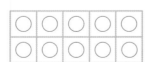
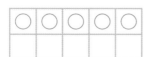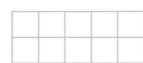

$$25+7=\boxed{}$$

03 $\boxed{}$ 안에 알맞은 수를 써넣으세요.

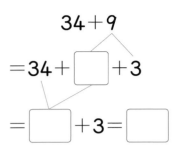

$$34+9$$
$$=34+\boxed{}+3$$
$$=\boxed{}+3=\boxed{}$$

유형 02 **받아올림이 있는
(두 자리 수)+(한 자리 수)**

예제 계산해 보세요.

$$37+8$$

(   )

풀이 $7+8=\boxed{}$이므로 10을 십의 자리로 받아올림합니다.

04 계산해 보세요.

(1) $\begin{array}{r} 4\ 9 \\ +\ \ 3 \\ \hline \end{array}$ (2) $\begin{array}{r} 5\ 8 \\ +\ \ 6 \\ \hline \end{array}$

05 계산 결과를 찾아 이어 보세요.

(1) $49+8$ ·   · 57

(2) $26+5$ ·   · 62

(3) $56+6$ ·   · 31

06 다음 식에서 ⬛이 실제로 나타내는 수는 얼마일까요?

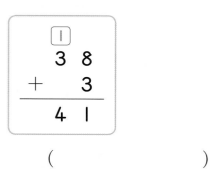

(   )

07 현우가 말하는 수를 구하세요.

67보다 8만큼 더 큰 수야.

현우

(   )

08 구슬에 쓰인 가장 큰 수와 가장 작은 수의 합을 구하세요.

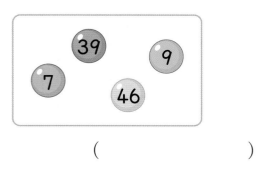

(   )

유형 03 **실생활 속 (두 자리 수)＋(한 자리 수)**

예제 책꽂이에 <u>동화책이 34권</u>, <u>동시집이 7권</u> 꽂혀 있습니다. 책꽂이에 꽂혀 있는 동화책과 동시집은 모두 몇 권일까요?

(   )

풀이 (동화책의 수)＋(동시집의 수)

09 사랑이는 종이학을 35개 접었고, 이준이는 사랑이보다 9개 더 많이 접었습니다. 이준이는 종이학을 몇 개 접었는지 식을 쓰고, 답을 구하세요.

식 _____

답 _____

10 현아네 반 친구들이 투표한 결과입니다. 찬성과 반대에 투표한 친구들은 모두 몇 명인지 풀이 과정을 쓰고, 답을 구하세요.

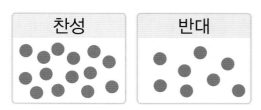

1단계 찬성과 반대에 투표한 친구 수 각각 구하기

_____

2단계 찬성과 반대에 투표한 친구 수 모두 구하기

_____

답 _____

유형 04 여러 가지 방법으로 (두 자리 수)+(두 자리 수) 계산하기

예제 ☐ 안에 알맞은 수를 써넣으세요.

$$29+13$$
$$10 \quad 3$$

$$29+13=29+10+\boxed{}$$
$$=\boxed{}+\boxed{}=\boxed{}$$

풀이 13을 ☐ 과 ☐ 으로 가르기합니다.

→ 29에 ☐ 을 더한 다음 ☐ 을 더합니다.

11 28을 가까운 30으로 바꾸어 28+15를 계산해 보세요.

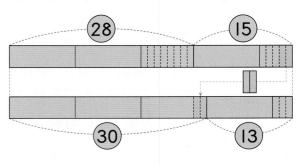

$$28+15=28+2+\boxed{}$$
$$=30+\boxed{}=\boxed{}$$

12 ⟨보기⟩와 같은 방법으로 계산해 보세요.
중요★

⟨보기⟩
$$38+23=30+20+8+3$$
$$=50+11=61$$

57+36

13 46+27을 주경이가 말하는 방법으로 계산하려고 합니다. ☐ 안에 알맞은 수를 써넣으세요.

27을 30−3으로 생각하여 46에 30을 더하고 3을 빼.

주경

$$46+27=46+\boxed{}-\boxed{}$$
$$=\boxed{}-\boxed{}=\boxed{}$$

14 19+53을 다음과 같이 계산하였습니다. ㉠, ㉡, ㉢에 알맞은 수를 각각 구하세요.

$$19+53=19+1+㉠$$
$$=㉡+㉠=㉢$$

㉠ ( )
㉡ ( )
㉢ ( )

유형 05 일의 자리에서 받아올림이 있는 (두 자리 수)+(두 자리 수)

예제 두 수의 합을 구하세요.

| 54 | 19 |

( )

풀이 4+9=☐ 이므로 10을 십의 자리로 받아올림합니다.

15 계산해 보세요.

(1) $34+37$

(2) $49+16$

16 빈칸에 알맞은 수를 써넣으세요.

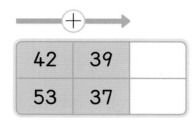

17 계산 결과를 비교하여 ○ 안에 >, =, <를 알맞게 써넣으세요.

중요★

$15+56$ ○ $28+49$

18 두 수의 합이 같은 것끼리 같은 색으로 칠해 보세요.

$24+19$ $18+34$ $29+15$

19 ㉠과 ㉡이 나타내는 수의 합은 얼마인지 풀이 과정을 쓰고, 답을 구하세요.

서술형

> ㉠ 10이 5개, 1이 7개인 수
> ㉡ 26

1단계 ㉠이 나타내는 수 구하기

_____

_____

2단계 ㉠과 ㉡이 나타내는 수의 합 구하기

_____

_____

답 _____

3 단원

유형 06 **십의 자리에서 받아올림이 있는 (두 자리 수)+(두 자리 수)**

예제 빈칸에 알맞은 수를 써넣으세요.

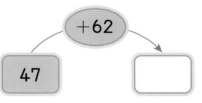

풀이 십의 자리 수끼리의 합이 10과 같거나 10보다 크면 백의 자리로 받아올림합니다.

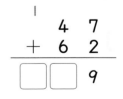

20 계산해 보세요.

(1)
```
  5 1
+ 9 4
```

(2)
```
  7 3
+ 4 8
```

3. 덧셈과 뺄셈 **069**

21 계산해 보세요.

$$65+57=\boxed{}$$

$$65+67=\boxed{}$$

$$65+77=\boxed{}$$

22 계산 결과가 가장 큰 식에 ◯표, 가장 작은 식에 △표 하세요.

88+43	43+69	54+48
( )	( )	( )

23 아래 두 수의 합을 위의 빈칸에 써넣으세요.

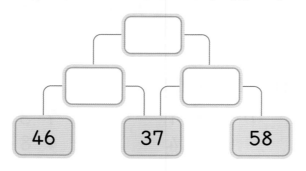

24 4장의 수 카드를 한 번씩 사용하여 두 자리 수를 만들려고 합니다. 만들 수 있는 가장 큰 수와 가장 작은 수의 합을 구하세요.

| 5 | 6 | 8 | 9 |

(1) 만들 수 있는 가장 큰 두 자리 수를 구하세요.

( )

(2) 만들 수 있는 가장 작은 두 자리 수를 구하세요.

( )

(3) 만들 수 있는 가장 큰 수와 가장 작은 수의 합을 구하세요.

( )

유형 07 **실생활 속 (두 자리 수)+(두 자리 수)**

예제 예지는 딸기를 38개 땄고, 준수는 예지보다 25개 더 많이 땄습니다. 준수는 딸기를 몇 개 땄을까요?

( )

풀이 (준수가 딴 딸기 수)

$$=(예지가\ 딴\ 딸기\ 수)+25$$

$$=\boxed{}+\boxed{}=\boxed{}(개)$$

25 민아는 줄넘기를 어제 **64**번, 오늘 **57**번 넘었습니다. 민아가 어제와 오늘 넘은 줄넘기는 모두 몇 번일까요?

( )

26 이번 주에 두 사람이 읽은 책은 모두 몇 쪽일까요?

> 나는 이번 주에 책을 **54**쪽 읽었어.

> 나는 도율이보다 **29**쪽 더 많이 읽었어.

도율

연서

(   )

27 윤지의 일기를 읽고, ☐ 안에 알맞은 수를 써넣으세요.

> ◯ 월 ◯ 일 ◯ 요일   날씨: 화창
>
> 우리 가족은 어제까지 빈 병 26개를 모았고, 진서네 가족은 17개를 모았다. 우리 가족과 진서네 가족이 모은 빈 병은 모두 ☐ 개였다. 모은 빈 병을 모두 재활용센터에 가져다 드렸다.

28 (창의형) 위 27을 보고 분리배출한 경험을 생각하며 나의 일기를 완성해 보세요.

> 나는 재활용품인 페트병 ☐ 개와 캔 ☐ 개를 모아서 모두 ☐ 개를 분리배출했다.

유형 08 **잘못 계산한 것 찾기**

예제 잘못 계산한 사람의 이름을 쓰세요.

> 준호: 68+17=68+2+17
> =70+17=87
> 미나: 68+17=60+10+8+7
> =70+15=85

(   )

풀이 $68+17=68+2+$ ☐

$=70+$ ☐ $=$ ☐

따라서 잘못 계산한 사람은 ☐ 입니다.

29 (서술형) 계산이 <u>잘못된</u> 이유를 쓰고, 바르게 계산해 보세요.

바르게 계산

```
    3 8          3 8
  + 4 3    →   + 4 3
  -----        -----
    7 1
```

이유

30 계산이 <u>잘못된</u> 것을 찾아 기호를 쓰세요.

> ㉠ 36+19=55
> ㉡ 68+8=76
> ㉢ 75+58=123

(   )

> 난 십의 자리로 올라간다~!
> 13 ⇒ 12 어디 가!!
> +19

+플러스 유형 09 합이 ■인 덧셈식 만들기

예제 합이 43이 되는 두 수를 찾아 쓰세요.

| 39 | 25 | 14 | 18 |

( )

풀이 일의 자리 수끼리의 합이 3 또는 13이 되는 두 수를 찾아 더해 봅니다.

39＋□＝□, 25＋□＝□

➡ 합이 43이 되는 두 수는 □, □ 입니다.

31 화살 두 개를 던져 맞힌 두 수의 합은 가운데 수인 72입니다. 맞힌 두 수에 ○표 하세요.

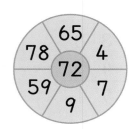

32 수 카드 중에서 2장을 골라 두 수의 합이 83이 되는 덧셈식을 모두 만들어 보세요.

| 57 | 18 | 28 | 65 |

□＋□＝83

□＋□＝83

+플러스 유형 10 합이 가장 큰(작은) 덧셈식 만들기

예제 두 수의 합이 가장 크도록 두 수를 골라 □ 안에 써넣고 계산해 보세요.

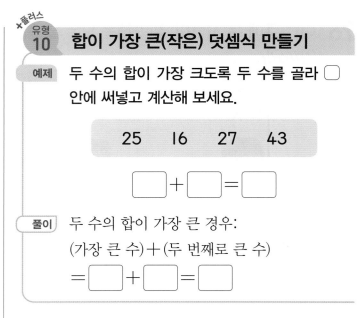

| 25 | 16 | 27 | 43 |

□＋□＝□

풀이 두 수의 합이 가장 큰 경우:

(가장 큰 수)＋(두 번째로 큰 수)

＝□＋□＝□

33 수 카드 중에서 2장을 골라 두 자리 수를 만들어 48과 더하려고 합니다. 계산 결과가 가장 큰 수가 되도록 덧셈식을 완성해 보세요.

| 5 | 7 | 3 |

□＋48＝□

34 4장의 수 카드를 한 번씩 모두 사용하여 다음과 같은 덧셈식을 만들려고 합니다. 합이 가장 작도록 □ 안에 수를 써넣고 계산해 보세요.

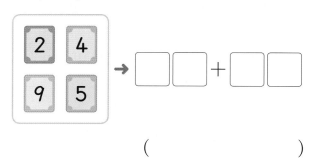

| 2 | 4 |
| 9 | 5 |

➡ □□＋□□

( )

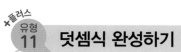

11 덧셈식 완성하기

예제 ㉠과 ㉡에 알맞은 수를 구하세요.

$$
\begin{array}{r}
㉠\ 5 \\
+\ 3\ 9 \\
\hline
8\ ㉡
\end{array}
$$

㉠ (   ), ㉡ (   )

풀이 · 일의 자리 계산: $5+9=14$ ➡ ㉡= ☐

· 십의 자리 계산: $1+㉠+3=8$ ➡ ㉠= ☐

35 수 카드 2 , 4 , 7 중에서 2장을 골라 주어진 계산 결과가 나오도록 식을 완성해 보세요.
중요★

$$
\begin{array}{r}
☐\ 9 \\
+\ 3\ ☐ \\
\hline
1\ 1\ 3
\end{array}
$$

36 십의 자리 수가 3인 두 자리 수와 일의 자리 수가 9인 두 자리 수가 있습니다. 두 수의 합이 50일 때, 두 자리 수를 각각 구하세요.

$$3☐ \qquad ☐9$$

(   ), (   )

12 크기 비교에서 ☐ 안에 알맞은 수 구하기

예제 ☐ 안에 알맞은 수를 찾아 ○표 하세요.

$$49+14<☐$$

(54 , 59 , 64 , 71)

풀이 $49+14=$ ☐ 이므로 ☐ 안에 들어갈 수 있는 수는 ☐ 보다 큰 ☐ , ☐ 입니다.

37 ☐ 안에 들어갈 수 있는 가장 작은 수를 구하세요.

$$47+17<☐$$

(   )

38 1부터 9까지의 수 중에서 ☐ 안에 들어갈 수 있는 수를 모두 구하려고 합니다. 풀이 과정을 쓰고, 답을 구하세요.
서술형

$$28+25>☐3$$

（1단계） $28+25$ 계산하기

_____

_____

（2단계） ☐ 안에 들어갈 수 있는 수 모두 구하기

_____

_____

답 _____

3 단원

④ **(두 자리 수)−(한 자리 수)** ▶ 받아내림이 있는 경우

21−5 계산하기

십 모형 1개=일 모형 10개

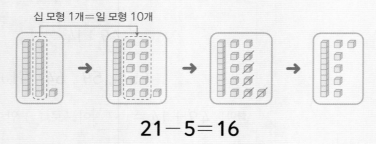

$$21-5=16$$

● 거꾸로 세기로 구하기

16 17 18 19 20 21

→ 21에서 1씩 5번 거꾸로 세면 16입니다.

⑤ **(몇십)−(몇십몇)**

30−17 계산하기

(1) 여러 가지 방법으로 계산하기

방법1 17을 가르기하여 구하기

30−17
    ↙ ↘
  10 7

$$30-17=30-10-7$$
$$=20-7=13$$

방법2 17을 20으로 만들어 구하기

$$30-17=33-20$$
$$=13$$

30−17
+3 ↓ ↓ +3
33−20

● 그림과 같이 두 수를 3만큼 밀었을 때 두 수의 차는 변하지 않습니다.

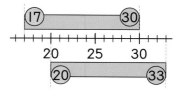

(2) 계산 방법 알아보기

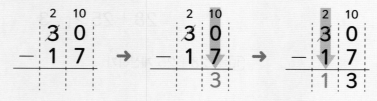

⑥ **(두 자리 수)−(두 자리 수)** ▶ 받아내림이 있는 경우

53−28 계산하기

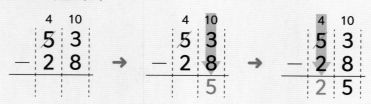

● 일의 자리로 받아내림하고 남은 수 4가 실제로 나타내는 값은 40입니다.

[01~02] 그림을 보고 뺄셈을 해 보세요.

01

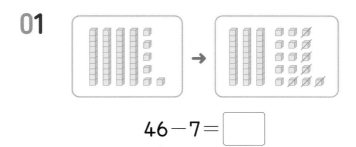

$46 - 7 =$ ☐

02

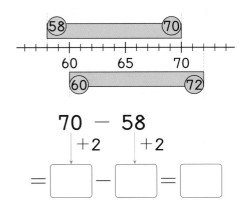

$50 - 29 =$ ☐

[03~04] 70−58을 여러 가지 방법으로 계산해 보세요.

03 58을 가르기하여 구하세요.

$70 - 58 = 70 - 50 -$ ☐

$= 20 -$ ☐ $=$ ☐

04 58을 60으로 만들어 구하세요.

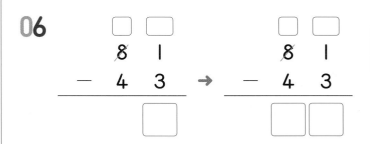

$70 \; - \; 58$

$+2 \qquad +2$

$=$ ☐ $-$ ☐ $=$ ☐

[05~06] ☐ 안에 알맞은 수를 써넣으세요.

05

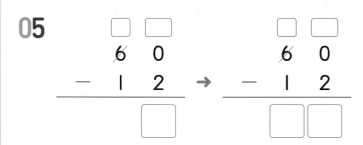

06

☐ ☐   ☐ ☐
  8̶ 1   8̶ 1
− 4 3   →   − 4 3
  ─────   ─────
    ☐   ☐ ☐

[07~10] 계산해 보세요.

07 $37 - 8 =$ ☐

08 $80 - 23 =$ ☐

09 $63 - 18 =$ ☐

10 $43 - 26 =$ ☐

3
단원

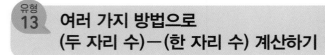

2 STEP 유형 다잡기

**여러 가지 방법으로
(두 자리 수)−(한 자리 수) 계산하기**

예제 13−4를 거꾸로 세기로 구하세요.

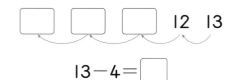

$$13-4=\boxed{}$$

풀이 13부터 거꾸로 세면 13, 12, 11, $\boxed{}$,

$\boxed{}$ 이므로 13−4=$\boxed{}$입니다.

01 24−8을 구하려고 합니다. 수판에서 빼는 수 8만큼 /으로 지우고, ☐ 안에 알맞은 수를 써넣으세요.

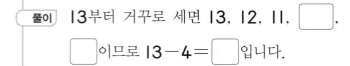

$$24-8=\boxed{}$$

02 그림을 보고 뺄셈을 해 보세요.

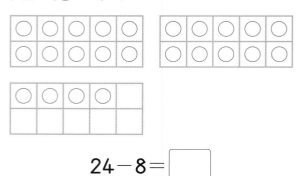

$$33-5=\boxed{}$$

03 ☐ 안에 알맞은 수를 써넣으세요.

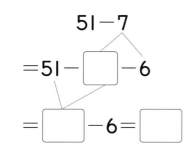

$$51-7$$
$$=51-\boxed{}-6$$
$$=\boxed{}-6=\boxed{}$$

유형 14 **받아내림이 있는
(두 자리 수)−(한 자리 수)**

예제 ☐ 안에 알맞은 수를 써넣으세요.

$$31 \rightarrow \boxed{-5} \rightarrow \boxed{}$$

풀이 십의 자리에서 일의 자리로 10을 받아내림 하면 11−5=$\boxed{}$입니다.

04 계산해 보세요.

(1)
$$\begin{array}{r} 4\ 3 \\ -\quad 6 \\ \hline \end{array}$$

(2)
$$\begin{array}{r} 6\ 8 \\ -\quad 9 \\ \hline \end{array}$$

05 그림을 보고 ☐ 안에 알맞은 수를 써넣으세요.

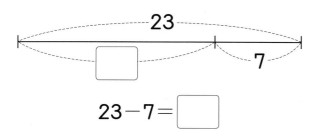

$$23-7=\boxed{}$$

06 다음 식에서 ③이 실제로 나타내는 수는 얼마일까요?

```
      ③ 10
    4̶  1
  −    5
    3  6
```

(   )

07 삼각형에 적힌 두 수의 차를 구하세요.

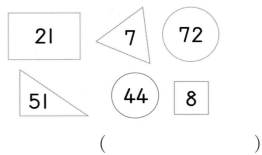

21 7 72

51 44 8

(   )

08 성냥개비를 사용하여 뺄셈식을 만들었습니다. 계산이 맞도록 성냥개비 한 개를 ×표로 지워 보세요.

57−8=48

유형 15 실생활 속 (두 자리 수)−(한 자리 수)

예제 버스에 **23**명이 타고 있었습니다. 이번 정류장에서 타는 사람 없이 **4**명이 내렸다면 지금 버스에 타고 있는 사람은 몇 명일까요?

(   )

풀이 (지금 버스에 타고 있는 사람 수)
= (버스에 타고 있던 사람 수)
  − (내린 사람 수)
= ☐ − ☐ = ☐ (명)

09 하나는 색종이 **42**장을 가지고 있고, 연호는 하나보다 **6**장 더 적게 가지고 있습니다. 연호가 가지고 있는 색종이는 몇 장인지 식을 쓰고, 답을 구하세요.

식 _____

답 _____

10 현우와 예림이가 가지고 있는 귤 수입니다. 누가 귤을 몇 개 더 많이 가지고 있는지 구하세요.

현우	예림
25개	8개

(   ), (   )

11 딸기가 바구니에는 **42**개 들어 있고, 상자에는 **5**개 들어 있습니다. 바구니와 상자에 들어 있는 딸기의 수가 같아지려면 상자에 몇 개를 더 넣어야 할까요?

(   )

유형 **16** 여러 가지 방법으로 (몇십)−(몇십몇) 계산하기

예제 ☐ 안에 알맞은 수를 써넣으세요.

$$50-14$$
$$\swarrow \qquad \searrow$$
$$10 \qquad 4$$

$$50-14=50-10-\boxed{}$$
$$=\boxed{}-\boxed{}=\boxed{}$$

풀이 14는 ☐ 과 ☐ 로 가르기합니다.

→ 50에서 ☐ 을 뺀 다음 ☐ 를 더 뺍니다.

12 $80-39$를 계산한 것을 보고 계산 방법을 완성해 보세요.

$$80-39=80-30-9$$
$$=50-9=41$$

→ 80에서 ☐ 을 뺀 다음

☐ 를 더 뺍니다.

[13~14] $90-58$을 두 가지 방법으로 계산해 보세요.

13

리아: 58을 60으로 만들어 구할래.
$$90-58$$
$$+2\downarrow \qquad \downarrow +2$$
$$92-60$$

$$90-58=\boxed{}-\boxed{}=\boxed{}$$

14

현우:
$$90 \qquad\qquad 58$$
$$\swarrow\searrow \qquad\qquad \swarrow\searrow$$
$$80 \quad 10 \qquad 50 \quad 8$$
90과 58을 각각 가르기할래.

$$90-58=80-50+10-8$$
$$=30+2=\boxed{}$$

15 $60-17$을 여러 가지 방법으로 계산해 보세요.

방법 1
$$60-17$$

방법 2
$$60-17$$

유형 17 (몇십)−(몇십몇)

예제 두 수의 차를 구하세요.

30	12

( )

풀이 두 수의 차는 큰 수에서 작은 수를 뺍니다.

30 > 12이므로 30 − 12 = ☐ 입니다.

16 계산해 보세요.

(1) 50 − 18

(2) 70 − 36

17 빈칸에 알맞은 수를 써넣으세요.

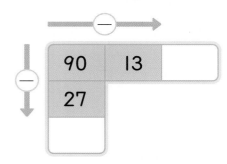

90	13	
27		

18 계산 결과를 찾아 이어 보세요.

 중요★

(1) 60 − 13   (2) 80 − 24

·   ·

·   ·   ·

56   47   34

19 가장 큰 수와 가장 작은 수의 차를 구하려고 합니다. 풀이 과정을 쓰고, 답을 구하세요.

서술형

30	22	48	70

1단계 가장 큰 수, 가장 작은 수 찾기

_____

_____

2단계 가장 큰 수와 가장 작은 수의 차 구하기

_____

_____

답 _____

20 옆 또는 아래의 세 수를 이용하여 뺄셈식을 만들어 보세요.

40	60 − 15 = 45			70
16	25	30	12	18
24	25	80	20	52

☐ − ☐ = ☐

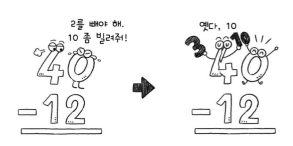

2를 빼야 해. 10 좀 빌려줘!

옛다, 10

4 0
− 1 2

4 0
− 1 2

유형 18 **실생활 속 (몇십)−(몇십몇)**

예제 운동장에 친구들이 <u>40명</u> 있었습니다. 이 중에서 <u>13명이 교실로 들어갔다면</u> 남아 있는 친구는 몇 명일까요?

( )

풀이 (운동장에 남아 있는 친구 수)

= (처음에 운동장에 있던 친구 수)

− (교실로 들어간 친구 수)

= ☐ − ☐ = ☐ (명)

21 파란색과 노란색 구슬 60개를 꿰어서 목걸이를 만들려고 합니다. 파란색 구슬이 37개라면 노란색 구슬은 몇 개인지 식을 쓰고, 답을 구하세요.

식 _____

답 _____

22 지우는 전체 90쪽인 동화책을 지금까지 41쪽 읽었습니다. 책을 모두 읽으려면 몇 쪽을 더 읽어야 할까요?

( )

23 우표를 연희는 14장, 형주는 30장 모았습니다. 형주가 연희에게 몇 장을 주면 두 사람이 가진 우표의 수가 같아지는지 구하세요.

( )

유형 19 **받아내림이 있는 (두 자리 수)−(두 자리 수)**

예제 가장 큰 수와 가장 작은 수의 차를 구하세요.

( )

풀이 51 > 36 > 24이므로

가장 큰 수: ☐ , 가장 작은 수: ☐

→ ☐ − ☐ = ☐

24 계산해 보세요.

⑴ 45 − 16

⑵ 63 − 27

25 계산해 보세요.

56 − 19 = ☐

56 − 29 = ☐

56 − 39 = ☐

26 계산 결과가 21인 것을 찾아 기호를 쓰세요.
중요★

> ㉠ 62-34
> ㉡ 71-48
> ㉢ 80-59

( )

27 수 카드 2장을 골라 두 자리 수를 만들어
창의형 62에서 빼 보세요.

3 4 5 7

내가 만든 뺄셈식

62-☐☐

( )

28 다음은 같은 선 위의 양쪽 끝에 있는 두 수
의 차를 가운데에 쓴 것입니다. 빈칸에 알
맞은 수를 써넣으세요.

유형 20 실생활 속 (두 자리 수)-(두 자리 수)

예제 냉장고에 달걀이 32개, 메추리알이 16개
있습니다. 달걀과 메추리알 수의 차는 몇 개
일까요?

( )

풀이 32>16이므로
(달걀 수)-(메추리알 수)
=☐-☐=☐(개)

29 규민이와 연서의 대화를 보고 누가 모은
서술형 칭찬 붙임딱지가 몇 장 더 많은지 풀이 과
정을 쓰고, 답을 구하세요.

> 난 35장 모았어.   난 51장 모았어.
>
> 규민   연서

1단계 칭찬 붙임딱지 수가 더 많은 사람 찾기

_____

_____

2단계 칭찬 붙임딱지 수가 몇 장 더 많은지 구하기

_____

답 _____ ,

30 줄넘기를 가장 많이 넘은 사람과 가장 적
게 넘은 사람의 횟수의 차는 몇 번일까요?

이름	희연	연준	나리	명수
줄넘기 횟수(번)	78	81	66	49

( )

유형 21 **잘못 계산한 것 찾기**

예제 바르게 계산한 것을 모두 찾아 기호를 쓰세요.

> ㉠ 38−19=12 ㉡ 26−8=18
> ㉢ 40−23=17 ㉣ 31−2=19

(　　　　　)

풀이 ㉠ 38−19=☐ ㉡ 26−8=☐
㉢ 40−23=☐ ㉣ 31−2=☐

➡ 바르게 계산한 것은 ☐, ☐입니다.

31 계산이 잘못된 이유를 쓰고, 바르게 계산
서술형 해 보세요.

```
    7 2
  − 3 6
  ───────
    4 4
```
➡
바르게 계산
```
    7 2
  − 3 6
  ───────
```

이유
_____

32 준호와 주경이는 82−54를 서로 다른
방법으로 계산하였습니다. 잘못 계산한 사
람은 누구인지 이름을 쓰세요.

> 준호: 54를 가르기하여 82에서 50
> 을 빼고 4를 빼서 계산했어.
> 주경: 82를 80으로, 54를 60으로
> 바꾸어 계산했어.

(　　　　　)

유형 22 **뺄셈 결과의 크기 비교하기**

예제 크기를 비교하여 ◯ 안에 >, =, <를 알
맞게 써넣으세요.

62−8 ◯ 55

풀이 뺄셈식을 계산한 후 55와 수의 크기를 비
교합니다.

62−8=☐ ➡ ☐ ◯ 55

33 계산 결과가 더 큰 쪽에 ◯표 하세요.
중요★

55−9	52−4
(　　)	(　　)

34 계산 결과가 다른 하나를 찾아 기호를 쓰
세요.

> ㉠ 63−35
> ㉡ 50−14
> ㉢ 43−7

(　　　　　)

35 계산 결과가 작은 것부터 차례로 글자를
썼을 때 만들어지는 단어를 쓰세요.

43−15	32−17	70−26
궁	무	화

(　　　　　)

+플러스 유형 23 차가 ■인 뺄셈식 만들기

예제 다음 중 차가 23인 두 수를 골라 ☐ 안에 써넣으세요.

| 40 | 25 | 17 |

☐ − ☐ = 23

풀이 세 수 중 2개를 고르면

40과 25, 40과 17, 25와 17입니다.

이 중 차가 23인 두 수는 40, ☐ 입니다.

→ ☐ − ☐ = 23

36 화살 두 개를 던져 맞힌 두 수의 차가 48입니다. 맞힌 두 수에 ◯표 하고, 식을 완성해 보세요.

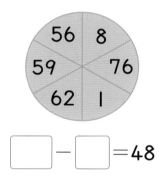

56 8
59 76
62 1

☐ − ☐ = 48

37 수 카드 3장 중에서 2장을 골라 차가 29인 식을 모두 만들어 보세요.

| 6 | 8 | 35 | 36 | 37 |

☐ − ☐ = 29

☐ − ☐ = 29

+플러스 유형 24 차가 가장 큰(작은) 뺄셈식 만들기

예제 두 수의 차가 가장 크도록 두 수를 골라 ☐ 안에 써넣고 계산해 보세요.

| 42 | 29 | 74 | 31 |

☐ − ☐ = ☐

풀이 두 수의 차가 가장 큰 경우:

(가장 큰 수) − (가장 작은 수)

= ☐ − ☐ = ☐

38 수 카드 중에서 2장을 골라 만든 두 자리 수에서 19를 빼려고 합니다. 계산 결과가 가장 크게 되는 뺄셈식을 완성해 보세요.

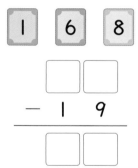

| 1 | 6 | 8 |

```
   ☐ ☐
 −  1 9
 ──────
   ☐ ☐
```

39 구슬에 쓰여 있는 수 중에서 2개를 골라 한 번씩만 사용하여 두 자리 수를 만들어 83에서 빼려고 합니다. 계산 결과가 가장 작게 되는 뺄셈식을 쓰고, 계산해 보세요.

4 5 6

83 − ☐ = ☐

유형 25 빼셈식 완성하기

예제 수 카드를 한 번씩 모두 사용하여 계산 결과가 26이 되도록 식을 완성해 보세요.

3 5

```
    8 □
 −  □ 7
  ───────
    2 6
```

풀이 수 카드의 수를 각각 넣어 계산해 봅니다.

$83-57=$ ☐ , $85-37=$ ☐

➔ 8☐−☐7=26입니다.

40 ☐ 안에 알맞은 수를 써넣으세요.

```
    5 3
 −    □
  ───────
    4 4
```

41 다음 빼셈식에서 ★은 같은 수를 나타냅니다. ㉠에 알맞은 수는 얼마일까요?

```
      ★ 0
 −    ㉠ 3
  ───────
      2 ★
```

(   )

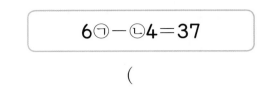

42 ㉠과 ㉡에 알맞은 수의 합을 구하세요.

중요★

6㉠−㉡4=37

(   )

유형 26 크기 비교에서 ☐ 안에 알맞은 수 구하기

예제 ☐ 안에 들어갈 수 있는 수를 모두 찾아 ○표 하세요.

52−46>☐

(3 , 4 , 5 , 6 , 7)

풀이 $52-46=$ ☐ 이므로 ☐ 안에 들어갈 수 있는 수는 ☐ 보다 작은 ☐ , ☐ , ☐ 입니다.

43 ♥에 알맞은 수 중에서 가장 큰 수를 구하세요.

65−37>♥

(   )

44 0부터 9까지의 수 중에서 ☐ 안에 들어갈 수 있는 수를 모두 구하려고 합니다. 풀이 과정을 쓰고, 답을 구하세요.

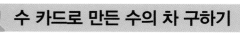

$$4\square > 66-19$$

(1단계) 66-19 계산하기

_____

_____

(2단계) ☐ 안에 들어갈 수 있는 수 모두 구하기

_____

_____

답 _____

+플러스 유형 27 **수 카드로 만든 수의 차 구하기**

예제 각자 가지고 있는 3장의 수 카드 중에서 2장을 골라 미나는 가장 큰 두 자리 수, 도율이는 가장 작은 두 자리 수를 만들었습니다. 미나와 도율이가 만든 두 수의 차를 구하세요.

미나

도율

( )

풀이
• 미나가 만든 가장 큰 두 자리 수: ☐

• 도율이가 만든 가장 작은 두 자리 수: ☐

➡ (두 수의 차) = ☐ - ☐ = ☐

---

45 수 카드를 한 번씩 모두 이용하여 받아내림이 있는 (두 자리 수)-(두 자리 수)를 만들려고 합니다. 두 자리 수를 2개 만들고, 두 수의 차를 구하세요.

규민

내가 만든 두 자리 수는
☐☐ , ☐☐ 야.

( )

46 수 카드를 한 번씩만 사용하여 십의 자리 수가 5인 가장 작은 두 자리 수와 십의 자리 수가 4인 가장 큰 두 자리 수를 만들었습니다. 만든 두 수의 차는 얼마인지 물음에 답하세요.

(1) 십의 자리 수가 5인 가장 작은 수를 구하세요.

( )

(2) 십의 자리 수가 4인 가장 큰 수를 구하세요.

( )

(3) 두 수의 차를 구하세요.

( )

7 세 수의 계산

> 세 수의 계산은 앞에서부터 두 수씩 차례로 계산합니다.

$23+58-44$ 계산하기

$23+58-44=37$
① 81
② 37

$$\begin{array}{r} 2\ 3 \\ +\ 5\ 8 \\ \hline 8\ 1 \end{array} \qquad \begin{array}{r} 8\ 1 \\ -\ 4\ 4 \\ \hline 3\ 7 \end{array}$$

$75-39+16$ 계산하기

$75-39+16=52$
① 36
② 52

$$\begin{array}{r} 7\ 5 \\ -\ 3\ 9 \\ \hline 3\ 6 \end{array} \qquad \begin{array}{r} 3\ 6 \\ +\ 1\ 6 \\ \hline 5\ 2 \end{array}$$

● 계산 순서를 바꿔서 계산하면 결과가 달라질 수 있습니다. 세 수의 계산은 앞에서부터 차례로 계산해야 합니다.
  · $92-37-16$
    $=55-16$
    $=39(\bigcirc)$
  · $92-37-16$
    $=92-21$
    $=71(\times)$

8 덧셈과 뺄셈의 관계

덧셈식을 뺄셈식으로 나타내기

$4+6=10$ ⟨ $10-4=6$
        $10-6=4$

뺄셈식을 덧셈식으로 나타내기

$9-3=6$ ⟨ $6+3=9$
       $3+6=9$

9 덧셈식과 뺄셈식에서 □의 값 구하기

방법1 그림으로 알아보기

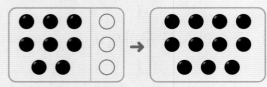

바둑돌 8개에 3개를 더하면 11개가 됩니다.
→ $8+\square=11$, $\square=3$

방법2 덧셈과 뺄셈의 관계로 알아보기

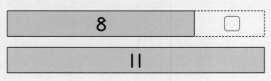

$8+\square=11$
$11-8=\square$ → $\square=3$

● 덧셈식과 뺄셈식에서 □의 값 구하기

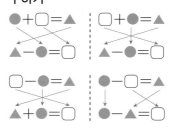

[01~02] ☐ 안에 알맞은 수를 써넣으세요.

01 $29+13-15=$ ☐

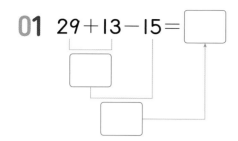

02 $54-8+17=$ ☐

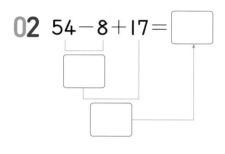

[03~04] 그림을 보고 덧셈식을 뺄셈식으로 나타내세요.

03

9	7

16

$9+7=16$
$16-$ ☐ $=7$
$16-$ ☐ $=9$

04

15	8

23

$15+8=23$
$23-$ ☐ $=8$
$23-$ ☐ $=15$

[05~06] 그림을 보고 뺄셈식을 덧셈식으로 나타내세요.

05

17

8	9

$17-8=9$
$9+$ ☐ $=17$
$8+$ ☐ $=17$

06

35

16	19

$35-16=19$
$19+$ ☐ $=35$
$16+$ ☐ $=35$

[07~08] 그림을 보고 ☐ 안에 알맞은 수를 써넣으세요.

07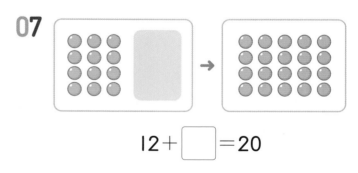

$12+$ ☐ $=20$

08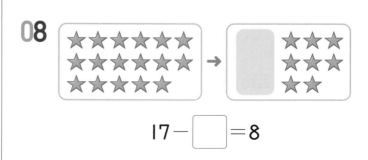

$17-$ ☐ $=8$

유형 28 **세 수의 계산**

예제 세 수의 합을 구하세요.

| 26 | 47 | 38 |

( )

풀이 두 수씩 차례로 계산합니다.

① $26+47=$ ☐

② ☐ $+38=$ ☐

01 계산해 보세요.

(1) $24+37-18$

(2) $83-26+35$

02 빈칸에 알맞은 수를 써넣으세요.

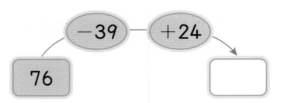

-39 $+24$

76   ☐

03 사다리를 타면서 계산하여 빈칸에 알맞은 수를 써넣으세요.

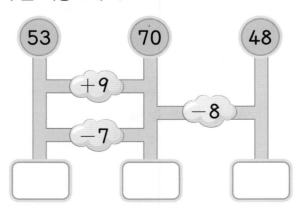

53   70   48

$+9$

-8

-7

☐   ☐   ☐

04 ■와 ▲의 합을 구하세요.

$22+38-31=$■
$86-59+33=$▲

( )

유형 29 **잘못 계산한 것 찾기**

예제 바르게 계산한 것의 기호를 쓰세요.

㉠ $43-15+9=19$
㉡ $43-15+9=37$

( )

풀이 $43-15+9$에서 $43-15$를 먼저 계산합니다.

$43-15+9=$ ☐ $+9=$ ☐

05 계산을 바르게 한 사람의 이름을 쓰세요.

주경   준호

$82-45-16$
$=35$

$56-9+67$
$=114$

( )

06 계산이 <u>잘못된</u> 이유를 쓰고, 바르게 계산
_{서술형} 해 보세요.

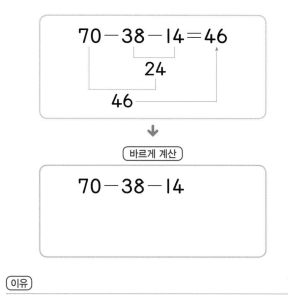

$$70-38-14=46$$

24

46

↓

바르게 계산

$$70-38-14$$

이유

---

08 계산 결과가 큰 것부터 차례로 글자를 썼
을 때 만들어지는 단어를 쓰세요.

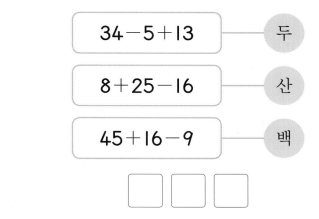

$34-5+13$ ── 두

$8+25-16$ ── 산

$45+16-9$ ── 백

☐ ☐ ☐

+플러스
유형 31 **세 수의 계산식 완성하기**

예제 세 수의 계산 결과가 75가 되도록 ○ 안에
＋ 또는 ―를 알맞게 써넣으세요.

$$64 \bigcirc 26 \bigcirc 37 = 75$$

풀이 ○ 안에 ＋ 또는 ―를 번갈아 넣으면서 계
산한 결과가 75가 되는지 알아봅니다.

$64+26+37 = \boxed{}+37 = \boxed{}$

$64+26-37 = \boxed{}-37 = \boxed{}$

$64-26+37 = \boxed{}+37 = \boxed{}$

$64-26-37 = \boxed{}-37 = \boxed{}$

유형 30 **계산 결과의 크기 비교하기**

예제 계산 결과를 비교하여 ○ 안에 ＞, ＝, ＜
를 알맞게 써넣으세요.

$$35+6-13 \bigcirc 52-25+8$$

풀이 $35+6-13 = \boxed{}$

$52-25+8 = \boxed{}$

➡ $\boxed{} \bigcirc \boxed{}$

---

07 계산 결과가 더 큰 식을 말한 사람의 이름
_{중요★} 을 쓰세요.

현이: $18+34-16$
준규: $32-15+24$

( )

---

09 세 수를 이용하여 계산 결과가 가장 큰 세
수의 계산식을 만들려고 합니다. ○ 안에
알맞은 수를 써넣고, 계산해 보세요.

9   13   34   29

$\bigcirc + \bigcirc - \bigcirc$

( )

10 놀이공원 입구에서 계산에 맞게 깃발 2개를 지나 바이킹까지 가려고 합니다. ☐ 안에 알맞은 수를 써넣고, 입구에서 바이킹까지 가는 길을 표시해 보세요.

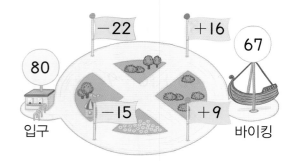

$80-22+16=$ ☐

$80-22+9=$ ☐

$80-15+16=$ ☐

$80-15+9=$ ☐

11 카드를 모두 사용하여 세 수의 계산식을 만들어 계산하고, 식에 알맞은 문제를 만들어 보세요.

창의형

| 12 | 26 | + | − |

계산식

| 38 | ☐ | ☐ | ☐ | ☐ | = | ☐ |

문제

_____

_____

_____

유형 32 **실생활 속 세 수의 계산**

예제 코끼리 열차에 32명이 타고 있었습니다. 동물원에서 14명이 내리고 식물원에서 5명이 내렸습니다. 지금 코끼리 열차에 타고 있는 사람은 몇 명일까요?

(   )

풀이 (지금 코끼리 열차에 타고 있는 사람 수)

= (처음 타고 있던 사람 수)

   − (동물원에서 내린 사람 수)

   − (식물원에서 내린 사람 수)

= 32 − ☐ − ☐ = ☐ (명)

12 현규의 일기의 일부분입니다. 튼튼 농장에 있는 닭은 몇 마리인지 구하세요.

○○○○년 ○월 ○일   날씨: ☀️🌤️☁️☂️👻
오늘 가족들과 튼튼 농장에 다녀왔다.
튼튼 농장에는 거위가 36마리, 오리가 46마리
있고, 닭은 거위와 오리 수의 합보다 17마리가
적었다.

(   )

13 대화를 읽고 연지가 가지고 있는 책은 몇 권인지 구하세요.

하늘: 책이 12권 더 있으면 40권이야.
연지: 나는 너보다 9권 더 적어.

(   )

14
서술형
삼촌은 어머니보다 **2**살 많고, 이모는 삼촌 보다 **9**살 적습니다. 어머니의 나이가 **41**살 일 때, 삼촌, 어머니, 이모의 나이의 합은 몇 살인지 풀이 과정을 쓰고, 답을 구하세요.

[1단계] 삼촌, 이모의 나이 구하기

___

[2단계] 삼촌, 어머니, 이모의 나이의 합 구하기

___

답 ___

유형 33 덧셈과 뺄셈의 관계

예제　그림을 보고 덧셈식과 뺄셈식으로 나타내세요.

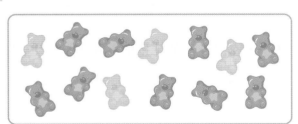

$$9 + 4 = \boxed{}$$

$$\boxed{} - 9 = \boxed{}$$

풀이　(🐻의 수) + (🐻의 수) = (전체 수)

→ $9 + 4 = \boxed{}$

(전체 수) − (🐻의 수) = (🐻의 수)

→ $\boxed{} - 9 = \boxed{}$

---

15 그림을 보고 ▢ 안에 알맞은 수를 써넣으 세요.

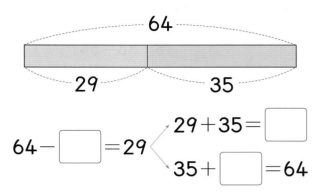

$$64 - \boxed{} = 29$$

$$29 + 35 = \boxed{}$$

$$35 + \boxed{} = 64$$

16
중요★
그림을 보고 덧셈식을 완성하고, 덧셈식을 뺄셈식으로 나타내세요.

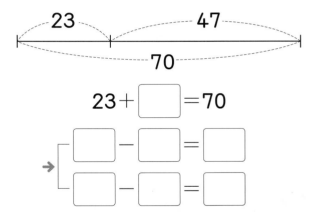

$$23 + \boxed{} = 70$$

→ $\boxed{} - \boxed{} = \boxed{}$

$\boxed{} - \boxed{} = \boxed{}$

17 주사위의 세 수를 이용하여 뺄셈식을 만들 고 덧셈식으로 나타내세요.

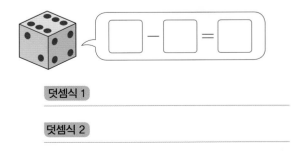

$$\boxed{} - \boxed{} = \boxed{}$$

덧셈식 1 ___

덧셈식 2 ___

유형 **34** 덧셈식을 보고 뺄셈식으로 나타내기

예제 덧셈식을 뺄셈식으로 나타내세요.

$$18 + 36 = 54$$

→ 54 − ☐ = 18
☐ − 18 = ☐

풀이 덧셈식을 뺄셈식 **2**개로 나타낼 수 있습니다.

18 + 36 = 54   18 + 36 = 54

54 − ☐ = 18   ☐ − 18 = ☐

18 ☐ 안에 알맞은 수를 써넣으세요.

☐ + 27 = 72

→ 72 − ☐ = 45

19 수 카드 세 장을 사용하여 덧셈식을 만들고, 만든 덧셈식을 뺄셈식으로 나타내세요.

| 16 | 5 | 11 | 21 |

덧셈식 ☐ + ☐ = ☐

뺄셈식 ☐ − ☐ = ☐

---

20 내가 만들고 싶은 덧셈식을 만들고, 만든 덧셈식을 뺄셈식으로 나타내어 보세요.

창의형

내가 만든 덧셈식

뺄셈식으로 나타내기

유형 **35** 뺄셈식을 보고 덧셈식으로 나타내기

예제 다음 뺄셈식을 계산하고, 덧셈식으로 나타내세요.

$$64 - 25 = ☐$$

→ ☐ + 25 = ☐
25 + ☐ = 64

풀이 뺄셈식을 덧셈식 **2**개로 나타낼 수 있습니다.

64 − 25 = ☐   64 − 25 = ☐

☐ + 25 = ☐   25 + ☐ = 64

21 수 카드 **3**장을 한 번씩만 사용하여 뺄셈식을 만들고, 덧셈식으로 나타내세요.

| 45 | 73 | 28 |

뺄셈식 ☐ − ☐ = ☐

덧셈식 1 ☐ + ☐ = ☐

덧셈식 2 ☐ + ☐ = ☐

22 덧셈식은 뺄셈식으로, 뺄셈식은 덧셈식으로 나타낸 것입니다. <u>잘못된</u> 것을 찾아 기호를 쓰세요.

> ㉠ $52+29=81$ → $81-52=29$
> ㉡ $61-38=23$ → $38+23=61$
> ㉢ $63-14=49$ → $63+49=14$

(   )

23 세 수를 이용하여 뺄셈식을 완성하고, 덧셈식으로 나타내세요.

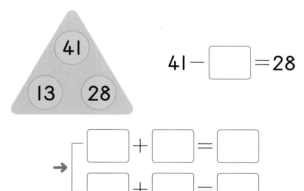

$41 - \boxed{} = 28$

→ $\boxed{} + \boxed{} = \boxed{}$
   $\boxed{} + \boxed{} = \boxed{}$

유형 36 **그림을 보고 덧셈식에서 ☐의 값 구하기**

예제 왼쪽 그림에 구슬을 몇 개 더했더니 오른쪽 그림이 되었습니다. ☐ 안에 알맞은 수를 써넣으세요.

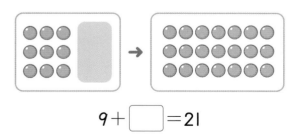

$9 + \boxed{} = 21$

풀이 구슬 **9**개에 $\boxed{}$개를 더하면 **21**개가 되므로 $9 + \boxed{} = 21$입니다.

---

24 서술형 그림을 보고 ☐가 사용된 식을 만들어 ☐의 값을 구하려고 합니다. 풀이 과정을 쓰고, 답을 구하세요.

16개   25개

1단계 ☐가 사용된 식 만들기

_____

_____

2단계 ☐의 값 구하기

_____

답 _____

25 ☐를 사용하여 그림에 알맞은 덧셈식을 만들고, ☐의 값을 구하세요.

8   23

식 _____

답 _____

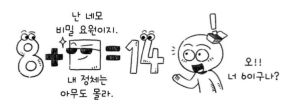

난 네모 비밀 요원이지.
내 정체는 아무도 몰라.

오!! 너 6이구나?

유형 37 덧셈식에서 모르는 값 구하기

예제 □ 안에 알맞은 수를 구하세요.

$$25+\square=52$$

(   )

풀이 덧셈식을 뺄셈식으로 나타냅니다.

$$25+\square=52$$

$$\boxed{}-\boxed{}=\square,\ \square=\boxed{}$$

26 □ 안에 알맞은 수가 더 큰 것의 기호를 쓰세요.

㉠ $26+\square=64$
㉡ $\square+13=52$

(   )

27 서술형 22를 넣으면 50이 나오는 상자가 있습니다. 이 상자에 37을 넣으면 얼마가 나오는지 풀이 과정을 쓰고, 답을 구하세요.

$$22 \rightarrow \boxed{\ +\ \square\ } \rightarrow 50$$

1단계 □의 값 구하기

_____

2단계 37을 넣으면 나오는 수 구하기

_____

답 _____

유형 38 실생활 속 덧셈식에서 □의 값 구하기

예제 토끼 4마리가 있었는데 몇 마리가 더 와서 13마리가 되었습니다. 더 온 토끼 수를 □로 하여 덧셈식을 만들고 □의 값을 구하세요.

식 _____

답 _____

풀이 (처음 토끼 수)+(더 온 토끼 수)

$$=\boxed{}+\square=\boxed{}$$

$$\rightarrow \boxed{}-\boxed{}=\square,\ \square=\boxed{}$$

28 진현이의 나이는 7살이고, 진현이와 성아의 나이의 합은 16살입니다. 성아의 나이를 □로 하여 덧셈식을 만들고, □의 값을 구하세요.

식 _____

답 _____

29 서술형 혜란이는 종이학을 어제는 46개 접었고, 오늘 몇 개를 더 접어서 모두 73개가 되었습니다. 오늘 접은 종이학은 몇 개인지 풀이 과정을 쓰고, 답을 구하세요.

1단계 □를 사용한 식으로 나타내기

_____

2단계 오늘 접은 종이학 수 구하기

_____

답 _____

유형 39 그림을 보고 뺄셈식에서 □의 값 구하기

예제 | 그림을 보고 □ 안에 알맞은 수를 구하세요.

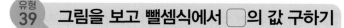

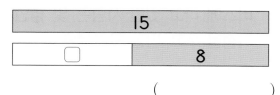

(   )

풀이 | □를 사용한 뺄셈식으로 나타냅니다.

$15-\square=8$

$15-\boxed{}=\bigcirc, \bigcirc=\boxed{}$

30 귤 12개 중에서 몇 개를 먹었더니 8개가 남았습니다. 남은 귤이 8개가 되도록 /으로 지우고, □ 안에 알맞은 수를 써넣으세요.

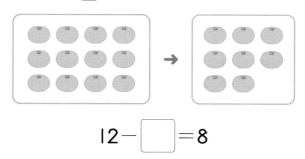

$12-\boxed{}=8$

31 □ 안에 알맞은 수를 구하세요.
중요*

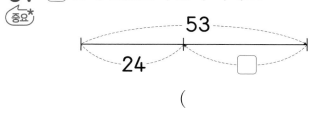

(   )

유형 40 뺄셈식에서 모르는 값 구하기

예제 | □ 안에 알맞은 수를 구하세요.

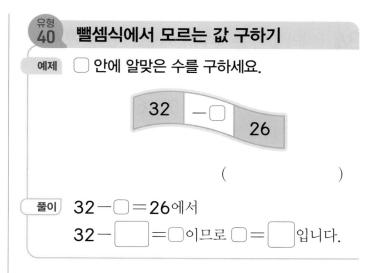

(   )

풀이 | $32-\square=26$에서

$32-\boxed{}=\bigcirc$이므로 $\bigcirc=\boxed{}$입니다.

32 ㉠과 ㉡의 합을 구하세요.

$$46+㉠=72$$
$$㉡-16=38$$

(   )

33 빈 곳에 알맞은 수를 써넣으세요.

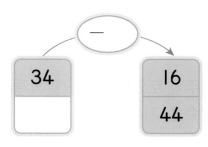

34 ☐의 값이 큰 것부터 차례로 기호를 쓰세요.

> ㉠ $13-\square=4$
> ㉡ $\square-7=6$
> ㉢ $29+\square=37$

(   )

유형 41 실생활 속 뺄셈식에서 ☐의 값 구하기

예제 머리핀 몇 개가 있었는데 **5**개가 팔리고 **7**개가 남았습니다. 처음에 있던 머리핀 수를 ☐로 하여 뺄셈식을 만들고, ☐의 값을 구하세요.

식 _____

답 _____

풀이 (남은 머리핀 수)

= (처음에 있던 머리핀 수) ─ (팔린 머리핀 수)

$=\square-\square=\square$

➔ $\square+\square=\square,\ \square=\square$

---

35 성주가 토요일과 일요일에 돌린 훌라후프 횟수를 기록한 표에 얼룩이 묻었습니다. 성주가 토요일에 돌린 훌라후프 횟수는 몇 회일까요?

요일	토	일	합계
훌라후프 횟수		35회	63회

(   )

---

36 버스에 몇 명이 타고 있었는데 정류장에서 **16**명이 내려서 **9**명이 남았습니다. 처음 버스에 타고 있던 사람은 몇 명인지 풀이 과정을 쓰고, 답을 구하세요.

(1단계) ☐를 사용한 식으로 나타내기

_____

_____

(2단계) ☐의 값 구하기

_____

_____

답 _____

유형 42 어떤 수 구하기

예제 ☐를 사용하여 알맞은 식을 쓰고, 어떤 수를 구하세요.

> 어떤 수에 **15**를 더했더니 **43**이 되었습니다.

식 _____

답 _____

풀이 어떤 수를 ☐로 하여 식을 만들면

$\square+15=\boxed{}$ 입니다.

➔ $\square=\boxed{}-15=\boxed{}$

---

37 **72**에서 어떤 수를 빼면 **37**과 같습니다. 어떤 수를 구하세요.

(   )

38 리아가 생각하는 수보다 16만큼 더 큰 수는 얼마인지 구하세요.

내가 생각하는 수보다 8만큼 더 큰 수는 53이야.

리아

(   )

39 어떤 수에 14를 더했더니 60이 되었습니다. 어떤 수에서 27을 빼면 얼마가 되는지 구하세요.

(   )

⁺플러스
유형 43 주어진 식에서 ☐의 값 구하기

예제 ☐ 안에 알맞은 수를 써넣으세요.

$$72 - 14 = 40 + \boxed{}$$

풀이 $72 - 14 = 58$이므로 $40 + \boxed{} = 58$입니다.

→ $58 - 40 = \boxed{}$, $\boxed{} = \boxed{}$

40 ☐ 안에 알맞은 수를 구하려고 합니다. 풀이 과정을 쓰고, 답을 구하세요.
서술형

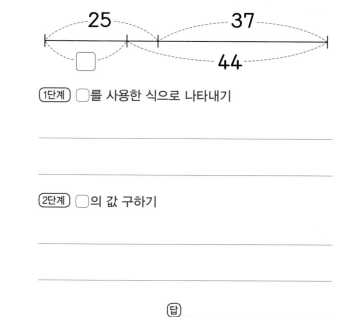

1단계 ☐를 사용한 식으로 나타내기

_____

_____

2단계 ☐의 값 구하기

_____

_____

답 _____

41 주어진 식에서 ☐ 안에 알맞은 수가 더 큰 것의 기호를 쓰세요.

┌─────────────────────────┐
│ ㉠ $\boxed{} + 18 = 50 - 14$ │
│ ㉡ $34 - 16 = 12 + \boxed{}$ │
└─────────────────────────┘

(   )

42 ☐ 안에 알맞은 수를 구하세요.

$$24 + 19 + \boxed{} = 77 + 16$$

(   )

3 STEP 응용 해결하기

문제 강의

1 그림을 보고 겹쳐진 부분의 길이 구하기

㉠에 알맞은 수를 구하세요.

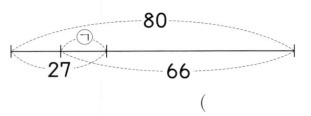

(   )

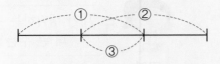
2 수 카드를 이용하여 합이 가장 큰 덧셈식 만들기

4장의 수 카드를 한 번씩 모두 사용하여 다음과 같은 덧셈 식을 만들려고 합니다. 합이 가장 큰 덧셈식을 만들었을 때 계산 결과를 구하세요.

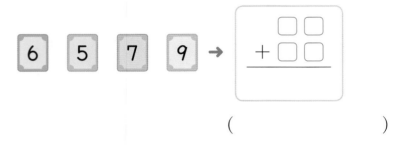

(   )

3 수를 기호로 나타낸 식의 계산

서술형

다음 식에서 같은 모양은 같은 수를 나타냅니다. ●가 28일 때 ★에 알맞은 수를 구하려고 합니다. 풀이 과정을 쓰고, 답 을 구하세요.

●+●=▲
▲-★=19

풀이

답

4 두 수의 합이 서로 같을 때 모르는 한 수 구하기

민지와 형준이는 수 카드를 **2**장씩 가지고 있습니다. 두 사람이 가지고 있는 카드에 적힌 두 수의 합이 서로 같습니다. 민지가 가지고 있는 수 카드 중 뒤집혀 있는 카드에 적힌 수는 얼마인지 구하세요.

민지   형준

(   )

3 단원

5 규칙에 따라 늘어놓은 수 구하기   〔서술형〕

규칙에 따라 수를 차례로 늘어놓았습니다. ㉡에 알맞은 수는 얼마인지 구하려고 합니다. 풀이 과정을 쓰고, 답을 구하세요.

| 3 | 17 | 31 | 45 | ㉠ | ㉡ |

〔풀이〕

_____

_____

〔답〕 _____

6 두 수의 관계가 주어졌을 때 세 수의 계산

선우, 은지, 동호는 다음과 같이 색종이를 가지고 있습니다. 세 사람이 가지고 있는 색종이는 모두 몇 장인지 구하세요.

> 선우: 나는 색종이를 **16**장 가지고 있어.
> 은지: 나는 선우보다 **17**장 더 많이 가지고 있어.
> 동호: 나는 은지보다 **5**장 적게 가지고 있어.

(   )

세 사람이 가지고 있는 색종이 수는?

> 선우: 16장
>
> ↓ +17
>
> 은지가 가지고 있는 색종이 수
>
> ↓ −5
>
> 동호가 가지고 있는 색종이 수

바르게 계산한 값 구하기

7 어떤 수에 **43**을 더해야 할 것을 잘못하여 뺐더니 **39**가 되었습니다. 바르게 계산한 값을 구하세요.

(1) 어떤 수는 얼마인지 구하세요.

( )

(2) 바르게 계산한 값을 구하세요.

( )

주어진 수를 이용하여 알맞은 계산식 완성하기

8 노란색 구슬과 빨간색 구슬을 한 개씩 골라 〈보기〉와 같이 세 수를 계산하려고 합니다. 계산식을 완성해 보세요.

〈보기〉

$68 + 16 - 37 = 47$

$68 + \bigcirc - \bigcirc = 44$

(1) 노란색 칸에 주어진 구슬의 수를 차례로 놓을 때 빨간색 칸에 놓일 수를 구하세요.

노란색 칸	빨간색 칸
14	
16	
17	

(2) 구슬의 수를 이용하여 계산식을 완성해 보세요.

$68 + \bigcirc - \bigcirc = 44$

식의 빈칸에 들어갈 수를 구하려면?

노란색 칸에 노란 구슬에 쓰인 수를 한 개씩 넣어 보기

↓

빨간색 칸에 들어갈 수 있는 수 구하기

↓

빨간색 구슬에 쓰인 수와 같은 것 찾기

01 덧셈을 해 보세요.

$$
\begin{array}{r}
3\ 7 \\
+\ 8\ 5 \\
\hline
\end{array}
$$

02 계산을 바르게 한 것에 ◯표 하세요.

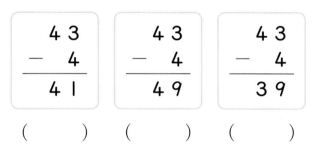

(   )   (   )   (   )

03 ▢ 안에 알맞은 수를 써넣으세요.

$52-17=\boxed{}$

➔ $17+35=\boxed{}$

04 빈칸에 알맞은 수를 써넣으세요.

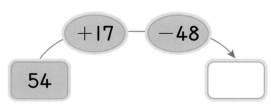

05 ▢를 사용하여 그림에 알맞은 덧셈식을 만들고, ▢의 값을 구하세요.

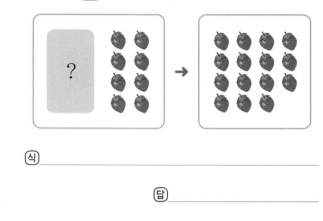

(식) _____

(답) _____

06 그림을 보고 ▢ 안에 알맞은 수를 구하세요.

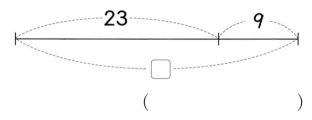

(   )

07 계산 결과를 찾아 이어 보세요.

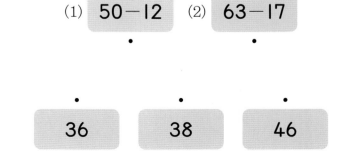

08 뺄셈식을 덧셈식으로 바르게 나타낸 것의 기호를 쓰세요.

$$64-26=38$$

㉠ $38+26=64$
㉡ $64+38=26$

(   )

09 계산 결과의 크기를 비교하여 ◯ 안에 >, =, <를 알맞게 써넣으세요.

$$52+34-17 \bigcirc 60-24+38$$

10 학교에서 투호던지기를 하였습니다. 석준이는 34개를 던져서 17개가 들어갔습니다. 들어가지 않은 화살은 몇 개일까요?

(   )

11 ◻ 안에 알맞은 수를 써넣으세요.

$41 \rightarrow \boxed{+\ \square} \rightarrow 90$

12 붙임딱지를 가장 많이 모은 사람과 가장 적게 모은 사람의 붙임딱지 수의 차는 몇 장일까요?

이름	예나	재석	민지	규민
붙임딱지 수(장)	33	42	20	18

(   )

13 어떤 수와 14의 합은 41입니다. 어떤 수를 ◻로 하여 식을 만들고 어떤 수를 구하세요.

식 _____

답 _____

14 ◻ 안에 들어갈 수 있는 수를 모두 고르세요. (   )

$$25+\square>43$$

① 16　　② 17　　③ 18
④ 19　　⑤ 20

15 수 카드 중에서 2장을 골라 두 수의 합이 67이 되는 덧셈식을 모두 만들어 보세요.

29　18　38　59

$\boxed{}+\boxed{}=67$

$\boxed{}+\boxed{}=67$

16 오른쪽 뺄셈식에서 ★은 같은 수를 나타냅니다. ㉠에 알맞은 수는 얼마일까요?

$$\begin{array}{r} ★\ \ 0 \\ -\ ㉠\ \ 4 \\ \hline 3\ \ ★ \end{array}$$

(   )

17 서술형 현우의 나이는 몇 살인지 풀이 과정을 쓰고, 답을 구하세요.

현우

우리 아버지 나이는 **45**살이야. 누나는 아버지보다 **36**살 적고, 나는 누나보다 **2**살 적어.

풀이

답

18 각자 가지고 있는 **3**장의 수 카드 중에서 **2**장을 골라 민아는 가장 작은 두 자리 수, 이수는 가장 큰 두 자리 수를 만들었습니다. 두 사람이 만든 수의 합과 차를 각각 구하세요.

4 5 7
민아

2 3 8
이수

합 (   )

차 (   )

19 서술형 초코볼 I5개 중 몇 개를 친구에게 주었더니 6개가 남았습니다. 친구에게 준 초코볼은 몇 개인지 풀이 과정을 쓰고, 답을 구하세요.

풀이

답

20 서술형 과일 가게에 사과가 **50**상자, 배가 **43**상자 있었습니다. 오늘 사과는 **23**상자, 배는 **18**상자를 팔았습니다. 남은 사과와 배는 모두 몇 상자인지 풀이 과정을 쓰고, 답을 구하세요.

풀이

답

4

길이 재기

학습을 끝낸 후
색칠하세요.

개념
확인하기

유형
다잡기
유형 01~12

⊗ 이전에 배운 내용

[1-1] 비교하기

길이 비교하기
'길다, 짧다'로 길이 표현하기

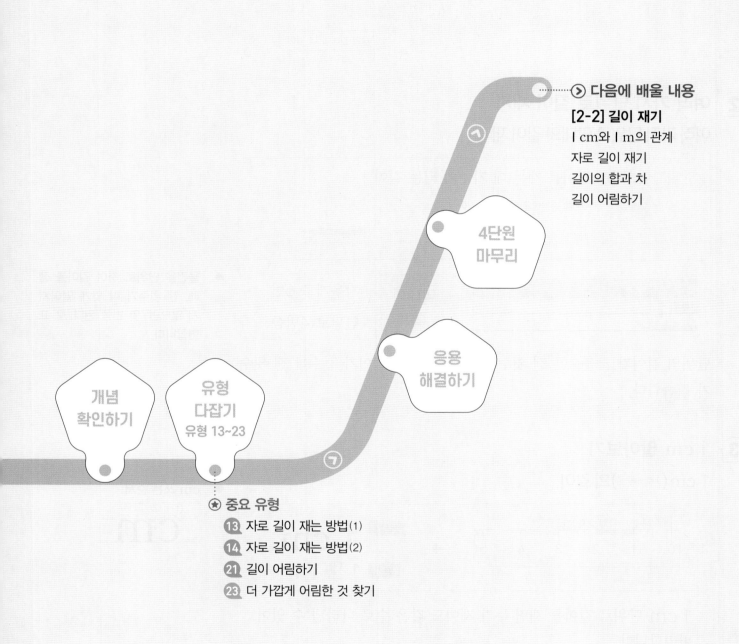

STEP 1 개념 확인하기

① 길이를 비교하는 방법 알아보기
직접 맞대어 비교할 수 없는 길이의 비교

종이띠나 털실 등을 길이만큼 자르고, 자른 길이를 맞대어 비교합니다.

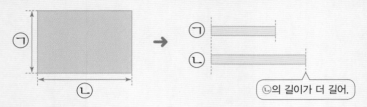

ⓒ의 길이가 더 길어.

② 여러 가지 단위로 길이 재기
여러 가지 단위로 막대의 길이 재기

단위길이: 어떤 길이를 재는 데 기준이 되는 길이

뼘: 손가락을 한껏 벌린 길이

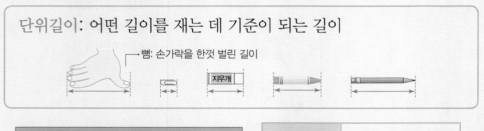

막대의 길이	지우개로 6번
	연필로 4번쯤

단위의 길이가 짧을수록 잰 횟수가 많고, 단위의 길이가 길수록 잰 횟수가 적습니다.

● 물건을 단위로 하여 길이를 잴 때, 잰 횟수가 딱 맞게 떨어지지 않으면 '몇 번쯤 된다.'로 표현합니다.

③ 1 cm 알아보기

1 cm(├──┤)의 길이

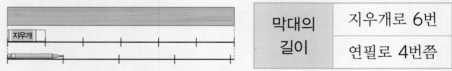

자의 숫자 눈금 한 칸

쓰기 **1 cm**
읽기 **1 센티미터**

● cm 쓰는 순서
①②③④
cm

1 cm 단위로 길이를 재면 누가 재어도 같은 수로 나타낼 수 있어 편리합니다.

몇 cm인지 쓰고 읽기

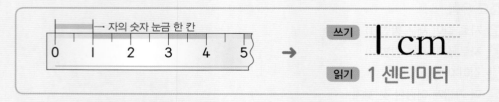

1 cm가 3번 →

쓰기 **3 cm**
읽기 **3 센티미터**

01 가와 나의 길이를 종이띠를 이용하여 비교하려고 합니다. 더 긴 것에 ◯표 하세요.

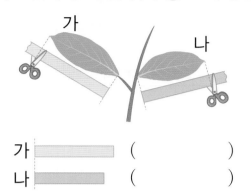

가 〔　　　　〕

나 〔　　　　〕

02 두 선의 길이를 비교하여 ☐ 안에 알맞은 기호를 써넣으세요.

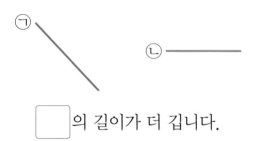

☐ 의 길이가 더 깁니다.

[03~04] 물건의 길이는 옷핀으로 몇 번인지 구하세요.

03

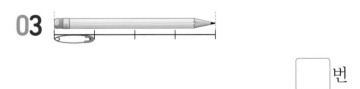

☐ 번

04

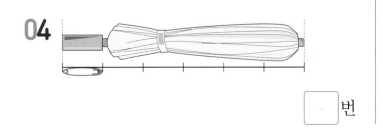

☐ 번

[05~06] 주어진 길이를 각각 2번씩 바르게 쓰세요.

05 l cm

06 2 cm

[07~08] |——|은 l cm입니다. l cm가 몇 번인지 세어 ☐ 안에 써넣고, 길이를 쓰세요.

07

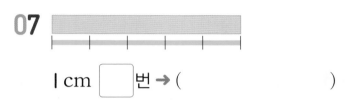

l cm ☐ 번 ➡ 〔　　　　　〕

08

l cm ☐ 번 ➡ 〔　　　　　〕

[09~12] ☐ 안에 알맞은 수를 써넣으세요.

09 l cm로 7번은 ☐ cm입니다.

10 l cm로 ☐ 번은 8 cm입니다.

11 l2 cm는 l cm가 ☐ 번입니다.

12 ☐ cm는 l cm가 9번입니다.

STEP 2 유형 다잡기

유형 01 길이 비교하는 방법 알아보기

예제 길이가 짧은 것부터 차례로 기호를 쓰세요.

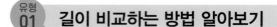

가
나
다

( )

풀이 직접 맞대어 비교할 수 없으면 종이띠, 막대 등에 길이를 표시하여 비교할 수 있습니다.

가장 짧은 것: ☐ → ☐ < ☐ < ☐
가장 긴 것: ☐

01 직접 맞대어 비교할 수 없는 두 길이를 비교하는 방법을 바르게 말한 사람의 이름을 쓰세요.

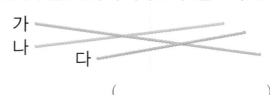

직접 맞대어 비교할 수 없다면 두 길이는 비교할 수 없어.

다른 물건에 길이만큼 본떠 그려서 비교하면 돼.

준호   리아

( )

02 기준 막대보다 키가 작은 사람만 놀이 기구를 탈 수 있습니다. 놀이 기구를 탈 수 있는 사람에 ◯표 하세요.

기준 막대

유형 02 한 가지 단위로 길이 재기

예제 지팡이의 길이는 몇 뼘일까요?

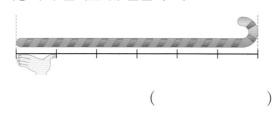

( )

풀이 한 뼘의 길이만큼 표시한 눈금의 수를 셉니다.

→ 지팡이의 길이: ☐ 뼘

03 색연필의 길이는 못으로 몇 번쯤일까요?

( )

04 방석의 긴 쪽과 짧은 쪽의 길이는 발 길이로 몇 번일까요?

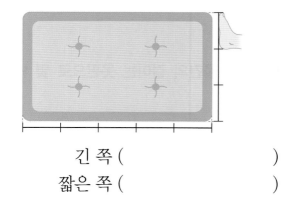

긴 쪽 ( )
짧은 쪽 ( )

05 콩으로 7번인 길이만큼 막대를 색칠해 보세요.

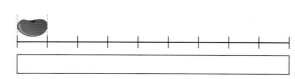

06 길이가 지우개로 **4**번인 종이테이프를 가지고 있는 사람은 누구일까요?

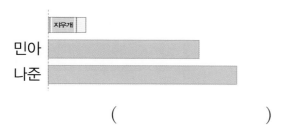

( )

---

^{+플러스}
유형 03 한 가지 단위로 잰 물건의 길이 비교

예제 한 칸의 길이가 같을 때 길이가 가장 긴 것을 찾아 기호를 쓰세요.

ㄱ
ㄴ
ㄷ

( )

풀이 같은 단위로 재었을 때 잰 횟수가 많을수록 길이가 더 깁니다.
각각 몇 칸인지 세어 봅니다.

ㄱ [　]칸　ㄴ [　]칸　ㄷ [　]칸

➡ 길이가 가장 긴 것의 기호: [　]

---

07 연지, 신우, 희영이는 모형으로 모양 만들기를 하였습니다. 가장 짧게 연결한 사람은 누구일까요?

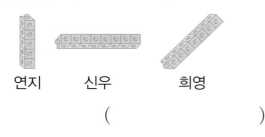

연지　　신우　　　희영

( )

---

08 ^{서술형} 뼘으로 잴 때 텔레비전의 긴 쪽의 길이는 짧은 쪽의 길이보다 몇 뼘 더 긴지 풀이 과정을 쓰고, 답을 구하세요.

[1단계] 뼘으로 텔레비전의 길이 재기

_____

_____

[2단계] 몇 뼘 더 긴지 구하기

_____

_____

답 _____

---

09 여러 가지 물건의 길이를 병뚜껑으로 재었습니다. 가장 긴 물건은 무엇일까요?

물건	잰 횟수
생수병	11번쯤
막대사탕	3번쯤
초	5번쯤
포크	10번쯤

( )

4 단원

유형 04 여러 가지 단위로 길이 재기

예제 붓의 길이는 클립과 크레파스로 각각 몇 번 일까요?

클립 (　　　　　　　)

크레파스 (　　　　　　　)

풀이 길이를 재는 단위가 달라지면 잰 횟수가 달라집니다.

붓의 길이 ➡ ⎡ 클립으로 ☐ 번
　　　　　 ⎣ 크레파스로 ☐ 번

[10~11] 칠판의 긴 쪽의 길이를 양팔과 걸음을 이용하여 잰 것입니다. 물음에 답하세요.

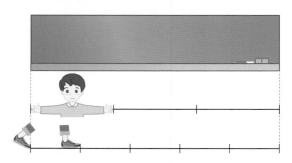

10 칠판의 긴 쪽의 길이는 양팔과 걸음으로 각각 몇 번인지 구하세요.

양팔 (　　　　　　　)

걸음 (　　　　　　　)

11 양팔과 걸음으로 잰 횟수가 다른 이유를 쓰세요.
(서술형)

[이유]

12 자석의 길이를 단추와 건전지로 각각 재었습니다. 단추와 건전지 중 잰 횟수가 더 적은 것은 무엇일까요?

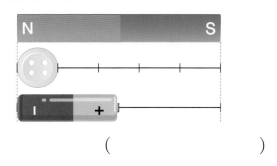

(　　　　　　　)

+플러스 유형 05 여러 가지 단위로 잰 물건의 길이 비교

예제 영서와 민준이의 의자의 높이를 다음 물건을 단위로 하여 재었더니 각각 6번이었습니다. 의자의 높이가 더 높은 사람은 누구일까요?

영서

민준

(　　　　　　　)

풀이 잰 횟수가 같을 때 단위의 길이가 길수록 물건의 길이가 더 깁니다.
단위의 길이를 비교합니다.

➡ 의자의 높이가 더 높은 사람: ☐

13 은아와 미래가 각자의 뼘으로 5번씩 재어 포장지를 잘랐습니다. 은아의 한 뼘의 길이가 미래보다 길 때, 포장지를 더 짧게 자른 사람은 누구일까요?

(　　　　　　　)

14 가장 긴 끈을 가지고 있는 사람은 누구인지 풀이 과정을 쓰고, 답을 구하세요.

> 지수: 내 끈은 클립으로 **7**번이야.
> 연준: 내 끈은 분필로 **7**번이야.
> 하리: 내 끈은 젓가락으로 **7**번이야.

1단계 단위의 길이와 끈의 길이의 관계 알기

_____

_____

2단계 가장 긴 끈을 가지고 있는 사람 구하기

_____

_____

답 _____

유형 06 알맞은 단위 알아보기

예제 휴대 전화의 긴 쪽의 길이를 잴 때 누름 못과 칫솔 중 단위로 사용하기에 더 알맞은 것을 쓰세요.

( )

풀이 길이를 재어야 할 물건보다 짧은 단위를 사용해야 몇 번인지 재어 볼 수 있습니다.

→ 단위로 더 알맞은 것: ☐

---

15  을 단위로 길이를 재기에 가장 알맞은 것을 찾아 기호를 쓰세요.

> ㉠ 빨래 집게의 긴 쪽의 길이
> ㉡ 학교 복도의 길이
> ㉢ 운동장 짧은 쪽의 길이

( )

16 바늘과 형광펜을 단위로 하여 칠판의 짧은 쪽의 길이를 재려고 합니다. 더 많이 재어야 하는 것은 무엇일까요?

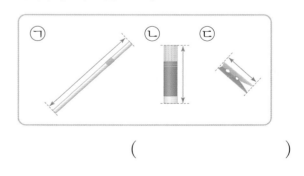

( )

17 다음 물건들을 단위로 하여 책상의 높이를 재었습니다. 가장 적은 횟수로 잴 수 있는 것을 찾아 기호를 쓰세요.

( )

+플러스 유형 07 단위의 길이 비교하기

예제 진수와 연아는 가지고 있던 물건으로 교실의 긴 쪽의 길이를 재었습니다. 더 짧은 물건을 가지고 있는 사람은 누구일까요?

진수	연아
25번쯤	22번쯤

( )

풀이 같은 길이를 잴 때 잰 횟수가 많을수록 단위의 길이가 더 짧습니다.

25 ◯ 22

➜ 더 짧은 물건을 가진 사람: [ ]

18 연필로 책상의 높이를 재었더니 수혁이는 5번, 상희는 7번이었습니다. ☐ 안에 알맞은 말을 써넣으세요.

길이가 더 긴 연필로 잰 사람은 [ ](이)야.

19 나무 막대와 쇠 막대로 각각 8번씩 재어 자른 털실입니다. 나무 막대와 쇠 막대 중 길이가 더 긴 것은 무엇일까요?

나무 막대 〰〰〰〰〰〰〰〰〰〰〰〰

쇠 막대 〰〰〰〰〰〰〰〰〰〰〰〰〰〰

( )

[20~21] 민우, 정원, 서희가 각자의 뼘으로 3번씩 재어 자른 철사를 똑같이 장난감에 붙였습니다. 물음에 답하세요.

민우 ◎〰〰〰〰〰〰〰〰〰〰

정원 ◎〰〰〰〰〰〰〰〰〰〰〰〰

서희 ◎〰〰〰〰〰〰〰〰

20 한 뼘의 길이가 가장 짧은 사람부터 차례로 쓰세요.

( )

21 뼘으로 길이를 재면 불편한 점을 쓰세요.
서술형

불편한 점

_____

_____

+플러스 유형 08 단위 사이의 관계 알기

예제 볼펜의 길이는 반창고로 몇 번일까요?

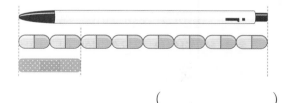

( )

풀이 볼펜의 길이: 알약으로 [ ]번

반창고의 길이: 알약으로 [ ]번

➜ 볼펜의 길이는 알약 2개씩으로 재면 4번이므로 반창고로 [ ]번입니다.

22 성냥개비와 아몬드 길이가 다음과 같을 때 성냥개비로 **3**번 잰 실의 길이는 아몬드로 몇 번 잰 길이와 같을까요?

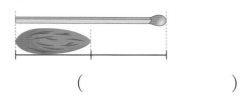

(   )

23 연서와 주경이의 베개의 긴 쪽의 길이를 다음과 같이 재었습니다. 누구의 베개가 더 긴지 구하세요.

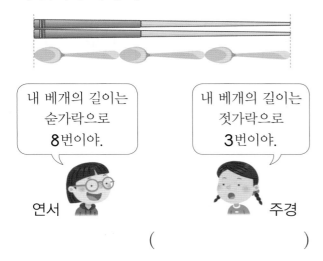

내 베개의 길이는 숟가락으로 **8**번이야.

내 베개의 길이는 젓가락으로 **3**번이야.

연서   주경

(   )

유형 09 **Ⅰcm 알아보기**

예제 Ⅰ━━Ⅰ의 길이를 쓰고 읽어 보세요.

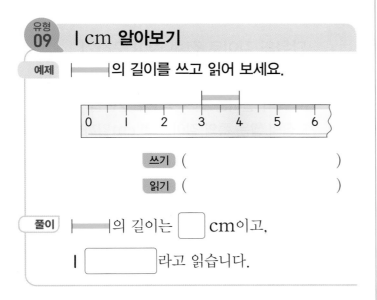

쓰기 (   )

읽기 (   )

풀이 Ⅰ━━Ⅰ의 길이는 ☐ cm이고,

Ⅰ ☐ 라고 읽습니다.

24 바르게 쓴 것은 어느 것일까요? (   )

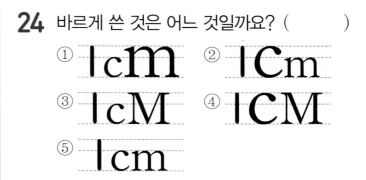

25 가장 정확한 길이의 단위를 찾아 기호를 쓰세요.

ㄱ Ⅰcm   ㄴ 한 뼘   ㄷ 한 걸음

(   )

26 주변에서 길이가 Ⅰcm인 물건을 두 가지 찾아 쓰세요.

(   )

27 서로 Ⅰcm 정도 떨어진 두 점을 찾아 선을 그어 보세요.

유형 10 ● cm 알아보기

예제 길이가 6 cm인 끈을 찾아 기호를 쓰세요.

| 1 cm

㉠ ————————————

㉡ ————————————

( )

풀이 1 cm가 몇 번인지 세어 봅니다.

㉠ 1 cm가 ☐ 번   ㉡ 1 cm가 ☐ 번

→ 길이가 6 cm인 끈은 ☐ 입니다.

28 관계있는 것끼리 이어 보세요.

(1) 1 cm 8번 ·   · 11 cm

(2) 1 cm 11번 ·   · 7 cm

(3) 1 cm 7번 ·   · 8 cm

29 5 cm만큼 점선을 따라 선을 그어 보세요.

| 1 cm

30 ㉠과 ㉡에 알맞은 수의 합을 구하세요.

• 1 cm로 ㉠번은 9 cm입니다.
• 13 cm는 1 cm가 ㉡번입니다.

( )

31 가장 작은 사각형의 변의 길이는 모두 1 cm입니다. 두 점을 잇는 빨간색 선의 길이는 몇 cm인지 구하세요.

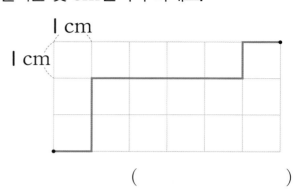

( )

32 주어진 막대를 여러 번 사용하여 7 cm를 두 가지 방법으로 색칠해 보세요.

창의형

| ▓▓ | ░░ | ▓▓▓ |
| 1 cm | 2 cm | 3 cm |

+플러스
유형 11 **단위의 길이로 전체 길이 구하기**

예제 펜 뚜껑의 길이가 5 cm이고, 메모장의 짧은 쪽의 길이는 펜 뚜껑으로 2번입니다. 메모장의 짧은 쪽의 길이는 몇 cm일까요?

( )

풀이 메모장의 짧은 쪽의 길이는 펜 뚜껑으로 2번 이므로 ☐ cm씩 ☐ 번입니다.

→ 5 + ☐ = ☐ (cm)

33 실핀의 길이는 3 cm입니다. 가와 나의 길이는 각각 몇 cm인지 구하세요.

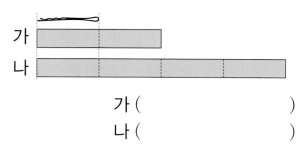

가 (   )

나 (   )

34 하준이의 한 걸음의 길이는 22 cm입니다. 운동장에 하준이의 걸음으로 네 걸음마다 깃발을 꽂는다면 깃발 사이의 거리는 몇 cm일까요?

(   )

+플러스
유형 **12** ●cm인 길이 비교하기

예제 | 길이가 더 긴 것을 찾아 기호를 쓰세요.

㉠ 11 cm   ㉡ 14 센티미터

(   )

풀이 | 14 센티미터는 14 cm입니다.

11 cm ◯ 14 cm

➜ 길이가 더 긴 것은 ☐ 입니다.

35 미나와 언니 중 한 뼘의 길이가 더 짧은 사람은 누구일까요?

내 한 뼘의 길이가 12 cm이고, 언니의 한 뼘의 길이는 1 cm로 10번이야.

미나

(   )

36 (서술형) 가장 작은 사각형의 변의 길이는 모두 1 cm입니다. 길이가 가장 긴 젤리를 찾아 기호를 쓰려고 합니다. 풀이 과정을 쓰고, 답을 구하세요.

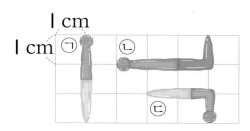

(1단계) 각 젤리의 길이 구하기

_____

_____

(2단계) 길이가 가장 긴 젤리 구하기

_____

답 _____

37 색깔별 색연필의 길이를 나타낸 것입니다. 길이가 긴 것부터 차례로 색깔을 쓰세요.

- 파란색: 6 cm
- 노란색: 2 cm인 옷핀으로 2번
- 보라색: 4 cm인 샤프심으로 3번

(   )

4

단원

STEP 1 개념 **확인하기**

④ 자로 길이를 재는 방법 알아보기

한쪽 끝을 눈금 0에 맞추었을 때의 길이 재기

다른 쪽 끝에 있는 자의 눈금을 읽습니다. → 길이: **5 cm**

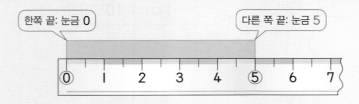

한쪽 끝: 눈금 0   다른 쪽 끝: 눈금 5

한쪽 끝을 눈금 0에 맞추지 않았을 때의 길이 재기

1 cm가 몇 번 들어가는지 셉니다. → 길이: **3 cm**

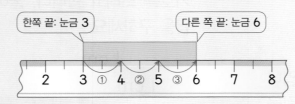

한쪽 끝: 눈금 3   다른 쪽 끝: 눈금 6

● **길이를 잴 때 주의할 점**
· 물건을 자와 나란히 놓습니다.
· 한쪽 끝을 눈금과 맞춥니다.
· 오른쪽 끝의 눈금을 읽기 전에 왼쪽 끝이 놓인 위치를 확인합니다.

⑤ 자로 길이 재기

길이가 눈금 사이에 있을 때의 길이 재기

> 길이가 자의 눈금 사이에 있을 때는 눈금과 가까운 쪽에 있는 숫자를 읽으며, 숫자 앞에 **약**을 붙여 말합니다.

 → 길이: **약 4 cm**

● 세 길이는 약 2 cm로 모두 같지만 실제 길이는 서로 다를 수 있습니다.

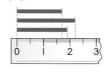

⑥ 길이 어림하기

> 자를 사용하지 않고 물건의 길이가 얼마쯤인지 어림할 수 있습니다. 어림한 길이를 말할 때는 '약 ■ cm'라고 합니다.

 → 길이: **약 5 cm**

어림은 정확한 값이 아니야. 자로 잰 길이와 다를 수 있어.

● 어림한 길이와 자로 잰 길이의 차가 작을수록 더 가깝게 어림한 것입니다.

01 크레파스의 길이를 바르게 잰 것을 찾아 기호를 쓰세요.

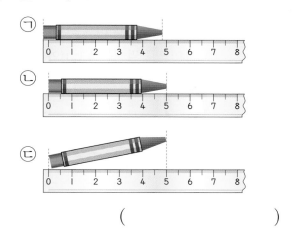

(   )

[02~03] 물건의 길이는 몇 cm인지 구하세요.

02

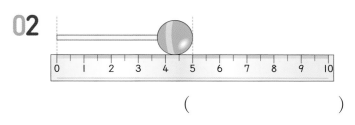

(   )

03

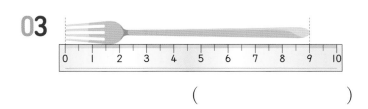

(   )

04 ☐ 안에 알맞은 수를 써넣으세요.

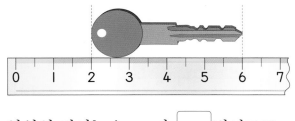

열쇠의 길이는 l cm가 ☐ 번이므로

☐ cm입니다.

[05~07] 자로 수수깡의 길이를 재어 보세요.

05  ☐ cm

06 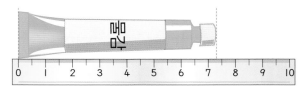 ☐ cm

07 ☐ cm

08 알맞은 수에 ◯표 하고, 길이를 ☐ 안에 써넣으세요.

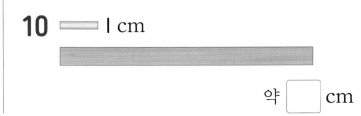

• 물감의 오른쪽 끝이 눈금 (7 , 8)에 가깝습니다.

• 물감의 길이는 약 ☐ cm입니다.

[09~10] l cm와 비교하여 막대의 길이를 어림해 보세요.

09 ▭ l cm

약 ☐ cm

10 ▭ l cm

약 ☐ cm

유형 13 자로 길이 재는 방법(1)
▶ 한쪽 끝이 눈금 0에 있는 경우

예제 ☐ 안에 알맞은 수를 써넣고, 색 테이프의 길이는 몇 cm인지 구하세요.

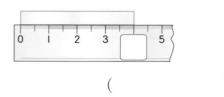

(   )

풀이 자에서 숫자 사이의 한 칸의 길이는 1 cm 이므로 3 다음의 눈금은 ☐입니다.

➡ 색 테이프의 길이: ☐ cm

[01~02] 과자의 길이를 잰 것입니다. 물음에 답하세요.

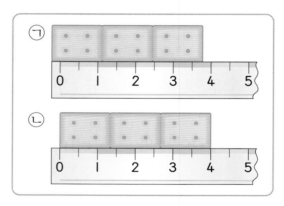

01 과자의 길이를 바르게 잰 것을 찾아 기호를 쓰세요.

(   )

02 과자의 길이는 몇 cm일까요?

(   )

03 미나와 현우 중 바르게 설명한 사람의 이름을 쓰세요.

막대의 오른쪽 끝에 있는 자의 눈금이 4이므로 막대는 4 cm야.

미나

1 cm가 5번이니까 5 cm야.

현우

(   )

유형 14 자로 길이 재는 방법(2)
▶ 한쪽 끝이 눈금 0에 있지 않는 경우

예제 ☐ 안에 알맞은 수를 써넣으세요.

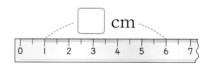

풀이 눈금 1부터 ☐까지이므로

1 cm가 ☐번 들어갑니다. ➡ ☐ cm

04 길이가 3 cm인 초콜릿을 찾아 ◯표 하세요.

(   )

(   )

05 나타내는 길이가 다른 하나를 찾아 기호를 쓰세요.

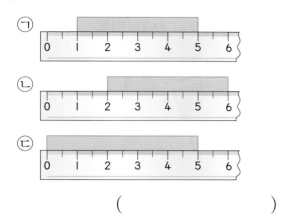

( )

06 콩깍지의 길이를 잘못 구한 것입니다. 그 _{서술형} 이유를 쓰세요.

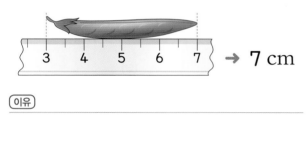

→ 7 cm

이유)

---

^{+플러스}
^{유형}
15 자로 잰 길이 비교하기

예제) 길이가 더 짧은 자석을 찾아 기호를 쓰세요.

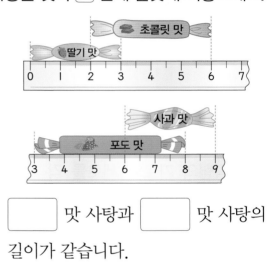

( )

풀이) ㉠ 1 cm가 ☐번 → ☐ cm

㉡ 1 cm가 ☐번 → ☐ cm

→ ☐이 더 짧습니다.

07 길이가 가장 긴 붓을 가지고 있는 사람은 누구일까요?

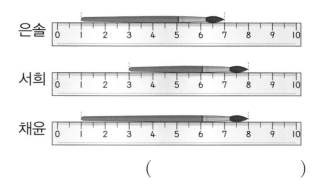

( )

08 사탕의 길이를 잰 것입니다. 길이가 같은 두 사탕을 찾아 ☐ 안에 알맞게 써넣으세요.

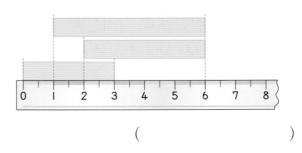

☐ 맛 사탕과 ☐ 맛 사탕의

길이가 같습니다.

09 길이가 가장 긴 리본은 가장 짧은 리본보다 몇 cm 더 긴지 구하세요.

( )

유형 16 **자를 사용하여 길이 재기**

예제 자를 사용하여 열쇠의 길이는 몇 cm인지 재어 보세요.

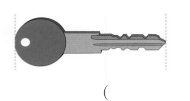

( )

풀이 열쇠의 한쪽 끝을 자의 눈금 **0**에 맞추어 길이를 재어 봅니다.

10 자로 재었을 때 길이가 **3** cm인 선을 찾아 기호를 쓰세요.

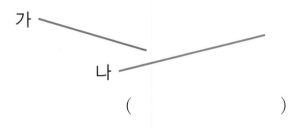

가
나

( )

11 사각형의 가로와 세로를 각각 자로 재어 □ 안에 알맞은 수를 써넣으세요.

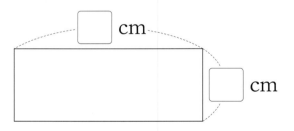

□ cm

□ cm

12 털실을 잘랐을 때 잘려진 두 부분의 길이는 몇 cm인지 차례로 자로 재어 보세요.

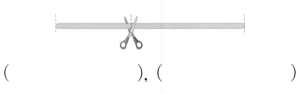

( ), ( )

13 톱, 망치, 빗자루의 길이를 자로 재어 보고, 길이가 다른 물건을 찾으려고 합니다. 풀이 과정을 쓰고, 답을 구하세요.

서술형

1단계 세 물건의 길이 재기

_____

_____

2단계 길이가 다른 물건 찾기

_____

답 _____

유형 17 **자를 사용하여 길이만큼 나타내기**

예제 주어진 길이만큼 점선을 따라 선을 그어 보세요.

4 cm

┣----------------------------┫

풀이 점선의 왼쪽 끝과 자의 눈금 **0**을 맞춘 후 눈금이 □인 곳까지 선을 긋습니다.

14 자를 사용하여 **1** cm가 **3**번인 길이만큼 선을 그어 보세요.

15 막대의 길이를 자로 재어 보고, 길이가 같은 것을 찾아 같은 색으로 색칠해 보세요.

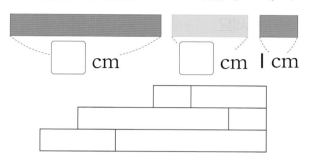

[ ] cm   [ ] cm   1 cm

16 껌의 긴 쪽의 길이를 재어 같은 길이만큼 점선을 따라 선을 그어 보세요.

유형 18 물건의 길이가 자의 눈금 사이에 있을 때 길이 재기

예제 도장의 길이는 약 몇 cm일까요?

약 ( )

풀이 자의 눈금 [ ]에서부터 재어

오른쪽 끝이 자의 눈금 [ ]에 가까우므로

도장의 길이는 약 [ ] cm입니다.

17 못의 길이를 바르게 잰 것에 ◯표 하세요.
중요★

• 오른쪽 끝이 눈금 **7**에 가까우므로
  약 **7** cm입니다.   ( )
• 오른쪽 끝이 눈금 **7**과 **8** 사이에 있으므로 약 **8** cm입니다.   ( )

18 과자의 길이를 바르게 나타낸 것을 찾아 색칠해 보세요.

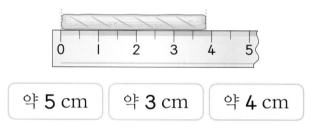

약 **5** cm   약 **3** cm   약 **4** cm

19 연고의 길이를 약 **6** cm라고 <u>잘못</u> 재었습니다. 연고의 길이는 약 몇 cm인지 쓰고, 어떻게 재어야 하는지 설명해 보세요.
서술형

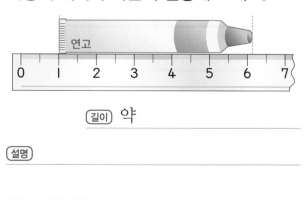

길이 약

설명

엥? 애매한데

그럼 가까운 쪽이지!

예제 사탕의 길이를 자로 재어 보세요.

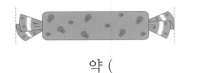

약 (   )

풀이 길이가 자의 눈금 사이에 있을 때는 가까운 쪽에 있는 숫자를 읽습니다.

20 시계의 길이를 자로 재어 바르게 나타낸 것에 ◯표 하세요.

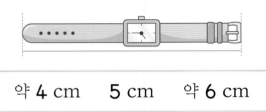

약 **4** cm   **5** cm   약 **6** cm

21 각 선의 길이를 자로 재어 ☐ 안에 알맞은 수를 써넣으세요.
중요★

———————————— 약 ☐ cm

———————————— 약 ☐ cm

———————————— 약 ☐ cm

→ 실제 길이는 조금씩 다르지만 모두 약 ☐ cm로 나타낼 수 있습니다.

22 왼쪽 끝에서부터 원하는 길이만큼 색칠하고, 그 길이는 약 몇 cm인지 재어 보세요.
창의형

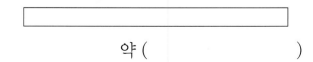

약 (   )

23 삼각형의 세 변의 길이를 자로 재어 길이가 가장 긴 변의 길이는 약 몇 cm인지 구하세요.

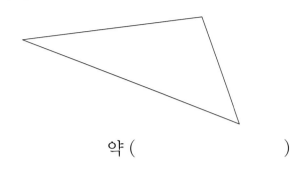

약 (   )

예제 빨간색 막대의 길이가 **3** cm일 때 파란색 막대의 길이를 어림해 보세요.

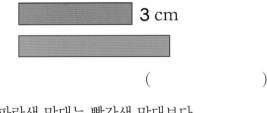

(   )

풀이 파란색 막대는 빨간색 막대보다

약 ☐ cm 정도 더 깁니다.

→ 파란색 막대의 길이: 약 ☐ cm

24 노란색 선의 길이는 **2** cm입니다. 빨간색 점에서부터의 거리가 약 **4** cm가 되는 점을 찾아 선으로 이어 보세요.

25 모양과 크기가 같은 병에 음료수를 담았습니다. 담긴 음료수의 높이가 3 cm인 것을 어림하여 기호를 쓰세요.

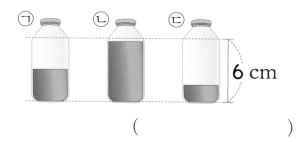

6 cm

( )

26 자를 사용하지 않고 길이가 2 cm, 3 cm인 선을 이용하여 5 cm에 가깝게 점선을 따라 선을 그어 보세요.

—————— 2 cm

———————— 3 cm

⌐- -

유형
21 **길이 어림하기**

예제 선의 길이를 어림하고 자로 재어 확인해 보세요.

——————————————

어림한 길이	약
자로 잰 길이	

풀이 1 cm가 몇 번쯤 들어갈지 생각하여 어림하고, 자로 재어 확인합니다.

27 성냥개비의 길이는 약 몇 cm인지 어림해 보세요.

약 ( )

28 체온계의 길이를 어림하고, 자로 재어 확인하려고 합니다. 어떻게 어림했는지 쓰고, 자로 잰 길이를 구하세요.
서술형

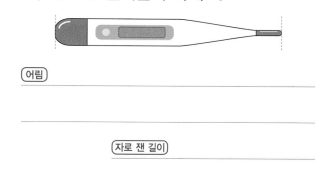

어림

————————————————————

자로 잰 길이

29 리아가 설명하는 길이만큼 어림하여 선을 그어 보세요.

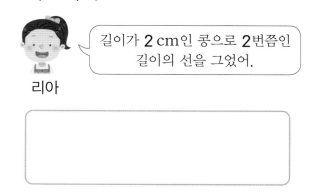

길이가 2 cm인 콩으로 2번쯤인 길이의 선을 그었어.

리아

4. 길이 재기 **123**

30 은지는 길이가 약 15 cm인 볼펜을 한 상자에 모아 두었습니다. 상자 안에 있는 볼펜의 길이가 조금씩 다른 이유를 쓰세요.
(서술형)

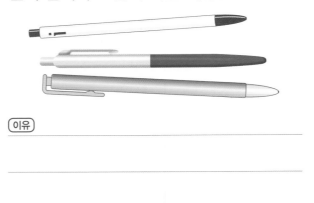

이유

---

32 주변에 있는 물건의 실제 길이를 어림하여 〈보기〉와 같이 문장으로 쓰세요.
(창의형)

〈보기〉
내 연필의 길이는 약 12 cm입니다.

문장

---

33 실제 길이가 2 cm에 가까운 물건에 모두 ◯표 하세요.

+플러스
유형 22 실제 길이에 맞게 어림하기

예제 〈보기〉에서 알맞은 길이를 골라 문장을 완성해 보세요.

〈보기〉
1 cm   5 cm   20 cm   50 cm

필통의 길이는 약 ☐ 입니다.

풀이 필통의 길이는 한 뼘보다 조금 더 긴 길이로 어림할 수 있습니다.

→ 필통의 길이는 약 ☐ cm입니다.

---

31 물건의 실제 길이에 가장 가까운 것을 찾아 이어 보세요.

(1) (2)

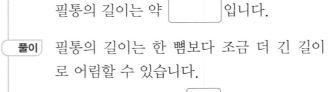

1 cm   5 cm   15 cm

---

34 실제 길이에 가장 알맞게 물건의 길이를 말한 사람은 누구일까요?

나라: 볼펜의 길이는 약 14 cm입니다.
연주: 옷핀의 길이는 약 13 cm입니다.
민교: 이쑤시개의 길이는 약 20 cm 입니다.

(   )

유형 23 더 가깝게 어림한 것 찾기

예제 실제 길이가 5 cm인 열쇠고리를 은혜는 약 6 cm, 준우는 약 8 cm라고 어림하였습니다. 더 가깝게 어림한 사람은 누구일까요?

( )

풀이 어림한 길이와 실제 길이의 차가 작을수록 더 가깝게 어림한 것입니다.

• 은혜: $6-5=$ ☐

• 준우: $8-5=$ ☐

➜ 더 가깝게 어림한 사람: ☐

[35~36] 4 cm만큼 어림하여 다음과 같이 색 테이프를 잘랐습니다. 두 색 테이프의 길이를 보고 물음에 답하세요.

가 ▭
나 ▭

35 두 색 테이프의 길이를 각각 자로 재면 몇 cm인지 구하세요.

가 ( )
나 ( )

36 4 cm에 더 가깝게 어림한 것을 찾아 기호를 쓰세요.

( )

37 끈의 길이를 혜수는 약 3 cm, 지훈이는 약 7 cm라고 어림하였습니다. 끈의 길이를 자로 재어 보고 더 가깝게 어림한 사람의 이름을 쓰세요.

( )

38 은서, 다온, 단우가 머리핀의 길이를 어림하였습니다. 자로 잰 길이에 가장 가깝게 어림한 사람부터 차례로 이름을 쓰세요.

은서	다온	단우
약 2 cm	약 6 cm	약 10 cm

( )

39 공책의 긴 쪽의 실제 길이가 27 cm일 때 규민이와 현우 중 더 가깝게 어림한 사람의 이름을 쓰세요.

( )

응용 해결하기

해결 tip

길이가 같은 두 물건에서 일부의 길이 구하기

1 규민이와 연서가 각각 털실을 겹치지 않게 한 줄로 이어 붙였습니다. 이어 붙인 두 털실의 길이가 서로 같을 때 연서의 초록색 털실의 길이는 몇 cm일까요?

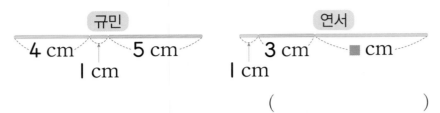

(   )

두 단위길이의 관계 알아보기

2 가와 나를 단위로 하여 나무의 키를 재었습니다. 가 단위로는 12번이고 나 단위로는 4번일 때, 나 단위의 길이는 가 단위로 몇 번일까요?

(   )

두 단위길이로 같은 길이를 재었을 때, 두 단위길이 사이의 관계를 알아보려면?

(긴 단위길이로 1번 잰 길이)
＝(짧은 단위길이로 ●번 잰 길이)

단위길이로 잰 횟수를 알고 물건의 길이 구하기

서술형

3 열쇠로 포크와 모형 꽃의 길이를 각각 재었습니다. 포크의 길이가 6 cm일 때 모형 꽃의 길이는 몇 cm인지 풀이 과정을 쓰고, 답을 구하세요.

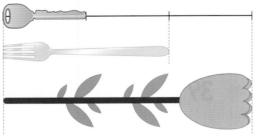

풀이 _____

_____

_____

_____

답 _____

길이를 구하여 비교하기

4 길이가 긴 것부터 차례로 기호를 쓰세요.

> ㉠ 두 걸음의 길이가 60 cm일 때, 한 걸음의 길이
> ㉡ 길이가 12 cm인 젓가락으로 3번 잰 것보다 3 cm 더 짧은 길이
> ㉢ 길이가 7 cm인 색연필로 5번 잰 길이

( )

해결 tip

두 걸음의 길이가 ■ cm일 때 한 걸음의 길이는?

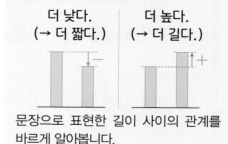

2번 더하여 ■ cm가 되는 길이를 구합니다.

다른 단위로 잰 횟수 구하기

5 우중이의 손바닥의 길이는 9 cm이고, 민우의 한 뼘의 길이는 12 cm입니다. 우중이가 책상의 짧은 쪽의 길이를 손바닥으로 재었더니 4번이었습니다. 이 책상의 짧은 쪽의 길이를 민우의 뼘으로 재면 몇 뼘일까요?

( )

어림한 길이와 실제 길이 구하기 **서술형**

6 식탁의 높이를 연우는 약 67 cm로 어림하였고, 민영이는 연우보다 8 cm 더 낮게 어림하였습니다. 식탁의 실제 높이는 민영이가 어림한 것보다 5 cm 더 높다면 식탁의 실제 높이는 몇 cm인지 풀이 과정을 쓰고, 답을 구하세요.

풀이

답

길이 사이의 관계를 알려면?

더 낮다.	더 높다.
(→ 더 짧다.)	(→ 더 길다.)

문장으로 표현한 길이 사이의 관계를 바르게 알아봅니다.

꺾인 선의 전체 길이를 구하여 나누기

7 다음과 같이 꺾인 철사를 모두 펴서 **4 cm**짜리 도막으로 나누려고 합니다. 자로 철사의 길이를 재어 모두 몇 도막이 되는지 구하세요.

(1) 철사의 길이를 왼쪽부터 차례로 재어 보세요.

(   ), (   ), (   )

(2) 철사의 전체 길이는 몇 cm일까요?

(   )

(3) **4 cm**짜리 도막으로 나누면 모두 몇 도막이 될까요?

(   )

실제 이동한 거리와 가장 가까운 거리 비교하기

8 가장 작은 사각형의 변의 길이는 모두 **1** cm입니다. ㉮에서 ㉯까지 갈 때 빨간색 선을 따라 이동한 길이는 가장 가까운 길의 길이보다 몇 cm 더 긴지 구하세요.

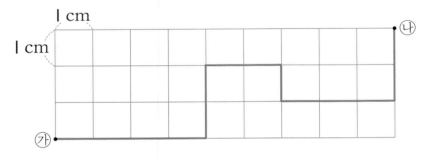

(1) 빨간색 선의 길이는 몇 cm일까요?

(   )

(2) 가장 가까운 길의 길이는 몇 cm일까요?

(   )

(3) 빨간색 선을 따라 이동한 길이는 가장 가까운 길의 길이보다 몇 cm 더 길까요?

(   )

해결 tip

모눈 모양의 선을 따라 이동할 때, 가장 가까운 길의 길이는?

가로, 세로로 이동할 때 한 방향으로만 움직여야 길의 길이가 가장 가깝습니다.

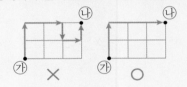

01 사인펜의 길이는 주사위의 길이로 몇 번일까요?

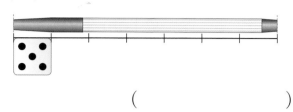

( )

02 길이가 가장 긴 것을 찾아 기호를 쓰세요.

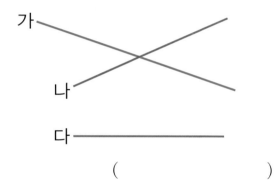

( )

03 ☐ 안에 알맞은 수를 써넣으세요.

· 16 cm는 1 cm가 ☐ 번입니다.

· 1 cm로 ☐ 번은 10 cm입니다.

04 5 cm인 선을 찾아 기호를 쓰세요.

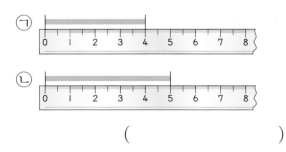

( )

05 포크의 길이는 몇 cm인지 자로 재어 보세요.

( )

06 성냥개비의 길이는 약 몇 cm일까요?

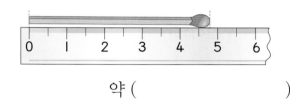

약 ( )

07 크레파스의 길이는 몇 cm일까요?

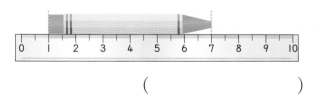

( )

08 〈 보기 〉에서 알맞은 길이를 골라 문장을 완성해 보세요.

┌─────── 〈 보기 〉 ───────┐
   2 cm   20 cm   200 cm
└───────────────────────┘

지하철 문의 높이는 약 ☐ 입니다.

09 길이가 못으로 3번인 색 테이프의 색깔을 쓰세요.

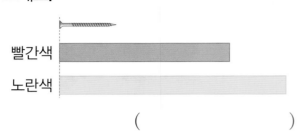

빨간색

노란색

( )

10 은규, 정민, 나라가 모형으로 모양 만들기를 하였습니다. 가장 짧게 연결한 사람은 누구일까요?

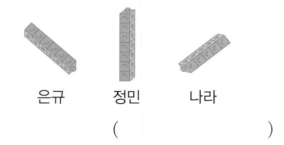

은규　　정민　　나라

( )

11 몸을 이용하여 길이를 재려고 합니다. 가장 알맞은 단위를 사용한 사람은 누구일까요?

미나: 난 칠판의 긴 쪽의 길이를 엄지손가락의 길이로 쟀어.

도율: 난 수학책의 긴 쪽의 길이를 한 걸음의 길이로 쟀어.

주경: 난 우산의 길이를 뼘으로 쟀어.

( )

12 길이가 가장 긴 것을 찾아 기호를 쓰세요.

ㄱ 6 cm
ㄴ 3 센티미터
ㄷ 1 cm가 9번

( )

13 선의 길이를 어림하고 자로 재어 확인해 보세요.

어림한 길이 ( )
자로 잰 길이 ( )

14 칠판의 긴 쪽의 길이를 색연필, 볼펜, 붓으로 각각 재었을 때 잰 횟수가 가장 적은 것은 어느 것인지 풀이 과정을 쓰고, 답을 구하세요.

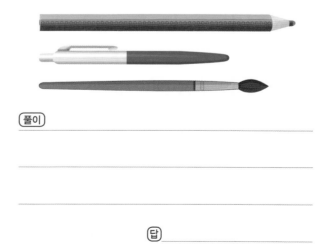

풀이

답

15 사각형의 네 변의 길이를 자로 재어 가장 긴 변의 길이는 몇 cm인지 구하세요.

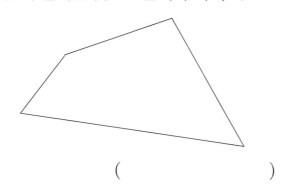

( )

16 현아와 상희가 각자 뼘으로 색 테이프를 **7**번 재어 자른 것입니다. 한 뼘의 길이가 더 긴 사람의 이름을 쓰세요.

현아
상희

( )

17 연필의 길이를 서우는 약 **5 cm**, 지현이는 약 **8 cm**로 어림하였습니다. 더 가깝게 어림한 사람은 누구인지 풀이 과정을 쓰고, 답을 구하세요.
〔서술형〕

풀이

답

18 세 선을 이은 것입니다. 이은 선의 전체 길이는 몇 cm인지 자로 재어 구하세요.

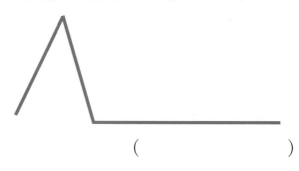

( )

19 길이가 가장 긴 끈은 가장 짧은 끈보다 몇 cm 더 긴지 풀이 과정을 쓰고, 답을 구하세요.
〔서술형〕

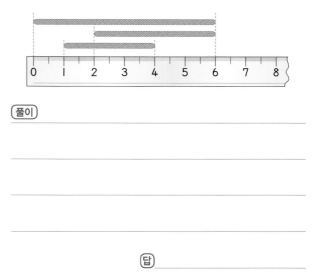

풀이

답

20 책상의 긴 쪽의 길이를 ㉮와 ㉯ 단위로 각각 재었더니 ㉮ 단위로 **3**번, ㉯ 단위로 **6**번이었습니다. 책상의 긴 쪽의 길이가 **30 cm**라면 ㉮와 ㉯ 단위길이는 각각 몇 cm인지 차례로 쓰세요.

( ), ( )

5
분류하기

학습을 끝낸 후
색칠하세요.

개념
확인하기

유형
다잡기
유형 01~11

★ 중요 유형

⊙ 이전에 배운 내용

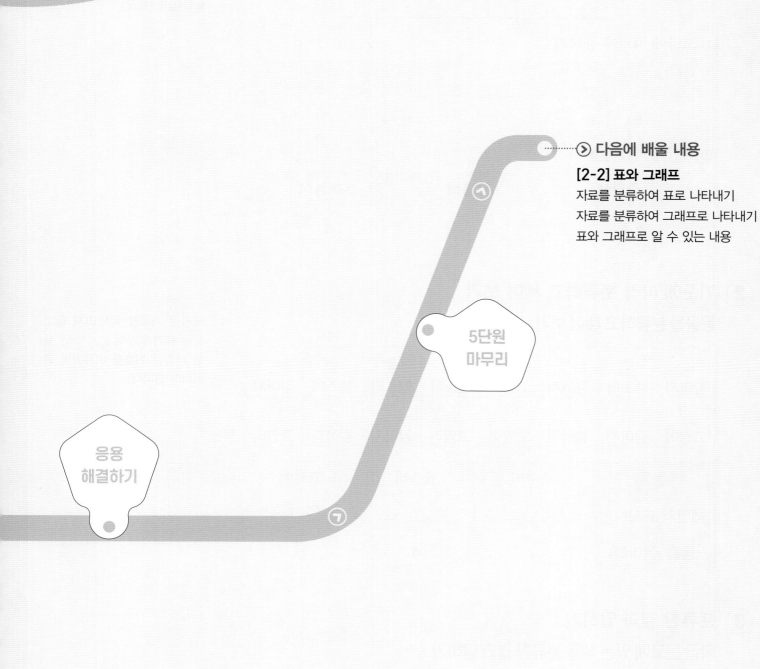

5단원
마무리

응용
해결하기

1 기준에 따라 분류하기

(1) 모양에 따라 분류하기

☆	♡
☆ ☆ ☆ ☆	♡ ♡ ♡

(2) 색깔에 따라 분류하기

주황색	분홍색	하늘색
☆ ☆ ♡	♡ ☆	☆ ♡

● 사람마다 다른 결과가 나오지 않도록 분명한 기준을 정하여 분류해야 합니다.

2 기준에 따라 분류하고 세어 보기

동물을 분류하고 세어 보기

강아지	햄스터	강아지	고양이	햄스터	햄스터	햄스터	강아지
고양이	강아지	강아지	고양이	고양이	강아지	강아지	고양이

동물	강아지	햄스터	고양이
세면서 표시하기	〜〜	〜〜	〜〜
동물 수(마리)	7	4	5

● 조사한 자료를 빠뜨리지 않고 모두 세기 위하여 ○, △, ∨ 등의 다양한 기호를 이용하여 표시하며 셉니다.

3 분류한 결과 말하기

학급 문고에 있는 책을 분류한 결과 말하기

책	동화책	위인전	과학책
책의 수(권)	5	3	2

① 가장 많은 책은 동화책입니다.
② 위인전과 과학책의 수가 같으려면 과학책을 1권 더 사야 합니다.

[01~02] 분류 기준으로 알맞은 것에 ◯표 하세요.

01

크기		색깔
( )		( )

02

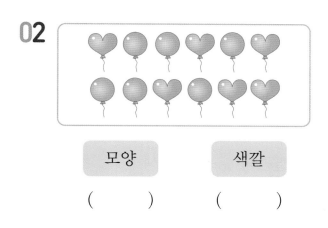

모양		색깔
( )		( )

03 초콜릿을 분류할 수 있는 기준으로 알맞으면 ◯표, 알맞지 <u>않으면</u> ✕표 하세요.

좋아하는 것과 좋아하지 않는 것

( )

04 머리핀을 색깔에 따라 분류해 보세요.

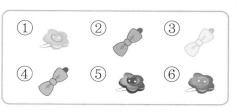

노란색	초록색	빨간색

[05~07] 현규네 반 학생들이 좋아하는 장난감을 조사하였습니다. 물음에 답하세요.

로봇	블록	자동차	로봇	로봇	블록
자동차	로봇	블록	블록	자동차	로봇

05 좋아하는 장난감의 종류에 따라 분류하고 그 수를 세어 보세요.

장난감	로봇	블록	자동차
세면서 표시하기			
학생 수(명)			

06 가장 많은 학생들이 좋아하는 장난감은 무엇일까요?

( )

07 가장 적은 학생들이 좋아하는 장난감은 무엇일까요?

( )

유형 01 분류하는 방법 알아보기

예제 우산을 분류하려고 할 때 분류 기준으로 알맞은 것을 찾아 ◯표 하세요.

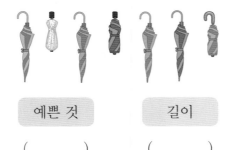

예쁜 것	길이
( )	( )

풀이 분류는 누가 분류하더라도 결과가 같아지는 분명한 기준으로 나누어야 합니다.

[　　　]은/는 사람마다 다를 수 있습니다.

---

01 옷을 분류하려고 할 때 분류 기준을 알맞게 말한 친구의 이름을 쓰세요.

연서: 좋아하는 옷과 좋아하지 않는 옷

윗옷과 아래옷 규민

( )

02 블록을 분류할 수 있는 기준을 1가지 쓰세요.

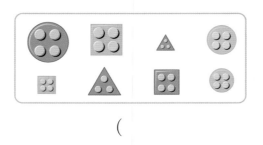

( )

유형 02 분류한 기준 알아보기

예제 준호가 가지고 있는 용돈을 다음과 같이 분류하였습니다. 어떻게 분류한 것인지 분류 기준을 쓰세요.

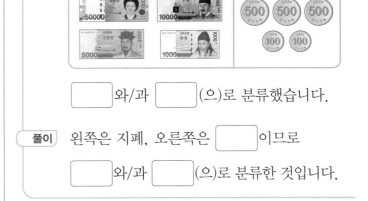

[　　　]와/과 [　　　](으)로 분류했습니다.

풀이 왼쪽은 지폐, 오른쪽은 [　　　]이므로

[　　　]와/과 [　　　](으)로 분류한 것입니다.

---

03 지후가 나뭇잎을 다음과 같이 분류하였습니다. 나뭇잎을 분류한 기준은 무엇인지 쓰세요.

빨간색	노란색	초록색

( )

04 과일을 다음과 같이 분류하였습니다. 분류 기준으로 알맞지 <u>않은</u> 이유를 쓰세요. （서술형）

맛있는 과일	맛없는 과일

이유

유형 03 정해진 기준에 따라 분류하기

예제 색종이를 색깔에 따라 분류해 보세요.

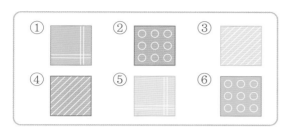

분홍색	파란색	노란색

풀이 색종이를 색깔에 따라 ☐ 가지로 분류할 수 있습니다.

05 악기를 연주하는 방법에 따라 분류해 보세요.

① 트럼펫 ② 바이올린 ③ 기타 ④ 플루트

입으로 부는 것	
줄을 이용하는 것	

06 물건을 모양에 따라 분류하여 이어 보세요.

(1)

(2)

(3)

(4)

07 정해진 기준에 따라 탈것을 분류해 보세요.

분류 기준	바퀴의 수

0개		

5 단원

[08~09] 단추를 주어진 기준에 따라 분류해 보세요.

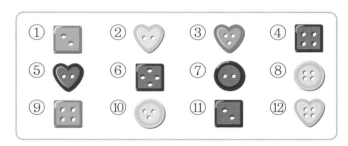

08

분류 기준	구멍의 수

2개	3개	4개

09

분류 기준	모양

+플러스
유형
04 잘못 분류된 것 찾기

예제 동물을 움직이는 장소에 따라 분류한 것입니다. 잘못 분류된 것을 찾아 이름을 쓰세요.

소 　까치 　문어
돼지 닭 　나비 금붕어 　고래

(　　　　　)

풀이 [　　　　] 은/는 물에서 움직이므로 잘못 분류했습니다.

[10~11] 재활용품을 모아 알맞은 칸에 분리배출을 하려고 합니다. 물음에 답하세요.

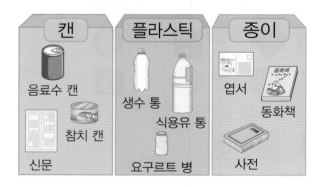

캔 　플라스틱 　종이
음료수 캔 　생수 통 　엽서
참치 캔 　식용유 통 　동화책
신문 　요구르트 병 　사전

10 재활용품이 잘못 분류되어 있는 칸에 ○표 하세요.

(캔 , 플라스틱 , 종이)

11 잘못 분류한 물건을 찾아 이름을 쓰고, 그 물건을 어느 칸으로 옮겨야 하는지 설명해 보세요.

서술형

답 _____

설명 _____

유형
05 기준을 정하여 분류하기

예제 여러 가지 글자가 있습니다. 분류 기준을 정하고 분류해 보세요.

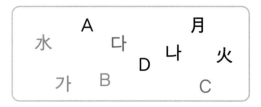

水 　A 　月
다 　火
가 B 　D 나 　C

분류 기준	

풀이 분명한 분류 기준을 정하여 각 기준에 맞게 분류합니다.

---

12 음식 재료를 분류하여 냉장고에 정리하려고 합니다. 기준을 정하여 분류하고 정한 기준으로 분류했을 때의 좋은 점을 설명해 보세요.

창의형

㉠ 　㉡ 　㉢
㉣ 　㉤ 　㉥

기준을 정하여 분류하기

좋은 점

_____

_____

[13~14] 옷을 분류하려고 합니다. 물음에 답하세요.

13 옷을 분류할 수 있는 기준을 **2**가지 쓰세요.

분류 기준1 _____

분류 기준2 _____

14 위 **13**에서 쓴 분류 기준 중 한 가지를 선택하여 옷을 분류해 보세요.

분류 기준	

15 오른쪽 칠교판을 분류할 수 있는 기준을 쓰고, 그 기준에 따라 분류해 보세요.

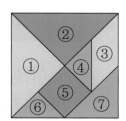

분류 기준	

유형 06 분류하고 세어 보기

예제 연아네 반 친구들이 가장 좋아하는 놀이 기구를 조사한 것입니다. 놀이 기구에 따라 분류하여 그 수를 세어 보세요.

놀이 기구	범퍼카	회전목마	롤러코스터
학생 수(명)			

풀이 놀이 기구별로 빠뜨리거나 여러 번 세지 않게 /, ○, ∨ 등으로 표시하며 세어 봅니다.

→ 범퍼카: ☐명, 회전목마: ☐명,

롤러코스터: ☐명

16 누름 못을 정해진 기준에 따라 분류하고 그 수를 세어 보세요.

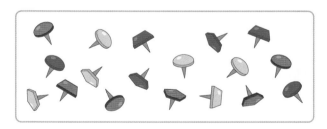

분류 기준	모양

모양	⬙	◇	◁
누름 못 수(개)			

[17~18] 소연이네 반 학생들이 좋아하는 꽃을 조사하였습니다. 물음에 답하세요.

백합	장미	튤립	해바라기
장미	백합	장미	튤립
튤립	해바라기	해바라기	장미
백합	장미	해바라기	장미

17 꽃을 종류에 따라 분류하고 그 수를 세어 보세요.

종류				
세면서 표시하기				
학생 수 (명)				

18 학생들이 좋아하는 꽃에 대해 <u>잘못</u> 말한 사람은 누구인지 이름을 쓰세요.

> 도율: 장미를 좋아하는 학생은 6명이야.
> 미나: 조사한 학생은 모두 16명이야.
> 현우: 좋아하는 학생이 4명인 꽃은 튤립이야.

(   )

유형 07 분류한 결과 말하기

예제 학생들이 좋아하는 간식을 조사하였습니다. 학생들을 위해 간식을 준비한다면 어떤 간식을 더 준비하는 것이 좋을까요?

도넛	젤리	쿠키	도넛
젤리	도넛	젤리	젤리
쿠키	젤리	도넛	젤리
도넛	쿠키	젤리	쿠키

(   )

풀이 간식의 종류에 따라 학생 수를 세고, 가장 많은 학생들이 좋아하는 간식을 찾습니다.

간식	도넛	젤리	쿠키
학생 수(명)			

가장 많은 학생들이 좋아하는 간식은 ☐ 이므로 ☐ 을/를 더 준비하는 것이 좋습니다.

19 색깔에 따라 블록을 분류하여 수를 세어 보고, 분류한 결과를 쓰세요.

색깔	빨간색	파란색	노란색
블록 수(개)			

• 가장 적은 블록 색깔은 ☐ 입니다.

• 가장 많은 블록 색깔은 ☐ 입니다.

20 맛나 분식점에서 오늘 판 음식입니다. 오늘 가장 많이 팔린 음식을 내일 더 준비하려고 합니다. 내일 어떤 음식을 더 준비하면 좋을지 쓰세요.

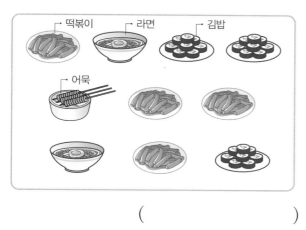

(   )

+플러스
유형 08 두 가지 기준에 따라 분류하기

예제 신발을 색깔과 종류에 따라 분류해 보세요.

	검은색	파란색	흰색
운동화			
구두			
슬리퍼			

풀이 색깔에 따라 먼저 분류하고 종류에 따라 분류하여 번호를 씁니다.

[21~23] 젤리를 분류하려고 합니다. 물음에 답하세요.

21 색깔에 따라 분류하여 빈칸에 알맞은 번호를 써넣으세요.

빨간색	노란색	초록색

22 모양에 따라 분류하여 빈칸에 알맞은 번호를 써넣으세요.

하트 모양	콩 모양	별 모양

23 두 가지 기준에 따라 분류하여 빈칸에 알맞은 번호를 써넣으세요.

	빨간색	노란색	초록색
하트 모양			
콩 모양			
별 모양			

+플러스
유형 09 **분류한 결과의 수의 크기 비교하기**

예제 공을 종류에 따라 분류하였을 때 가장 많은 공은 무엇이고, 몇 개인지 구하세요.

┌ 농구공 ┌ 테니스공 ┌ 축구공

(   ), (   )

풀이

공	농구공	테니스공	축구공
공의 수(개)			

가장 많은 공: [   ] , [   ] 개

[24~25] 구영이는 어느 달 14일 동안의 미세먼지 농도를 조사하였습니다. 물음에 답하세요.

일	월	화	수	목	금	토
1 나쁨	2 매우나쁨	3 좋음	4 나쁨	5 나쁨	6 나쁨	7 좋음
8 좋음	9 매우나쁨	10 나쁨	11 좋음	12 나쁨	13 나쁨	14 나쁨

24 미세먼지 농도를 분류하고 그 수를 세어 보세요.

종류	매우나쁨	나쁨	좋음
날수(일)			

25 미세먼지가 나쁨인 날은 좋음인 날보다 며칠 더 많았는지 구하세요.

(   )

26 카드 뒤집기 놀이를 하였습니다. 색깔에 따라 분류하여 세어 보고 어느 색깔의 카드가 몇 장 더 많은지 구하세요.

(빨간색 , 흰색) 카드가 [   ] 장 더 많습니다.

27
서술형 친구들이 하는 취미 활동을 분류하여 세어 보고 그 수가 적은 것부터 차례로 쓰려고 합니다. 풀이 과정을 쓰고, 답을 구하세요.

미술	피아노	독서	피아노
독서	운동	피아노	운동
피아노	미술	운동	피아노
운동	독서	운동	피아노

[1단계] 취미 활동별 학생 수 구하기

_____

_____

[2단계] 수가 적은 것부터 차례로 쓰기

_____

답 _____

유형 10 기준을 정하여 분류하고 세어 보기

예제 〈보기〉와 같이 기준을 만들고 기준에 따라 분류하여 그 수를 세어 보세요.

〈보기〉
별 모양입니다. → ☐ 개

〈기준 만들기〉
☐ → ☐ 개

풀이 별 모양을 모두 찾으면 ★ ★ ★ ★
로 ☐ 개입니다.
색깔이나 모양을 기준으로 정해 수를 세어
봅니다.

28 가지고 있는 사탕을 보고 준호와 연서가 각자 자신의 기준에 맞는 사탕의 수를 세 었습니다. ㉠과 ㉡의 합을 구하세요.

연두색 사탕은
㉠개야.

삼각형 모양
사탕은 ㉡개야.

준호   연서

(   )

유형 11 분류한 결과에 맞게 이야기 하기

예제 빵의 수가 종류별로 모두 같아지려면 어떤 빵이 몇 개 더 있어야 하는지 이야기를 완성해 보세요.

빵	단팥빵	야채빵	소보로빵
빵의 수(개)	32	40	40

야채빵과 ☐ 은 빵의 수가 같으
므로 빵의 수가 종류별로 모두 같아지려
면 ☐ 이 ☐ 개 더 있어야 합
니다.

풀이 야채빵과 ☐ 이 40개로 같으므로
☐ 이 40−32=☐ (개) 더 있어
야 합니다.

29
서술형
사야 할 물건을 코너에 맞게 분류하고, 이 야기를 완성해 보세요.

사야 할 물건: 지우개, 바지, 자,
양파, 감자, 티셔츠, 사과

1단계 코너에 맞게 분류하기

코너	구입할 물건
문구	지우개, 자
의류	
채소·과일	

2단계 분류한 것에 맞게 이야기 완성하기

문구 코너에서 지우개와 자를 사고,

응용 해결하기

분류하여 알맞은 수 구하기

1 현우는 가지고 있는 사인펜 **27**자루를 색깔에 따라 분류하였습니다. 노란색 사인펜은 몇 자루일까요?

색깔	검은색	빨간색	파란색	노란색	초록색
사인펜 수 (자루)	9	7	5		1

(   )

분류하여 알맞은 수 구하기

2 수 카드의 색깔을 이용하여 기준을 만들었더니 기준에 맞는 수 카드가 **3**장이었습니다. 기준에 맞는 수 카드의 수 중에서 가장 큰 수는 얼마일까요?

23   18   33   47   56   27

(   )

자료 수의 차 구하기   서술형

3 클립을 모양에 따라 분류하였을 때 가장 많은 것과 가장 적은 것의 수의 차는 몇 개인지 풀이 과정을 쓰고, 답을 구하세요.

풀이 _____

_____

_____

_____

답 _____

전체의 수를 알 때 모르는 수를 구하려면?

(모르는 수)
= (전체 합계) − (알고 있는 수의 합)

가장 많은 것과 가장 적은 것의 수의 차를 구하려면?

(가장 많은 것과 가장 적은 것의 수의 차)
= (가장 많은 것의 수)
　− (가장 적은 것의 수)

두 수의 차는 큰 수에서 작은 수를 빼야 합니다.

더 사야 하는 것 구하기

4 과일을 종류에 따라 분류하려고 합니다. 종류별로 수가 모두 같아지려면 어느 것을 몇 개 더 사야 할지 풀이 과정을 쓰고, 답을 구하세요. (서술형)

풀이

답 _____ , _____

[5~6] **다음과 같이 여러 개의 컵이 있습니다. 물음에 답하세요.**

2가지 기준에 따라 분류하기

5 컵의 모양과 컵에 있는 무늬의 모양에 따라 분류해 보세요.

	☕	🥤	☕
◆	①, ⑧		
●			
★			

2가지 기준으로 분류하려면?

첫 번째 기준에 따라 먼저 분류하기

↓

분류한 것을 다시 두 번째 기준에 따라 분류하기

2가지 기준에 따라 분류하고 세어 보기

6 손잡이가 없고 ● 무늬가 있는 컵은 모두 몇 개일까요?

( )

조건에 맞는 자료의 수의 합 구하기

7 나라네 반 학생들이 한 달 동안 읽은 책 수를 조사한 것입니다. 책을 5권보다 많고 9권보다 적게 읽은 학생은 모두 몇 명인지 구하세요.

6권	4권	8권	9권	5권	7권	6권
4권	7권	6권	5권	9권	9권	7권
8권	4권	4권	9권	5권	4권	7권

(1) 읽은 책 수에 따라 분류해 보세요.

책 수(권)	4	5	6	7	8	9
학생 수(명)						

(2) 5권보다 많고 9권보다 적게 읽은 학생은 모두 몇 명일까요?

( )

해결 tip

조건에 맞는 자료의 수를 구하려면?

① 5보다 큰 수
4 5 6 7 8 9

② 9보다 작은 수
4 5 6 7 8 9

→ 5보다 크고 9보다 작은 수
4 5 6 7 8 9

분류 결과를 보고 빈 자료값 채우기

8 하나네 반 학생들이 가 보고 싶은 나라를 조사한 것을 보고 나라별로 분류하여 센 것입니다. ㉠에 알맞은 나라와 ㉡에 알맞은 수는 각각 무엇인지 구하세요.

미국	중국	멕시코	프랑스	미국	멕시코
중국	미국	멕시코	미국	프랑스	멕시코
㉠	프랑스	프랑스	미국	프랑스	미국

나라	미국	중국	프랑스	멕시코
학생 수(명)	7	2	㉡	4

(1) ㉠에 알맞은 나라는 무엇일까요?

( )

(2) ㉡에 알맞은 수를 구하세요.

( )

01 분류 기준으로 알맞은 것에 ◯표 하세요.

사탕의 모양	( )
맛있는 것과 맛없는 것	( )

[02~03] 여러 개의 의자가 있습니다. 물음에 답하세요.

02 다리 수에 따라 의자를 분류해 보세요.

다리가 **3**개인 것	
다리가 **4**개인 것	

03 의자를 색깔에 따라 분류하고 그 수를 세어 보세요.

색깔	빨간색	파란색	노란색
세면서 표시하기			
의자 수(개)			

04 탈것을 움직이는 장소에 따라 분류해 보세요.

땅	㉠, ㉡,
물	㉢,

05 자전거를 분류할 수 있는 기준을 2가지 쓰세요.

분류 기준1

분류 기준2

06 포크를 두 개의 통에 정리하려고 합니다. 어떻게 분류하여 정리하면 좋을지 설명해 보세요.

서술형

설명

[07~09] 연중이네 반 학생들이 가고 싶은 장소를 조사하였습니다. 물음에 답하세요.

수영장	동물원	놀이공원	놀이공원
놀이공원	동물원	놀이공원	동물원
놀이공원	동물원	놀이공원	수영장

07 학생들이 가고 싶은 장소는 몇 가지일까요?

( )

08 학생들이 가고 싶은 장소에 따라 분류하고 그 수를 세어 보세요.

장소			
학생 수(명)			

09 가장 많은 학생들이 가고 싶은 장소는 어디일까요?

( )

10 잘못 분류한 것을 찾아 이름을 쓰고, 어느
서술형 칸으로 옮겨야 하는지 설명해 보세요.

하늘	땅	바다
앵무새 말	기린 다람쥐	상어 오징어

답 ⓘ _____

설명 _____

[11~14] 여러 가지 사탕이 있습니다. 물음에 답하세요.

㉠	㉡	㉢	㉣
딸기 맛	초콜릿 맛	초콜릿 맛	바나나 맛
㉤	㉥	㉦	㉧
포도 맛	초콜릿 맛	딸기 맛	초콜릿 맛
㉨	㉩	㉪	㉫
딸기 맛	바나나 맛	초콜릿 맛	딸기 맛

11 기준을 정하여 사탕을 분류해 보세요.

분류 기준	

12 딸기 맛 사탕과 바나나 맛 사탕은 모두 몇 개일까요?

( )

13 사탕을 맛에 따라 분류했을 때 그 수가 많은 것부터 차례로 쓰세요.

( )

14 사탕을 막대 사탕과 알사탕으로 분류했을 때 어느 사탕이 몇 개 더 많을까요?

( ), ( )

15 쿠키를 모양과 색깔에 따라 분류해 보세요.

	말	코끼리
빨간색		
노란색		
초록색		

18 피자, 치킨, 떡볶이가 접시에 놓여 있습니다. 음식을 종류에 따라 분류하였을 때 가장 많은 것과 가장 적은 것의 접시 수의 합은 몇 접시인지 풀이 과정을 쓰고, 답을 구하세요.

풀이 _____

_____

_____

답 _____

5 단원

[16~17] 미소 꽃 가게에서 오늘 팔린 꽃을 조사하였습니다. 물음에 답하세요.

장미	장미	튤립	백합	장미	튤립
백합	장미	장미	장미	튤립	장미

16 튤립과 백합 중에서 어느 것이 몇 송이 더 많이 팔렸는지 구하세요.

( ), ( )

17 오늘 가장 많이 팔린 꽃을 내일 더 준비하려고 합니다. 내일 어떤 꽃을 더 준비하면 좋을까요?

( )

[19~20] 여러 가지 풍선이 있습니다. 물음에 답하세요.

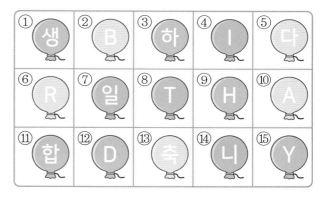

19 한글이 적힌 분홍색 풍선을 모두 찾아 번호를 쓰세요.

( )

20 알파벳이 적힌 노란색 풍선은 모두 몇 개일까요?

( )

6

곱셈

학습을 끝낸 후
색칠하세요.

개념
확인하기

유형
다잡기
유형 01~12

⊗ 이전에 배운 내용

[1-1] 덧셈과 뺄셈

덧셈의 의미

다양한 방법으로 덧셈하기

[2-1] 덧셈과 뺄셈

받아올림이 있는 덧셈

① 여러 가지 방법으로 세어 보기

자두의 수 세기

방법1 하나씩 세기

1, 2, 3, 4, 5, 6 → 하나씩 세면 모두 6개입니다.

방법2 뛰어 세기

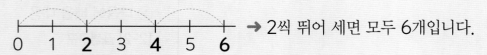

→ 2씩 뛰어 세면 모두 6개입니다.

방법3 묶어 세기

> 3씩 2묶음으로 묶어 셀 수도 있어.

2씩 3묶음 2 — 4 — 6

→ 2씩 묶어 세면 모두 6개입니다.

● 하나씩 세는 것보다 묶어 세는 것이 시간이 더 적게 걸립니다.

② 몇의 몇 배 알아보기

> ■씩 ▲묶음은 ■의 ▲배와 같습니다.

 　3씩 1묶음 → 3의 1배

 　3씩 2묶음 → 3의 2배

 　3씩 3묶음 → 3의 3배

③ 몇의 몇 배로 나타내기

구슬의 수로 나타내기

> 2씩 4묶음이야.

파란색 구슬의 수는
연두색 구슬의 수의 **4**배입니다.

색 막대의 길이로 나타내기

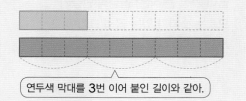

> 연두색 막대를 3번 이어 붙인 길이와 같아.

파란색 막대의 길이는
연두색 막대의 길이의 **3**배입니다.

● 어떻게 묶는지에 따라 몇의 몇 배로 나타내는 방법이 달라집니다.

2의 3배 　　3의 2배

01 하나씩 세어 ☐ 안에 알맞은 수를 써넣으세요.

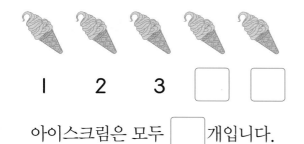

1   2   3   ☐   ☐

아이스크림은 모두 ☐개입니다.

02 물고기는 모두 몇 마리인지 2씩 뛰어 세어 보세요.

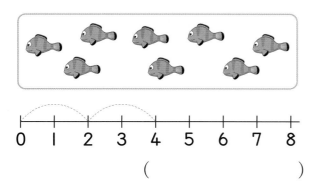

0 1 2 3 4 5 6 7 8

(   )

03 지우개는 모두 몇 개인지 3씩 묶어 세어 보세요.

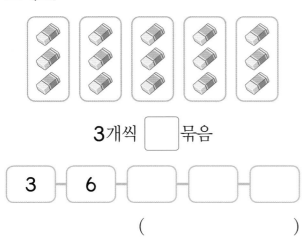

3개씩 ☐ 묶음

| 3 | 6 | ☐ | ☐ | ☐ |

(   )

[04~05] 그림을 보고 ☐ 안에 알맞은 수를 써넣으세요.

04

2씩 ☐ 묶음 → 2의 ☐ 배

05

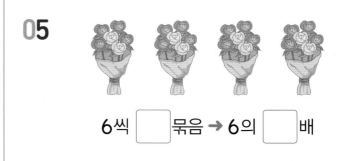

6씩 ☐ 묶음 → 6의 ☐ 배

[06~07] 몇의 몇 배인지 ☐ 안에 알맞은 수를 써넣으세요.

06

토마토의 수는

수박의 수의 ☐ 배입니다.

07

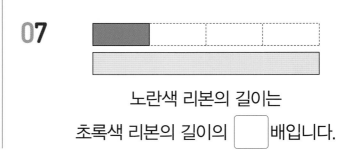

노란색 리본의 길이는

초록색 리본의 길이의 ☐ 배입니다.

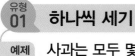

유형 다잡기

유형 01 하나씩 세기

예제 사과는 모두 몇 개인지 하나씩 세어 보세요.

( )

풀이 1부터 수를 차례로 세어 보면

1, 2, 3, 4, ☐, ☐ 입니다.

➡ 사과는 모두 ☐ 개입니다.

01 사탕은 모두 몇 개인지 바르게 센 사람의 이름을 쓰세요.

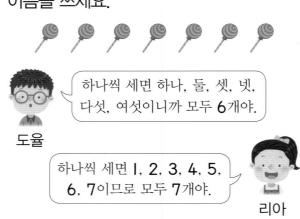

도율: 하나씩 세면 하나, 둘, 셋, 넷, 다섯, 여섯이니까 모두 6개야.

리아: 하나씩 세면 1, 2, 3, 4, 5, 6, 7이므로 모두 7개야.

( )

02 참외는 모두 몇 개인지 하나씩 세어 보고, 하나씩 셀 때 불편한 점을 쓰세요.

<서술형>

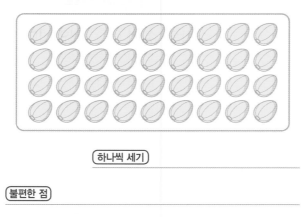

[하나씩 세기]

_____

[불편한 점]

_____

유형 02 뛰어 세기

예제 도토리는 모두 몇 개인지 3씩 뛰어 세어 보세요.

( )

풀이 3씩 뛰어서 세면 3, ☐, ☐ 입니다.

➡ 도토리는 모두 ☐ 개입니다.

03 탁구공은 모두 몇 개인지 뛰어 센 것입니다. ☐ 안에 알맞은 수를 써넣으세요.

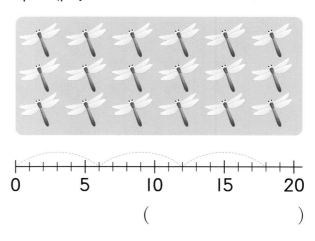

4씩 뛰어 세면 4, 8, ☐, ☐

이므로 탁구공은 모두 ☐ 개입니다.

04 잠자리는 모두 몇 마리인지 6씩 뛰어 세어 보세요.

( )

05 포크의 수를 세려고 합니다. 미나가 뛰어 센 방법과 다른 방법으로 뛰어 세어 보세요.

미나 난 **3**씩 뛰어 셌어.

0 1 2 3 4 5 6 7 8 9 10 11 12

☐ 씩 뛰어 세기

0 1 2 3 4 5 6 7 8 9 10 11 12

+플러스
유형 **03** 뛰어 센 수 구하기

예제 **7**씩 **3**번 뛰어 세면 얼마일까요?

0   5   10   15   20   25

(   )

풀이 **7**, ☐ , ☐ 이므로 **7**씩 **3**번 뛰어 세면

☐ 입니다.

06 ☐ 안에 알맞은 수를 써넣고, **5**씩 **4**번 뛰어 센 수는 얼마인지 구하세요.

0   5   10   ☐   ☐

(   )

07 다희가 가지고 있는 리본은 **8** cm씩 **4**번 뛰어 센 길이와 같습니다. 다희가 가지고 있는 리본의 길이는 몇 cm일까요?

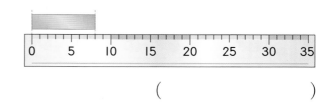

(   )

유형 **04** 묶어 세기

예제 동화책을 **5**권씩 묶고, 모두 몇 권인지 세어 보세요.

(   )

풀이 동화책을 **5**권씩 묶으면 ☐ 묶음입니다.

5 ─ ☐ ─ ☐

→ 동화책은 모두 ☐ 권입니다.

08 컵케이크는 모두 몇 개인지 **4**씩 묶어 세어 보세요.

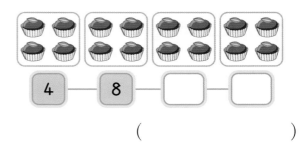

4 ─ 8 ─ ☐ ─ ☐

(   )

09 그림을 보고 센 방법에 맞도록 ☐ 안에 알맞은 수를 써넣으세요.

4개씩 ☐ 묶음에 ☐ 개를

더해서 세었습니다.

10 연필은 모두 몇 자루인지 묶어 세어 보세요.
(중요★)

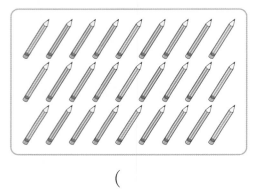

(   )

11 바구니 안에 같은 수의 ○를 그려 넣고, ○가 모두 몇 개인지 묶어 세어 보세요.
(창의형)

(   )

예제 머리핀은 모두 몇 개인지 세어 보세요.

(   )

풀이 하나씩 세기, 뛰어 세기, 묶어 세기의 방법으로 셀 수 있습니다.

2씩 묶어 세면 2, 4, ☐, ☐ 입니다.

→ 머리핀은 모두 ☐ 개입니다.

12 전구의 수를 세려고 합니다. 세는 방법을 정하여 ○표 하고, 전구는 모두 몇 개인지 설명하며 세어 보세요.
(서술형)

방법 하나씩 세기, 뛰어 세기, 묶어 세기

설명

13 보석의 수를 여러 가지 방법으로 세었습니다. 잘못 센 사람의 이름을 쓰세요.

민아: 하나씩 세면 **16**개야.

경수: **2, 4, 6,** …으로 **2**씩 **8**번 뛰어 세었어.

지영: **3**개씩 묶어 세면 **6**묶음이야.

(   )

몇씩 몇 묶음으로 나타내기

예제 과자 21개는 3씩 몇 묶음인지 쓰세요.

3씩 ☐묶음

풀이 21을 3씩 묶으면 ☐묶음입니다.

14 축구공 15개를 남지 않게 묶어 셀 수 있는 방법을 찾아 ◯표 하세요.

3씩 묶기	6씩 묶기
( )	( )

15 나뭇잎 10장을 몇씩 몇 묶음으로 묶어 바르게 나타낸 것을 찾아 기호를 쓰세요.

㉠ 2씩 6묶음　　㉡ 5씩 2묶음

( )

16 꽃잎은 모두 24장입니다. 몇씩 몇 묶음으로 셀 수 있는지 ☐ 안에 알맞은 수를 써넣으세요.

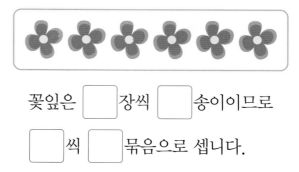

꽃잎은 ☐장씩 ☐송이이므로

☐씩 ☐묶음으로 셉니다.

17 클립과 누름 못은 각각 2씩 몇 묶음인지 ☐ 안에 알맞은 수를 써넣으세요.

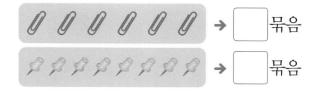

18 관계있는 것끼리 이어 보세요.

(1) 9 ・　　　・ 3씩 4묶음

(2) 18 ・　　　・ 6씩 3묶음

(3) 12 ・　　　・ 3씩 3묶음

122,
123,
124, ...

그러게, 묶어 세랬잖아.

유형 07 서로 다른 방법으로 묶어 세기

예제 쌓기나무 12개를 서로 다른 방법으로 묶은 것입니다. 어떻게 묶은 것인지 ☐ 안에 알맞은 수를 써넣으세요.

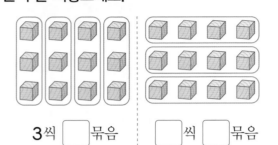

3씩 ☐ 묶음 ┆ ☐씩 ☐ 묶음

풀이 몇씩 묶는지에 따라 묶음의 수가 달라집니다.

19 그림을 보고 ☐ 안에 알맞은 수를 써넣으세요.
(중요★)

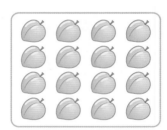

2씩 ☐ 묶음

4씩 ☐ 묶음

8씩 ☐ 묶음

20 숟가락이 15개 있습니다. 옳은 설명을 모두 찾아 기호를 쓰세요.

> ㉠ 숟가락을 2개씩 묶으면 8묶음이 됩니다.
> ㉡ 숟가락은 5개씩 3묶음입니다.
> ㉢ 숟가락을 3개씩 묶으면 5묶음이 됩니다.

(   )

유형 08 몇의 몇 배 알아보기

예제 ☐ 안에 알맞은 수를 써넣으세요.

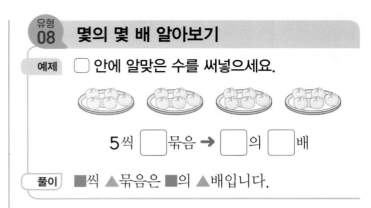

5씩 ☐ 묶음 ➡ ☐의 ☐ 배

풀이 ■씩 ▲묶음은 ■의 ▲배입니다.

21 ☐ 안에 알맞은 수를 써넣고, 이어 보세요.

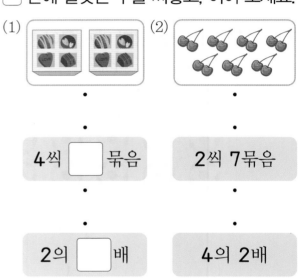

(1) 4씩 ☐ 묶음

2의 ☐ 배

(2) 2씩 7묶음

4의 2배

22 우리 주변에 있는 물건을 살펴보고 〈보기〉
(창의형) 와 같이 몇의 몇 배를 넣어 문장을 만들어 보세요.

〈보기〉
상자에 망고가 4의 3배만큼 들어 있습니다.

문장

23 그림을 보고 몇의 몇 배로 <u>잘못</u> 나타낸 것을 찾아 기호를 쓰세요.

새우 　조개 　오징어

ㄱ 새우는 **3**씩 **3**묶음이므로 **3**의 **3**배입니다.

ㄴ 조개는 **4**씩 **4**묶음이므로 **4**의 **4**배입니다.

ㄷ 오징어는 **2**씩 **3**묶음이므로 **2**의 **3**배입니다.

(　　　　　　　　　)

유형 **09** **몇의 몇 배로 나타내기**

예제 무의 수는 배추의 수의 몇 배일까요?

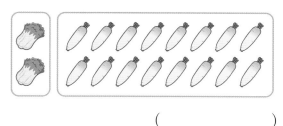

(　　　　　　　　)

풀이 · 배추의 수: ☐　 · 무의 수: ☐

16은 **2**씩 ☐묶음이므로

무의 수는 배추의 수의 ☐배입니다.

---

24 ☐ 안에 알맞은 수를 써넣으세요.

빨간색 붙임딱지는 ☐장이야!

파란색 붙임딱지는 빨간색 붙임딱지의 ☐배만큼 있어.

---

25 친구들이 만든 연결 모형의 수는 청우가 만든 연결 모형의 수의 몇 배인지 풀이 과정을 쓰고, 답을 구하세요.

(서술형)

청우

세진

아현

(1단계) 세 사람이 만든 연결 모형의 수 각각 구하기

_____

_____

(2단계) 청우가 만든 연결 모형의 수의 몇 배인지 각각 구하기

_____

_____

_____

답 세진: 　　　　　, 아현:

26 ★에 알맞은 수를 구하세요.

> 42는 7의 ★배입니다.

( )

28 주어진 막대의 길이의 4배만큼 색칠해 보세요.

유형 10 **길이에서 몇의 몇 배로 나타내기**

예제 가의 길이는 나의 길이의 몇 배일까요?

가 8 cm

나 4 cm

( )

풀이 4 cm를 두 번 이어 붙이면 8 cm가 됩니다.

→ 가의 길이는 나의 길이의 □배입니다.

27 길이를 보고 바르게 말한 사람의 이름을 쓰세요.

ㄱ

ㄴ

규민 ㉠을 2번 이어 붙이면 ㉡의 길이와 같으니까 ㉡의 길이는 ㉠의 길이의 2배야.

㉡의 길이는 ㉠의 길이의 3배야. ㉡의 길이는 ㉠을 3개 이어 붙여야 같아지기 때문이야.
미나

( )

29 원하는 막대의 색을 적고, 길이는 몇 배가 되는지 알맞게 문장을 완성해 보세요.

빨간색 2 cm
연두색 3 cm
보라색 4 cm
노란색 5 cm
초록색 6 cm
검정색 7 cm
갈색 8 cm
파란색 9 cm

□색 막대의 길이는 □색 막대

의 길이의 □배입니다.

+플러스 유형 11 **실생활 속 몇의 몇 배**

예제 여진이의 나이는 9살이고 삼촌의 나이는 36살입니다. 삼촌의 나이는 여진이의 나이의 몇 배일까요?

( )

풀이 36을 □씩 묶으면 □묶음입니다.

→ 삼촌의 나이는 여진이의 나이의 □배 입니다.

30 예나는 현우가 산 핫도그 수의 **4**배만큼을 샀습니다. 예나가 산 핫도그는 모두 몇 개일까요?

핫도그를 이만큼 샀어.

현우

(   )

31 미술 작품을 만들기 위해 철사를 현진이는 **7 cm**, 서아는 **35 cm**만큼 사용했습니다. 서아가 사용한 철사의 길이는 현진이가 사용한 철사의 길이의 몇 배일까요?

(   )

+플러스
유형
12 **다시 나누어 담기**

예제 연필이 연필꽂이에 **6자루씩** 꽂혀 있습니다. 이 연필을 작은 연필꽂이 한 개에 **3자루씩** 모두 다시 꽂으려면 작은 연필꽂이는 몇 개 필요할까요?

(   )

풀이 연필: **6**씩 **2**묶음 → ☐자루

연필 ☐자루를 **3**자루씩 다시 묶으면

☐묶음입니다.

→ 작은 연필꽂이는 ☐개 필요합니다.

32 빗이 **8**씩 **2**묶음 있습니다. **4**씩 묶으면 몇 묶음인지 구하세요.

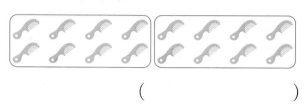

(   )

33 다음이 나타내는 수를 **3**씩 묶으면 몇 묶음이 됩니까?

2씩 **9**묶음

(   )

34 서술형 사탕이 한 봉지에 **6**개씩 **4**봉지 있습니다. 이 사탕을 한 봉지에 **8**개씩 다시 담으면 몇 봉지가 되는지 풀이 과정을 쓰고, 답을 구하세요.

1단계 사탕의 수 구하기

_____

_____

2단계 다시 담는 봉지의 수 구하기

_____

_____

답 _____

6
단원

4 곱셈 알아보기

색종이의 수로 곱셈 알아보기

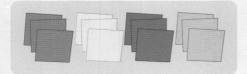

3씩 4묶음
↓
3의 4배

3의 4배 → 쓰기 3×4 읽기 3 곱하기 4

구슬의 수로 곱셈식 알아보기

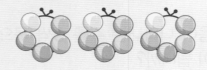

덧셈식 $5+5+5=15$

곱셈식 $5 \times 3=15$

$5+5+5$는 5×3과 같습니다.
3번

쓰기 $5 \times 3=15$ 읽기 · 5 곱하기 3은 15와 같습니다.
· 5와 3의 곱은 15입니다.

● 곱셈 알아보기
■씩 ▲묶음
➡ ■의 ▲배
➡ ■ × ▲

● 덧셈식을 곱셈식으로 나타내기
■+■+⋯+■
└──▲번──┘
➡ ■ × ▲

5 곱셈식으로 나타내기

사탕의 수를 곱셈식으로 나타내기

(1) 덧셈식과 곱셈식으로 나타내기

사탕을 3개씩 묶으면 모두 6묶음입니다.

3씩 6묶음 → 3의 6배 → 덧셈식 $3+3+3+3+3+3=18$

곱셈식 $3 \times 6=18$

(2) 다른 곱셈식으로 나타내기

· 6씩 3묶음 → 6의 3배

덧셈식 $6+6+6=18$

곱셈식 $6 \times 3=18$

· 9씩 2묶음 → 9의 2배

덧셈식 $9+9=18$

곱셈식 $9 \times 2=18$

묶는 방법에 따라 다양한 곱셈식으로 나타낼 수 있어.

[01~02] 그림을 보고 ☐ 안에 알맞은 수를 써넣으세요.

01

4의 ☐ 배 → ☐ × ☐

02

8의 ☐ 배 → ☐ × ☐

[03~06] 물고기는 모두 몇 마리인지 알아보세요.

03 물고기의 수는 3씩 ☐ 묶음이므로

3의 ☐ 배입니다.

04 덧셈식으로 나타내면

3 + ☐ + ☐ = ☐ 입니다.

05 곱셈식으로 나타내면

3 × ☐ = ☐ 입니다.

06 물고기는 모두 ☐ 마리입니다.

[07~08] 그림을 보고 덧셈식과 곱셈식으로 나타내세요.

07

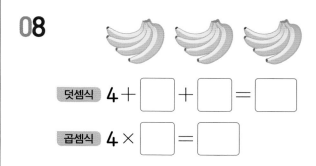

덧셈식 3 + 3 + 3 + ☐ + ☐

= ☐

곱셈식 3 × ☐ = ☐

08

덧셈식 4 + ☐ + ☐ = ☐

곱셈식 4 × ☐ = ☐

[09~10] 밤의 수를 두 가지 곱셈식으로 나타내세요.

09

2 × ☐ = ☐   7 × ☐ = ☐

10

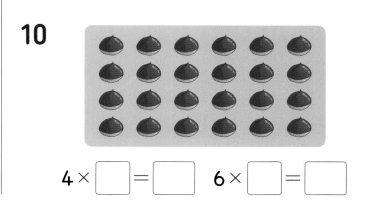

4 × ☐ = ☐   6 × ☐ = ☐

유형 13 곱셈 알아보기

예제 그림을 보고 ☐ 안에 알맞은 수를 써넣으세요.

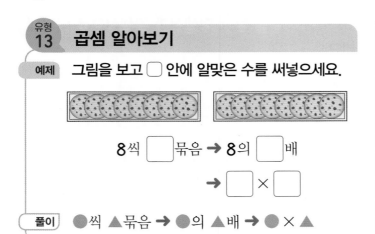

8씩 ☐묶음 ➔ 8의 ☐배

➔ ☐ × ☐

풀이 ●씩 ▲묶음 ➔ ●의 ▲배 ➔ ● × ▲

01 관계있는 것끼리 이어 보세요.

(1) 5씩 3묶음 · · 4×3

(2) 6의 2배 · · 5×3

(3) 4 곱하기 3 · · 6×2

02 다음 중 나타내는 수가 다른 하나를 찾아 기호를 쓰세요.

㉠ 6의 3배   ㉡ 6+3
㉢ 6×3   ㉣ 6씩 3묶음

(   )

03 오리 인형의 수를 곱셈으로 쓰고 읽어 보세요.

쓰기 2 × ☐   읽기 2 ☐ 5

유형 14 곱셈식 알아보기

예제 다음을 곱셈식으로 나타내세요.

4의 7배는 28입니다.

곱셈식 (   )

풀이 4의 7배 ➔ ☐ × ☐

4의 7배는 28입니다.
➔ ☐ × ☐ = ☐

04 곱셈식을 쓰거나 읽어 보세요.

(1) 7 곱하기 8은 56과 같습니다.

쓰기

(2) 9×5=45

읽기

05 그림을 보고 곱셈식으로 바르게 나타낸 것의 기호를 쓰세요.

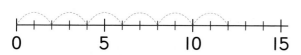

㉠ 3×4=12	㉡ 2×6=12

( )

06 빈칸에 알맞은 곱셈식을 쓰세요.

3×1=3		

07 야구공의 수를 곱셈식으로 바르게 설명하지 <u>못한</u> 사람의 이름을 쓰세요.

규민

7×3=21이야.

7+7은 7×3과 같아.

7과 3의 곱은 21이야.

미나

7 곱하기 3은 21과 같아.

준호

연서

( )

유형 15 **덧셈식과 곱셈식으로 나타내기**

예제 우유가 6병씩 들어 있는 상자 3개가 있습니다. 우유는 모두 몇 병인지 ☐ 안에 알맞은 수를 써넣으세요.

덧셈식 ☐+☐+☐=☐

곱셈식 ☐×☐=☐

풀이 우유가 6병씩 3상자에 들어 있으므로

6을 ☐번 더한 것과 같습니다.

08 그림을 식으로 바르게 나타낸 것을 모두 골라 ◯표 하세요.

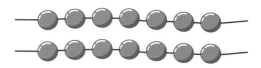

7+7=14	4+4+4+4=16
7×7=49	2×7=14

09 소의 다리의 수를 덧셈식과 곱셈식으로 나타내세요.

덧셈식

곱셈식

10 그림에 있는 물건의 수를 곱셈식으로 각각 나타내세요.

연필: _____

지우개: _____

풀: _____

11 〈보기〉와 같이 모눈에 사각형이 되도록 색칠하고, 색칠한 작은 사각형의 수를 곱셈식으로 나타내세요.
(창의형)

〈보기〉

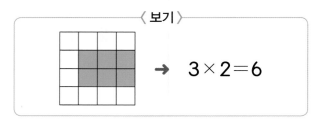

➡ 3×2=6

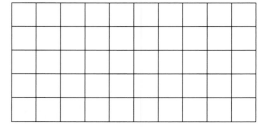

곱셈식 _____

유형 16
덧셈식과 곱셈식의 관계

예제 덧셈식을 곱셈식으로 나타내세요.

$$7+7+7+7+7+7=42$$

곱셈식 ( )

풀이 $7+7+7+7+7+7=42$

6번

➡ $7 \times \boxed{} = \boxed{}$

12 덧셈식은 곱셈식으로, 곱셈식은 덧셈식으로 바르게 나타낸 것을 찾아 기호를 쓰세요.

㉠ $6+6+6=18 \to 6 \times 3=18$
㉡ $9 \times 4=36 \to 9+9+9=36$

( )

13 곱셈식을 덧셈식으로 나타낸 것입니다. 잘못 나타낸 사람의 이름을 쓰고, 그 이유를 쓰세요.
(서술형)

세나: $3 \times 6=18$
➡ $3+3+3+3+3+3=18$
이찬: $5 \times 3=15$
➡ $5+5+5+5+5=15$
건우: $6 \times 6=36$
➡ $6+6+6+6+6+6=36$

이름 _____

이유 _____

^{+플러스} 유형 **17** **여러 가지 곱셈식으로 나타내기**

예제 피망은 모두 몇 개인지 여러 가지 곱셈식으로 나타내세요.

$2 \times \boxed{} = \boxed{}$, $3 \times \boxed{} = \boxed{}$

풀이 피망은 2씩, 3씩, 4씩, 6씩 묶을 수 있습니다.

2씩 $\boxed{}$묶음 ➡ $2 \times \boxed{} = \boxed{}$

3씩 $\boxed{}$묶음 ➡ $3 \times \boxed{} = \boxed{}$

14 당근이 14개 있습니다. 당근의 수를 곱셈으로 <u>잘못</u> 나타낸 것에 ✕표 하세요.

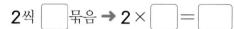

7×2	4×3	2×7
( )	( )	( )

15 나뭇잎은 모두 몇 장인지 여러 가지 곱셈식으로 나타내세요.

곱셈식

_____

 ^{+플러스} 유형 **18** **실생활 속 곱셈 문제**

예제 한 묶음에 색연필이 7자루씩 있습니다. 은지는 색연필 4묶음을 샀습니다. 은지가 산 색연필은 모두 몇 자루일까요?

( )

풀이 은지가 산 색연필은 7씩 $\boxed{}$묶음이므로

모두 $\boxed{} \times \boxed{} = \boxed{}$(자루)입니다.

16 달걀이 한 판에 6개씩 들어 있습니다. 4판에 들어 있는 달걀은 모두 몇 개인지 곱셈식으로 나타내고, 답을 구하세요.

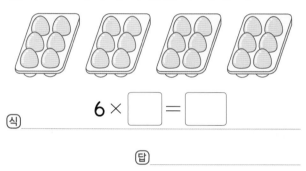

식 $6 \times \boxed{} = \boxed{}$

_____

답 _____

17 색종이 한 장에 하트 모양을 5개 그렸습니다. 색종이 4장을 겹쳐 오렸을 때 만들 수 있는 하트 모양은 모두 몇 개인지 곱셈식으로 나타내고, 답을 구하세요.

식 _____

답 _____

6 단원

18 6명의 친구들이 가위바위보를 하여 모두 가위를 냈습니다. 펼친 손가락은 모두 몇 개일까요?

( )

19 달 모양이 규칙적으로 그려진 종이 위에 책이 놓여 있습니다. 종이에 그려진 달 모양은 모두 몇 개일까요?

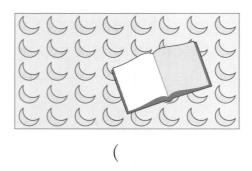

( )

20 서술형 하루에 수학 문제를 7개씩 푸는 계획을 세우고, 계획을 실천한 날에 ○표 했습니다. 실천한 날에 수학 문제를 모두 몇 개 풀었는지 풀이 과정을 쓰고, 답을 구하세요.

월	화	수	목	금
○		○	○	

1단계 실천한 날수 구하기

_____

_____

2단계 실천한 날에 수학 문제를 모두 몇 개 풀었는지 구하기

_____

_____

답 _____

유형 19 곱의 크기 비교

예제 곱의 크기를 비교하여 ○ 안에 >, =, < 를 알맞게 써넣으세요.

$$7 \times 6 \bigcirc 8 \times 4$$

풀이 $7 \times 6 = 7 + 7 + 7 + 7 + 7 + 7 = \boxed{}$

$8 \times 4 = 8 + 8 + 8 + 8 = \boxed{}$

➡ $\boxed{} \bigcirc \boxed{}$

21 더 큰 수를 나타내는 것에 색칠해 보세요.

| 4×6 | | 5의 5배 |

22 중요 이준이는 고구마를 한 상자에 5개씩 4상자 캤고, 진영이는 17개 캤습니다. 고구마를 더 많이 캔 사람은 누구인지 구하세요.

( )

23 작은 수를 나타내는 것부터 차례로 기호를 쓰세요.

㉠ 6의 3배   ㉡ 3×4   ㉢ 7×2

( )

+플러스
유형
20 곱셈식에서 □의 값 구하기

예제 ㉠에 알맞은 수를 구하세요.

$$7 \times ㉠ = 14$$

( )

풀이 14는 7씩 2묶음이므로 7의 □배입니다.

따라서 곱셈식으로 나타내면

$7 \times □ = □$ 입니다. ➜ ㉠ = □

24 □ 안에 알맞은 수가 더 작은 것을 찾아 ○표 하세요.

$$4 \times □ = 32 \qquad 5 \times □ = 30$$

( ) ( )

25 □ 안에 알맞은 수가 같은 것을 찾아 기호를 쓰세요.

㉠ $5 \times □ = 40$ ㉡ $7 \times □ = 35$
㉢ $□ \times 5 = 25$ ㉣ $9 \times □ = 36$

( )

26 ㉡에 알맞은 수를 구하세요.

$$9 \times ㉠ = 27 \qquad ㉠ \times ㉡ = 12$$

( )

+플러스
유형
21 곱이 주어진 곱셈식 만들기

예제 곱셈을 이용하여 12를 만들 수 있는 두 수를 모두 찾아 ◯로 묶어 보세요.

2	6	3	8
7	9	4	1

풀이 곱해서 12가 되는 두 수는
2와 □ , 3과 □ 입니다.

27
중요★ □ 안에 1부터 9까지의 수를 써넣어 두 수의 곱이 18인 곱셈식을 모두 만들어 보세요.

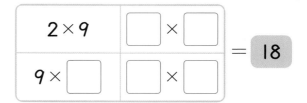

28 1부터 9까지의 수 카드 9장 중에서 두 사람이 각각 서로 다른 수 카드를 2장씩 골랐습니다. 두 사람이 고른 수 카드에 적힌 수의 곱이 서로 같을 때, 현우가 고른 두 카드에 적힌 수를 구하세요.

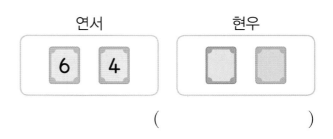

( )

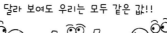
달라 보여도 우리는 모두 같은 값!!

^{+플러스}
유형 22 **곱이 가장 큰(작은) 곱셈식 만들기**

예제 두 수의 곱이 가장 크게 되도록 두 수를 골라 식을 쓰고 계산해 보세요.

| 4 8 2 5 |

식 _____

답 _____

풀이 (곱이 가장 큰 곱셈식)

= (가장 큰 수) × (두 번째로 큰 수)

= □ × □ = □

29 다음 수 카드 중 2장을 골라 카드에 적힌 수를 곱하려고 합니다. 곱이 가장 작을 때의 곱을 구하세요.

9 3 4 7

(   )

30 공 위에 1부터 9까지의 수 중에서 3개의 수를 골라 각각 써넣고, 원하는 조건에 ○표 하여 만든 식의 곱을 구하세요.

조건 공 2개를 골라 적힌 수의 곱이 가장 (큰 , 작은) 곱셈식을 만듭니다.

(   )

31 5장의 수 카드 중에서 2장을 사용하여 두 수의 곱셈식을 만들려고 합니다. 만들 수 있는 가장 큰 곱과 가장 작은 곱을 각각 구하세요.

7 2 6 9 3

가장 큰 곱 (   )
가장 작은 곱 (   )

^{+플러스}
유형 23 **전체 높이 / 길이 구하기**

예제 오른쪽 쌓기나무로 쌓은 모양의 3배 높이만큼 탑을 쌓을 때, 탑의 높이는 몇 cm일까요?

(   )

풀이 쌓은 모양의 높이: 4 × 2 = □ (cm)

탑의 높이: (쌓은 모양의 높이) × □

= □ × □ = □ (cm)

32 쌓기나무 한 개의 높이는 2 cm입니다. 쌓기나무 8개의 높이는 몇 cm일까요?

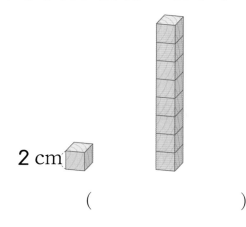

2 cm

(   )

33 연호는 초록색 막대의 **4**배 길이만큼 리본을 잘라 사용하였습니다. 연호가 사용한 리본의 길이는 몇 cm일까요?

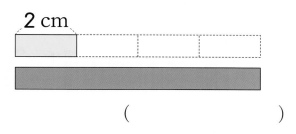

2 cm

(   )

+플러스
유형 24 **곱한 값에 일부를 더하거나 빼기**

예제 세민이는 망고를 **4**개씩 **7**상자를 사고, 낱개로 **3**개를 더 사 왔습니다. 세민이가 사 온 망고는 모두 몇 개일까요?

(   )

풀이 4개씩 7상자 → 4 × ☐ = ☐ (개)

→ (사 온 망고의 수)

= ☐ + ☐ = ☐ (개)

34 도율이의 나이는 **9**살입니다. 도율이의 아버지의 나이는 몇 살일까요?

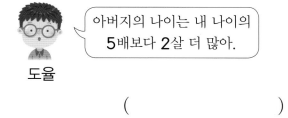

아버지의 나이는 내 나이의 **5**배보다 **2**살 더 많아.

도율

(   )

---

35 젤리가 **8**개씩 **3**묶음 있습니다. 그중 민지가 **7**개를 먹었다면 남은 젤리는 모두 몇 개일까요?

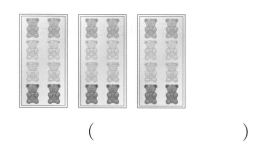

(   )

36 승철이는 수수깡을 **5**개 가지고 있습니다. 서아는 승철이가 가지고 있는 수수깡 수의 **5**배보다 **3**개 더 적게 가지고 있습니다. 서아가 가지고 있는 수수깡은 몇 개인지 풀이 과정을 쓰고, 답을 구하세요.

창의형

6 단원

(1단계) 승철이가 가지고 있는 수수깡의 수의 5배 구하기

_____

_____

(2단계) 서아가 가지고 있는 수수깡의 수 구하기

_____

_____

(답) _____

37 효림이는 위인전을 하루에 **8**쪽씩 일주일 동안 매일 읽었습니다. 남은 쪽수가 **4**쪽일 때, 위인전의 전체 쪽수는 몇 쪽일까요?

(   )

+플러스
유형 **25** **필요한 물건의 수 구하기**

예제 샌드위치가 **20**개 있습니다. 샌드위치를 **3**개씩 **9**명에게 나누어 주려고 합니다. 더 필요한 샌드위치는 몇 개일까요?

(   )

풀이 3개씩 9명 → $3 \times 9 = \boxed{}$ (개)

→ (더 필요한 샌드위치의 수)
= (나누어 줄 샌드위치 수)
  - (가지고 있는 샌드위치 수)
= $\boxed{} - \boxed{} = \boxed{}$ (개)

38 색종이가 **30**장 있습니다. 색종이를 **7**장
서술형 씩 모둠원 **6**명이 모두 나누어 가지려면 색종이는 몇 장이 더 필요한지 풀이 과정을 쓰고, 답을 구하세요.

[1단계] 나누어 가지려는 색종이 수 구하기

_____

_____

[2단계] 더 필요한 색종이 수 구하기

_____

_____

답 _____

39 우유는 **21**개, 빵은 **3**개씩 **5**묶음 있습니다. 우유와 빵의 개수가 같으려면 우유와 빵 중 어느 것이 몇 개 더 필요한지 구하세요.

(   ), (   )

+플러스
유형 **26** **전체 개수 구하기**

예제 상자 한 개에 쿠키가 **4**개씩 **2**줄로 들어 있습니다. **6**상자에 들어 있는 쿠키는 모두 몇 개인지 구하세요.

(   )

풀이 한 상자의 쿠키 수: $4 \times 2 = \boxed{}$ (개)

→ (6상자에 들어 있는 쿠키 수)
= $\boxed{} \times \boxed{} = \boxed{}$ (개)

40 보석이 **4**개씩 **5**묶음과 **6**개씩 **3**묶음 있습니다. 보석은 모두 몇 개일까요?

(   )

41 어느 공장의 기계 한 대는 **1**분 동안 모자를 **3**개씩 만들 수 있습니다. 이 공장에 있는 똑같은 기계 **3**대로 **5**분 동안 만들 수 있는 모자는 모두 몇 개일까요?

(   )

42 학을 세나는 2개씩 3묶음 접었고, 건우는 세나의 4배만큼 접었습니다. 세나와 건우가 접은 학은 모두 몇 개일까요?

( )

+플러스
유형 27 곱한 두 값의 차 구하기

예제 강당에는 날개가 <u>3개인 선풍기 4대</u>가 있고, 교실에는 날개가 <u>4개인 선풍기 5대</u>가 있습니다. 강당과 교실에 있는 선풍기의 날개 수의 차를 구하세요.

( )

풀이 날개가 3개인 선풍기 4대:

$3 \times \boxed{} = \boxed{}$ (개)

날개가 4개인 선풍기 5대:

$4 \times \boxed{} = \boxed{}$ (개)

→ $\boxed{} - \boxed{} = \boxed{}$ (개)

43 두 곱의 차를 구하세요.

| 5와 6의 곱 | 7의 3배 |

( )

44 주경이와 준호 중 누가 주운 밤이 몇 개 더 많은지 차례로 쓰세요.

나는 밤을 8의 4배만큼 주웠어.

나는 3개씩 9묶음만큼 주웠어.

주경   준호

( ), ( )

+플러스
유형 28 모르는 숫자가 있는 곱의 크기 비교

예제 ■가 될 수 있는 수에 모두 ○표 하세요.

$$4 \times \blacksquare < 15$$

(2 , 3 , 4 , 5 , 6)

풀이 $4 \times 2 = \boxed{}$, $4 \times 3 = \boxed{}$,

$4 \times 4 = \boxed{}$, …

곱이 15보다 작으려면 ■는 $\boxed{}$보다 작아야 하므로 $\boxed{}$, $\boxed{}$에 ○표 합니다.

45 ☐ 안에 들어갈 수 있는 가장 작은 두 자리 수를 구하세요.

$$9 \times 3 < \boxed{}$$

( )

46 ☐ 안에 들어갈 수 있는 한 자리 수를 모두 구하세요.

$$13 < 2 \times \boxed{}$$

( )

47 바르게 나타낸 식이 되도록 ☐ 안에 0이 아닌 한 자리 수를 각각 써넣으세요.

$$3 \times \boxed{} < \boxed{}$$

3 STEP 응용 해결하기

수 카드로 만든 두 곱의 차 구하기

1 다음 수 카드 중 **2**장을 골라 카드에 적힌 두 수를 곱하려고 합니다. 곱이 가장 큰 경우와 가장 작은 경우의 차는 얼마인지 구하세요.

(   )

해결 tip
곱이 가장 크거나 가장 작으려면?

$$9 > 6 > 4 > 3 > 2$$

큰 수끼리 곱할수록 곱이 큽니다.
작은 수끼리 곱할수록 곱이 작습니다.

주고 받은 물건의 수를 몇의 몇 배로 나타내기 (서술형)

2 은우가 꽃 **9**송이 중 **3**송이를 아린이에게 주었더니 아린이가 가지고 있는 꽃이 **36**송이가 되었습니다. 아린이가 가진 꽃의 수는 은우가 가진 꽃의 수의 몇 배인지 풀이 과정을 쓰고, 답을 구하세요.

(풀이)

_____

_____

_____

(답) _____

곱셈식에서 보이지 않는 부분에 알맞은 수의 합 구하기

3 곱셈식의 일부분에 얼룩이 묻어 보이지 않습니다. 보이지 않는 부분에 알맞은 수들을 모두 더한 값은 얼마일까요?

$$\bullet \times 4 = 32 \qquad 3 \times 7 = \bullet$$
$$6 \times \bullet = 36 \qquad 1 \times \bullet = 9$$

(   )

□ 안에 들어갈 수 있는 수의 개수 구하기

4 □ 안에 들어갈 수 있는 수는 모두 몇 개인지 풀이 과정을 쓰고, 답을 구하세요. [서술형]

$$7의 3배 < □ < 5 \times 5$$

(풀이)

(답)

짝짓는 방법의 가짓수 구하기

5 민수는 가지고 있는 옷 중에서 윗옷 하나와 아래옷 하나를 짝지어 입으려고 합니다. 옷을 입는 방법의 가짓수는 몇 가지일까요?

(   )

짝짓는 방법의 가짓수를 구하려면?

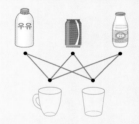

$$2 + 2 + 2 = 2 \times 3 = 6(가지)$$

1개 또는 2개를 모을 때, 1개를 모은 경우의 수 구하기

6 현미와 친구들은 각자 빈 병을 1개 또는 2개씩 모으기로 했습니다. 8명이 모은 빈 병이 모두 14개라면 그중에서 빈 병을 1개 모은 친구는 몇 명일까요?

(   )

1개인 경우를 구하는 방법은?

모두 2개일 때를 기준으로 알아봅니다.

모두 2개씩	실제 개수
8개	6개

→ 1개인 경우: $8 - 6 = 2$(명)

조건에 알맞은 나이 구하기

7 래희의 동생의 나이가 **5**살일 때, 래희 아버지의 나이는 몇 살인지 구하려고 합니다. 물음에 답하세요.

> • 래희의 나이는 동생의 나이의 **2**배보다 **1**살 적습니다.
> • 래희 이모의 나이는 래희 나이의 **4**배에서 래희의 동생의 나이를 뺀 것과 같습니다.
> • 래희의 나이와 이모의 나이의 합은 래희 아버지의 나이와 같습니다.

(1) 래희의 나이는 몇 살일까요?

(   )

(2) 래희 이모의 나이는 몇 살일까요?

(   )

(3) 래희 아버지의 나이는 몇 살일까요?

(   )

다리 수를 알 때 동물의 수 구하기

8 개미의 다리는 **6**개이고, 거미의 다리는 **8**개입니다. 개미와 거미의 다리를 세었더니 모두 **78**개였습니다. 개미가 **5**마리일 때 거미는 몇 마리인지 구하려고 합니다. 물음에 답하세요.

(1) 개미 **5**마리의 다리는 몇 개일까요?

(   )

(2) 거미의 다리 수의 합은 몇 개일까요?

(   )

(3) 거미는 모두 몇 마리일까요?

(   )

해결 tip

전체에서 일부를 구하려면?

덧셈과 뺄셈의 관계를 이용합니다.

개미 다리 수 ⊕ 거미 다리 수
↓
전체 다리 수

→ (거미 다리 수)
 =(전체 다리 수)−(개미 다리 수)

01 야구방망이는 모두 몇 개인지 하나씩 세어 구하세요.

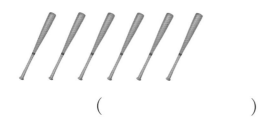

( )

02 관계있는 것끼리 이어 보세요.

(1) $9+9+9$ · · 4×9

(2) 4씩 9묶음 · · 9×3

(3) 9의 5배 · · 9×5

03 토끼는 모두 몇 마리인지 묶어 세어 보세요.

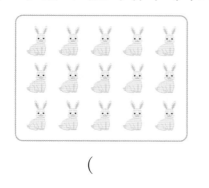

( )

04 뛰어 세기를 하여 빈칸에 알맞은 수를 써 넣으세요.

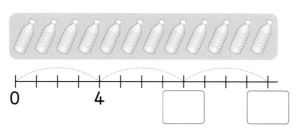

05 가방 12개를 몇씩 몇 묶음으로 묶어 바르게 나타낸 것을 찾아 기호를 쓰세요.

㉠ 4씩 4묶음   ㉡ 3씩 4묶음

( )

06 연필의 수는 지우개의 수의 몇 배일까요?

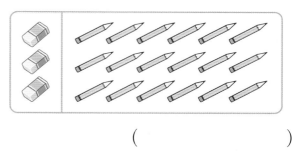

( )

07 무당벌레의 다리의 수를 덧셈식과 곱셈식으로 나타내세요.

덧셈식 _____

곱셈식 _____

08 ☐ 안에 알맞은 수를 써넣으세요.

14는 2씩 ☐ 묶음입니다.

09 참외를 여러 가지 방법으로 세었습니다. 잘못 센 사람의 이름을 쓰세요.

예지: 1, 2, 3, …으로 하나씩 세어
보니 10개야.
준혁: 3개씩 묶어서 세었더니 4묶음
이야.

( )

10 젤리가 한 봉지에 9개씩 4봉지 있습니다. 젤리는 모두 몇 개인지 곱셈식으로 나타내고, 답을 구하세요.

식 _____

답 _____

11 미나가 연결한 모형의 수는 이준이가 연결한 모형의 수의 몇 배일까요?

이준 [모형]

미나 [모형]

( )

12 7명의 학생들이 가위바위보를 하여 모두 보를 냈습니다. 펼친 손가락은 모두 몇 개일까요?

( )

13 리아의 나이는 9살입니다. 리아의 선생님의 나이는 몇 살일까요?

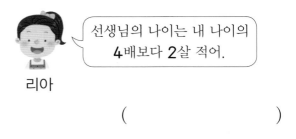

리아

선생님의 나이는 내 나이의
4배보다 2살 적어.

( )

14 ♥ 모양은 모두 몇 개인지 구하는 서로 다른 곱셈식 2개를 만들려고 합니다. 풀이 과정을 쓰고, 답을 구하세요.
서술형

풀이 _____

_____

_____

답 _____

15 곱이 18인 곱셈식을 만들려고 합니다. ●와 ▲에 알맞은 수를 각각 쓰세요.

● (   )

▲ (   )

16 다음이 나타내는 수를 6씩 묶으면 몇 묶음이 됩니까?

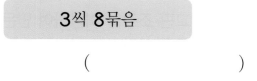

3씩 8묶음

(   )

17 (서술형) 빨간색 구슬은 한 상자에 5개씩 5상자 있고, 파란색 구슬은 23개 있습니다. 어느 색 구슬이 몇 개 더 많은지 풀이 과정을 쓰고, 답을 구하세요.

풀이

답 _____ , _____

18 곱셈식으로 나타내어 구한 곱이 가장 큰 것은 어느 것일까요? (   )

① 2씩 4묶음   ② 3과 6의 곱
③ 5의 3배   ④ 9×2
⑤ 7 곱하기 4

19 (서술형) 다음 수 카드 중 2장을 골라 카드에 적힌 두 수를 곱하려고 합니다. 곱이 가장 작은 경우의 곱은 얼마인지 풀이 과정을 쓰고, 답을 구하세요.

7   2   6   9

풀이

답 _____

20 곱셈식의 일부분에 얼룩이 묻어 보이지 않습니다. 보이지 않는 부분에 알맞은 수들을 모두 더한 값은 얼마일까요?

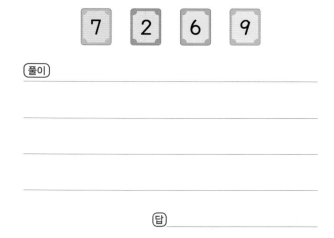

$2 \times 5 = $ ●

$3 \times $ ● $ = 27$

● $ \times 6 = 18$

(   )

01 삼각형을 찾아 ◯표 하세요.

2단원 | 유형 01

02 우산의 길이는 뼘으로 재면 몇 번일까요?

4단원 | 유형 02

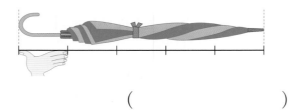

( )

03 밤은 모두 몇 개인지 묶어 세어 보세요.

6단원 | 유형 04

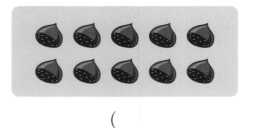

( )

04 두 수의 합을 구하세요.

3단원 | 유형 02

| 7 | 35 |

( )

05 분류 기준으로 알맞은 것에 ◯표, 알맞지 않은 것에 ✕표 하세요.

5단원 | 유형 01

| 사각형 모양과 하트 모양 | |
| 맛있는 것과 맛없는 것 | |

06 칠교판 조각을 이용하여 만든 모양입니다. 사용한 삼각형과 사각형 조각의 수를 각각 세어 보세요.

2단원 | 유형 16

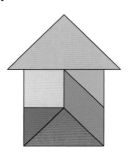

삼각형 ( )
사각형 ( )

07 십의 자리 숫자가 **3**인 수는 모두 몇 개일까요?

1단원 | 유형 09

| 308 | 123 | 231 | 635 |

( )

08 그림을 보고 ☐ 안에 알맞은 수를 써넣으세요.

2씩 ☐ 묶음   3씩 ☐ 묶음

4씩 ☐ 묶음   6씩 ☐ 묶음

[09~10] 오늘 학생들이 입고 온 옷의 색깔을 조사하였습니다. 물음에 답하세요.

09 입고 온 옷을 색깔에 따라 분류하고 그 수를 세어 보세요.

색깔	노란색	초록색	빨간색
학생 수(명)			

10 오늘 학생들이 입고 온 옷에 대해 잘못 말한 사람의 이름을 쓰세요.

> 세진: 조사한 학생은 12명이야.
> 민수: 노란색 옷을 입고 온 학생이 가장 적어.
> 건호: 빨간색 옷을 입고 온 학생은 3명이야.

( )

11 규현이는 색종이 30장을 샀습니다. 그중에서 12장을 사용했다면 남은 색종이는 몇 장일까요?

( )

12 붓의 길이를 지훈이는 약 6 cm, 혜라는 약 7 cm라고 하였습니다. 길이를 바르게 잰 사람은 누구일까요?

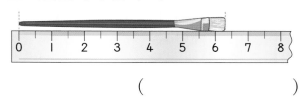

( )

13 연서가 말한 방법으로 뛰어 세어 보세요.

연서

532에서 시작하여 10씩 거꾸로 뛰어 세어 봐.

| 532 | | | |

6단원 | 유형 ㉓

14 가의 길이는 **5** cm이고, 나의 길이는 가의 길이의 **3**배입니다. 나의 길이는 몇 cm일까요?

가

나

(   )

1단원 | 유형 ⑱

15 더 작은 수를 말한 사람의 이름을 쓰려고 (서술형) 합니다. 풀이 과정을 쓰고, 답을 구하세요.

정미: 삼백팔
윤수: **100**이 **3**개, **10**이 **1**개, **1**이 **2** 개인 수

풀이

답

3단원 | 유형 ⑨

16 수 카드 중에서 **2**장을 골라 두 수의 합이 **40**이 되는 덧셈식을 모두 만들어 보세요.

| 17 | 28 | 22 | 23 |

☐ + ☐ = 40

☐ + ☐ = 40

2단원 | 유형 ㉓

17 왼쪽 모양을 오른쪽과 똑같이 쌓으려고 합 (서술형) 니다. 쌓기나무가 몇 개 더 필요한지 풀이 과정을 쓰고, 답을 구하세요.

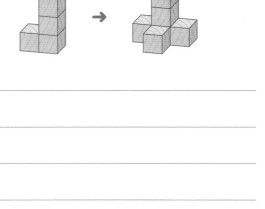

풀이

답

6단원 | 유형 ⑨

18 ★에 알맞은 수를 구하세요.

35는 **5**의 ★배입니다.

(   )

4단원 | 유형 ⑰

19 수지와 영현이가 각자 뼘으로 끈을 **5**번 재어 자른 것입니다. 한 뼘의 길이가 더 긴 사람은 누구일까요?

수지

영현

(   )

20 ^{3단원 | 유형 43}
□ 안에 알맞은 수를 구하세요.

$$21+42-\square=47$$

(   )

21 ^{6단원 | 유형 18}
도형판에 다음과 같이 고무줄을 걸어 사각형을 만들었습니다. 고무줄에 둘러싸인 점은 모두 몇 개일까요?

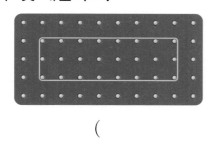

(   )

22 서술형 ^{5단원 | 유형 10}
다음 기준에 알맞은 단추를 각각 세어 ㉠과 ㉡에 알맞은 수의 합을 구하려고 합니다. 풀이 과정을 쓰고, 답을 구하세요.

- ♡ 모양 단추는 ㉠개입니다.
- 구멍이 **4**개인 단추는 ㉡개입니다.

풀이

답 _____

23 ^{1단원 | 유형 22}
이정이네 학교 학생 회장 투표에서 **1**번 후보가 **2**번 후보보다 표를 더 많이 받았습니다. **0**부터 **9**까지의 수 중에서 □ 안에 들어갈 수 있는 수를 모두 쓰세요.

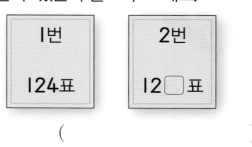

(   )

24 ^{2단원 | 유형 13}
찾을 수 있는 크고 작은 사각형은 모두 몇 개인지 구하세요.

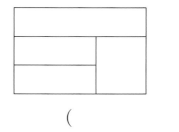

(   )

25 ^{6단원 | 유형 20}
다음 각 곱셈식의 지워진 부분에 알맞은 수들을 모두 더한 값은 얼마인지 구하세요.

$$\text{▨} \times 2 = 18$$
$$6 \times 3 = \text{▨}$$
$$5 \times \text{▨} = 25$$

(   )

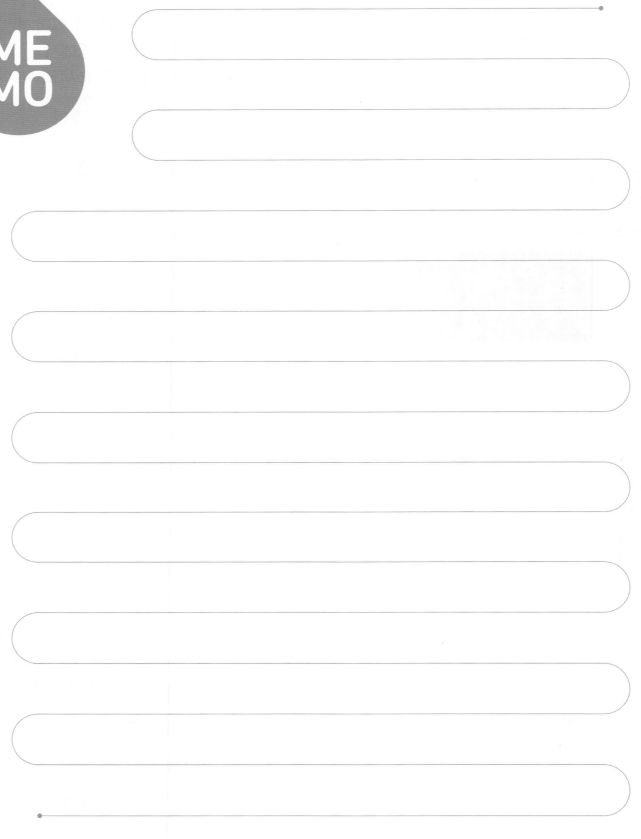

MEMO

동아출판 초등 무료 스마트러닝

동아출판 초등 **무료 스마트러닝**으로
초등 전 과목 · 전 영역을 쉽고 재미있게!

과목별 · 영역별 특화 강의

전 과목 개념 강의

국어 독해 지문 분석 강의

구구단 송

그림으로 이해하는 비주얼씽킹 강의

과학 실험 동영상 강의

과목별 문제 풀이 강의

서비스 제공 교재   동아전과 | 백점 시리즈 | 큐브 | 빠작 초등 국어 | 초능력 | 초고필 | 하이탑 초등 과학

큐브 유형

초등 수학

2·1

서술형 강화책

서술형 다지기 | 서술형 완성하기

동아출판

서술형 강화책

큐브 유형
서술형 강화책

초등 수학

2·1

> **어떤 수를 구하고 뛰어 세기**

1 어떤 수에서 10씩 2번 거꾸로 뛰어 세면 528입니다. **어떤 수에서 100씩 3번 뛰어 세면 얼마인지 풀이 과정을 쓰고, 답을 구하세요.**

조건 정리

• 어떤 수에서 [ ]씩 2번 거꾸로 뛰어 센 수: [ ]

풀이

❶ 어떤 수 구하기

528에서 10씩 2번 뛰어 세면 어떤 수가 됩니다.

528 − [ ] − [ ] 이므로

어떤 수는 [ ] 입니다.

> 뛰어 세기 전의
> 어떤 수를 구하려면
> 반대 방향으로
> 다시 뛰어 세면 돼.

❷ 어떤 수에서 100씩 3번 뛰어 센 수 구하기

어떤 수에서 100씩 뛰어 세면 [ ]의 자리 숫자가 1씩 커집니다.

따라서 [ ]에서 100씩 3번 뛰어 세면

[ ] − [ ] − [ ] − [ ] 입니다.

답 [ ]

유사 **1-1** 어떤 수에서 10씩 4번 거꾸로 뛰어 세면 392입니다. 어떤 수에서 100씩 3번 뛰어 세면 얼마인지 풀이 과정을 쓰고, 답을 구하세요.

(풀이)

_____

_____

(답) _____

발전 **1-2** 어떤 수에서 100씩 3번 거꾸로 뛰어 세면 325입니다. 어떤 수에서 10씩 4번 거꾸로 뛰어 세면 얼마인지 풀이 과정을 쓰고, 답을 구하세요.

(1단계) 어떤 수 구하기

_____

(2단계) 어떤 수에서 10씩 4번 거꾸로 뛰어 센 수 구하기

_____

(답) _____

발전 **1-3** 어떤 수에서 10씩 4번 뛰어 세면 723입니다. 어떤 수에서 1씩 5번 거꾸로 뛰어 세면 얼마인지 풀이 과정을 쓰고, 답을 구하세요.

(1단계) 어떤 수 구하기

_____

_____

(2단계) 어떤 수에서 1씩 5번 거꾸로 뛰어 센 수 구하기

_____

(답) _____

> ▶ **조건을 만족하는 세 자리 수 구하기**

2 다음 **조건을 모두 만족하는 세 자리 수는 무엇인지** 풀이 과정을 쓰고, 답을 구하세요.

> • 백의 자리 숫자는 **800**을 나타냅니다.
> • 십의 자리 숫자는 **70**을 나타냅니다.
> • 일의 자리 숫자는 **3**보다 크고 **5**보다 작습니다.

조건 정리

• 백의 자리 숫자가 나타내는 수: ☐

• 십의 자리 숫자가 나타내는 수: ☐

• ☐ < (일의 자리 숫자) < ☐

풀이

❶ 백, 십, 일의 자리 숫자 각각 구하기

백의 자리 숫자는 ☐ 을/를 나타내므로 ☐ 입니다.

십의 자리 숫자는 ☐ 을/를 나타내므로 ☐ 입니다.

일의 자리 숫자는 ☐ 보다 크고 ☐ 보다 작으므로 ☐ 입니다.

> 각 자리가 나타내는 수를 이용하여 각 자리의 숫자를 구해 봐.

❷ 조건을 모두 만족하는 세 자리 수 구하기

따라서 조건을 모두 만족하는 세 자리 수는 백의 자리 숫자가 ☐ ,

십의 자리 숫자가 ☐ , 일의 자리 숫자가 ☐ 인 ☐ 입니다.

답 ☐

유사 **2-1** 다음 조건을 모두 만족하는 세 자리 수는 무엇인지 풀이 과정을 쓰고, 답을 구하세요.

> • 백의 자리 숫자는 **400**을 나타냅니다.
> • 십의 자리 수는 백의 자리 수보다 **1**만큼 더 큽니다.
> • 일의 자리 숫자는 **7**보다 크고 **9**보다 작습니다.

풀이

답

발전 **2-2** 다음 조건을 모두 만족하는 세 자리 수는 모두 몇 개인지 풀이 과정을 쓰고, 답을 구하세요.

> • 십의 자리 숫자는 **80**을 나타냅니다.
> • 일의 자리 수는 십의 자리 수보다 **2**만큼 더 작습니다.
> • **372**보다 크고 **654**보다 작습니다.

1단계 십, 일의 자리 숫자 각각 구하기

2단계 백의 자리 숫자가 될 수 있는 수 구하기

3단계 조건을 모두 만족하는 세 자리 수의 개수 구하기

답

수의 크기 비교하기

3 가장 큰 수를 말한 사람은 누구인지 풀이 과정을 쓰고, 답을 구하세요.

> 10이
> 43개인 수

현우

> 396보다 10만큼
> 더 큰 수

준호

> 420보다 1만큼
> 더 작은 수

연서

조건 정리

• 현우가 말한 수: 10이 ☐ 개인 수

• 준호가 말한 수: 396보다 ☐ 만큼 더 큰 수

• 연서가 말한 수: 420보다 ☐ 만큼 더 작은 수

풀이

❶ 현우, 준호, 연서가 말한 수 각각 구하기

• 현우: 10이 ☐ 개인 수는 ☐ 입니다.

> 10이 10개면 100이니까
> 10이 43개이면
> 얼마인지 알겠지?

• 준호: 396보다 ☐ 만큼 더 큰 수

→ 396에서 10만큼 뛰어 센 ☐ 입니다.

• 연서: 420보다 ☐ 만큼 더 작은 수

→ 420에서 1만큼 거꾸로 뛰어 센 ☐ 입니다.

❷ 가장 큰 수를 말한 사람 찾기

세 수의 크기를 비교하면 ☐ > ☐ > ☐ 이므로

가장 큰 수를 말한 사람은 ☐ 입니다.

답 ☐

유사 **3-1** 가장 작은 수를 말한 **사람**은 누구인지 풀이 과정을 쓰고, 답을 구하세요.

> 민우: 10이 78개인 수
> 영서: 769보다 1만큼 더 큰 수
> 현수: 805보다 10만큼 더 작은 수

풀이 _____

_____

_____

_____

답 _____

발전 **3-2** 가장 작은 **수부터 차례로 기호**를 쓰려고 합니다. 풀이 과정을 쓰고, 답을 구하세요.

> ㉠ 100이 7개, 10이 17개, 1이 4개인 수
> ㉡ 812에서 10씩 5번 뛰어 센 수
> ㉢ 100이 5개, 10이 32개, 1이 6개인 수

1단계 ㉠, ㉡, ㉢이 나타내는 수 각각 구하기

_____

_____

_____

2단계 가장 작은 수부터 차례로 기호 쓰기

_____

_____

답 _____

1 어떤 수에서 100씩 4번 거꾸로 뛰어 세면 517입니다. 어떤 수에서 10씩 3번 거꾸로 뛰어 세면 얼마인지 풀이 과정을 쓰고, 답을 구하세요.

풀이

답

2 어떤 수에서 10씩 4번 뛰어 세면 412입니다. 어떤 수에서 1씩 6번 거꾸로 뛰어 세면 얼마인지 풀이 과정을 쓰고, 답을 구하세요.

풀이

답

3 다음 조건을 모두 만족하는 세 자리 수는 무엇인지 풀이 과정을 쓰고, 답을 구하세요.

- 일의 자리 숫자는 2를 나타냅니다.
- 십의 자리 수는 일의 자리 수보다 1만큼 더 큽니다.
- 백의 자리 숫자는 8보다 큽니다.

풀이

답

4 다음 조건을 모두 만족하는 세 자리 수는 무엇인지 풀이 과정을 쓰고, 답을 구하세요.

- 십의 자리 숫자는 60을 나타냅니다.
- 백의 자리 수는 십의 자리 수보다 3만큼 더 작습니다.
- 각 자리 수의 합은 11입니다.

풀이

답

5 다음 조건을 모두 만족하는 세 자리 수는 모두 몇 개인지 풀이 과정을 쓰고, 답을 구하세요.

- 십의 자리 숫자는 **30**을 나타냅니다.
- 일의 자리 수는 십의 자리 수보다 **2**만큼 더 큽니다.
- **637**보다 크고 **926**보다 작습니다.

풀이

답

6 가장 작은 수를 말한 사람은 누구인지 풀이 과정을 쓰고, 답을 구하세요.

- 서현: **10**이 **46**개인 수
- 준기: **438**보다 **10**만큼 더 큰 수
- 성훈: **504**보다 **1**만큼 더 작은 수

풀이

답

7 가장 큰 수를 말한 사람은 누구인지 풀이 과정을 쓰고, 답을 구하세요.

- 민석: **10**이 **39**개인 수
- 지은: **399**보다 **1**만큼 더 큰 수
- 현수: **418**보다 **10**만큼 더 작은 수

풀이

답

8 가장 작은 수부터 차례로 기호를 쓰려고 합니다. 풀이 과정을 쓰고, 답을 구하세요.

- ㉠ **100**이 **5**개, **10**이 **23**개, **1**이 **7**개인 수
- ㉡ **100**이 **7**개, **10**이 **5**개, **1**이 **14**개인 수
- ㉢ **748**에서 **1**씩 **4**번 뛰어 센 수

풀이

답

⊙ 점선을 따라 자른 삼각형과 사각형의 수 구하기

1 오른쪽 색종이를 점선을 따라 잘라 삼각형과 사각형을 만들었습니다. **어떤 도형이 몇 개 더 많이 만들어지는지** 풀이 과정을 쓰고, 답을 구하세요.

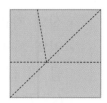

조건 정리

• 삼각형: 변이 ☐ 개

• 사각형: 변이 ☐ 개

풀이

❶ 만들어지는 삼각형의 수 구하기

색종이를 점선을 따라 자르면

변이 ☐ 개인 삼각형이 ☐ 개 만들어집니다.

> 자른 도형의 변이
> 각각 몇 개인지 세어
> 삼각형과 사각형이 몇 개
> 만들어지는지 구해 봐.

❷ 만들어지는 사각형의 수 구하기

색종이를 점선을 따라 자르면

변이 ☐ 개인 사각형이 ☐ 개 만들어집니다.

❸ 어떤 도형이 몇 개 더 많이 만들어지는지 구하기

따라서 ☐ 이 ☐ − ☐ = ☐ (개) 더 많이 만들어집니다.

답 ☐ , ☐ 개

유사 1-1 오른쪽 색종이를 점선을 따라 잘라 삼각형과 사각형을 만들었습니다. **어떤 도형이 몇 개 더 많이 만들어지는지** 풀이 과정을 쓰고, 답을 구하세요.

풀이

답   ,

발전 1-2 오른쪽 색종이를 점선을 따라 잘랐을 때 **만들어지는 삼각형의 꼭짓점의 수의 합은 몇 개인지** 풀이 과정을 쓰고, 답을 구하세요.

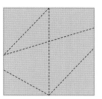

(1단계) 만들어지는 삼각형의 수 구하기

(2단계) 만들어지는 삼각형의 꼭짓점의 수의 합 구하기

답

발전 1-3 오른쪽 색종이를 점선을 따라 잘랐을 때 **만들어지는 사각형의 변의 수의 합은 몇 개인지** 풀이 과정을 쓰고, 답을 구하세요.

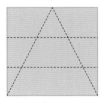

(1단계) 만들어지는 사각형의 수 구하기

(2단계) 만들어지는 사각형의 변의 수의 합 구하기

답

> ⊙ 쌓기나무를 쌓고 남는 쌓기나무 수 구하기

2 수현이는 쌓기나무를 **8**개 가지고 있습니다. 수현이가 쌓기나무를 사용하여 다음과 같은 모양을 만든다면 **남는 쌓기나무는 몇 개인지** 풀이 과정을 쓰고, 답을 구하세요.

조건 정리

• 수현이가 가지고 있는 쌓기나무의 수: ☐ 개

• 쌓은 모양의 **1**층의 쌓기나무 수: ☐ 개

• 쌓은 모양의 **2**층의 쌓기나무 수: ☐ 개

풀이 ❶ 모양을 만드는 데 사용한 쌓기나무 수 구하기

1층의 쌓기나무는 ☐ 개,

2층의 쌓기나무는 ☐ 개이므로

모양을 만드는 데 사용한 쌓기나무는

모두 ☐ + ☐ = ☐ (개)입니다.

> 모양을 만드는 데 사용한 쌓기나무 수는 (1층의 쌓기나무 수) +(2층의 쌓기나무 수)야.

❷ 남는 쌓기나무 수 구하기

수현이가 가지고 있는 쌓기나무가 ☐ 개이므로

남는 쌓기나무는

☐ − ☐ = ☐ (개)입니다.

> 가지고 있는 쌓기나무 수에서 모양을 만드는 데 사용한 쌓기나무 수를 뺀 것이 남는 쌓기나무 수야.

답 ☐ 개

유사 2-1 지원이는 쌓기나무를 **9**개 가지고 있습니다. 지원이가 쌓기나무를 사용하여 오른쪽과 같은 모양을 만든다면 **남는 쌓기나무는 몇 개인지** 풀이 과정을 쓰고, 답을 구하세요.

（풀이）

（답）

발전 2-2 쌓기나무를 승기와 유나가 **10**개씩 가지고 있습니다. 두 사람이 각각 오른쪽과 같은 모양을 만든다면 **남는 쌓기나무는 모두 몇 개인지** 풀이 과정을 쓰고, 답을 구하세요.

승기　　　유나

（1단계）승기가 모양을 만들고 남는 쌓기나무 수 구하기

（2단계）유나가 모양을 만들고 남는 쌓기나무 수 구하기

（3단계）남는 쌓기나무 수의 합 구하기

（답）

발전 2-3 쌓기나무를 민지는 **12**개, 준석이는 **11**개 가지고 있습니다. 두 사람이 각각 오른쪽과 같은 모양을 만든다면 **남는 쌓기나무가 더 많은 사람은 누구인지** 풀이 과정을 쓰고, 답을 구하세요.

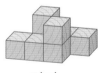

민지　　　준석

（1단계）민지가 모양을 만들고 남는 쌓기나무 수 구하기

（2단계）준석이가 모양을 만들고 남는 쌓기나무 수 구하기

（3단계）남는 쌓기나무가 더 많은 사람 찾기

（답）

> **크고 작은 도형의 수 구하기**

3 도형에서 찾을 수 있는 **크고 작은 사각형**은 모두 **몇** 개인지 풀이 과정을 쓰고, 답을 구하세요.

조건 정리
• 도형에서 찾을 수 있는 사각형:

작은 사각형 [ ]개짜리, [ ]개짜리, [ ]개짜리

풀이 ❶ 작은 사각형의 개수에 따라 찾을 수 있는 사각형의 수 구하기

• 작은 사각형 [ ]개짜리 사각형:

①, ②, ③, ④ ➡ [ ]개

①	②
③	④

• 작은 사각형 [ ]개짜리 사각형:

①+②, ③+④, ①+③, ②+④ ➡ [ ]개

> 크고 작은 사각형이란 작은 사각형 1개짜리뿐만 아니라 2개짜리, 4개짜리까지 모두 찾아야 한다는 의미야.

• 작은 사각형 [ ]개짜리 사각형:

①+②+③+④ ➡ [ ]개

❷ 도형에서 찾을 수 있는 크고 작은 사각형의 수 구하기

따라서 도형에서 찾을 수 있는 크고 작은 사각형은

모두 [ ]+[ ]+[ ]=[ ](개)입니다.

답 [ ]개

유사 **3-1** 오른쪽 도형에서 찾을 수 있는 **크고 작은 삼각형**은 모두 몇 개인지 풀이 과정을 쓰고, 답을 구하세요.

(풀이) _____

_____

(답) _____

유사 **3-2** 도형에서 찾을 수 있는 **크고 작은 사각형**은 모두 몇 개인지 풀이 과정을 쓰고, 답을 구하세요.

(풀이) _____

_____

_____

(답) _____

발전 **3-3** 도형에서 찾을 수 있는 **크고 작은 삼각형과 사각형 중 어느 것이 몇 개 더 많은지** 풀이 과정을 쓰고, 답을 구하세요.

(1단계) 도형에서 찾을 수 있는 크고 작은 삼각형의 수 구하기

_____

(2단계) 도형에서 찾을 수 있는 크고 작은 사각형의 수 구하기

_____

(3단계) 어느 것이 몇 개 더 많은지 구하기

_____

(답) _____ , _____

1 색종이를 점선을 따라 잘라 삼각형과 사각형을 만들었습니다. **어떤 도형이 몇 개 더 많이 만들어지는지** 풀이 과정을 쓰고, 답을 구하세요.

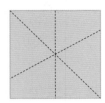

풀이

답 _____ , _____

2 색종이를 점선을 따라 잘랐을 때 **만들어지는 사각형의 꼭짓점의 수의 합은 몇 개인지** 풀이 과정을 쓰고, 답을 구하세요.

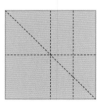

풀이

답 _____

3 색종이를 점선을 따라 잘랐을 때 **만들어지는 삼각형의 변의 수의 합은 몇 개인지** 풀이 과정을 쓰고, 답을 구하세요.

풀이

답 _____

4 수영이는 쌓기나무를 10개 가지고 있습니다. 수영이가 쌓기나무를 사용하여 다음과 같은 모양을 만든다면 **남는 쌓기나무는 몇 개인지** 풀이 과정을 쓰고, 답을 구하세요.

풀이

답 _____

5 쌓기나무를 예은이와 정빈이가 12개씩 가지고 각각 다음과 같은 모양을 만든다면 **남는 쌓기나무는 모두 몇 개인지** 풀이 과정을 쓰고, 답을 구하세요.

예은   정빈

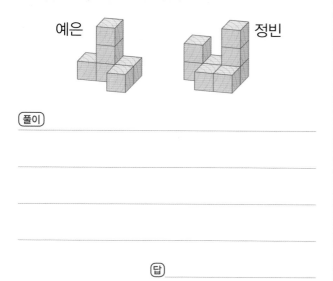

풀이

답

6 쌓기나무를 수아는 13개, 준호는 11개 가지고 각각 다음과 같은 모양을 만든다면 **남는 쌓기나무가 더 적은 사람은 누구인지** 풀이 과정을 쓰고, 답을 구하세요.

수아   준호

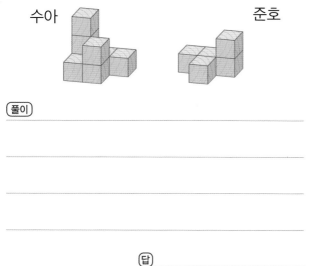

풀이

답

7 도형에서 찾을 수 있는 **크고 작은 삼각형은 모두 몇 개인지** 풀이 과정을 쓰고, 답을 구하세요.

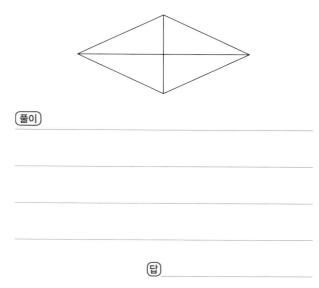

풀이

답

8 도형에서 찾을 수 있는 **크고 작은 삼각형과 사각형 중 어느 것이 몇 개 더 많은지** 풀이 과정을 쓰고, 답을 구하세요.

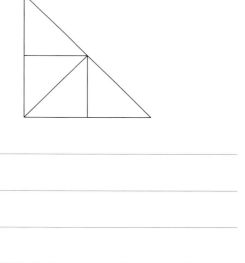

풀이

답   ,

⊙ 주어진 조건을 이용하여 모르는 수 구하기

1 어떤 수에 37을 더해야 할 것을 잘못하여 37을 뺐더니 26이 되었습니다. **바르게 계산한 값은 얼마인지** 풀이 과정을 쓰고, 답을 구하세요.

조건 정리
- 바르게 계산한 식: (어떤 수)+ ☐
- 잘못 계산한 식: (어떤 수)− ☐ =26

풀이 ❶ 어떤 수를 ■라 하여 잘못 계산한 식 쓰기

어떤 수를 ■라 하여 잘못 계산한 식을 쓰면

■− ☐ =26입니다.

먼저 어떤 수를 ■라 하여 잘못 계산한 식을 써 봐.

❷ 어떤 수 구하기

■− ☐ =26에서 덧셈과 뺄셈의 관계를

이용하면 ■=26+ ☐ = ☐ 입니다.

덧셈과 뺄셈의 관계를 이용하여 어떤 수를 구할 수 있어.

❸ 바르게 계산한 값 구하기

따라서 어떤 수는 ☐ 이므로 바르게 계산한 값은

(어떤 수)+ ☐ = ☐ + ☐ = ☐ 입니다.

답 ☐

유사 1-1 어떤 수에서 19를 빼야 할 것을 잘못하여 19를 더했더니 81이 되었습니다. **바르게 계산한 값은 얼마인지** 풀이 과정을 쓰고, 답을 구하세요.

(풀이)

(답) _____

발전 1-2 미나와 도율이가 말하는 수가 같을 때 **어떤 수는 얼마인지** 풀이 과정을 쓰고, 답을 구하세요.

미나 (어떤 수와 18의 합)   (83과 9의 합) 도율

(1단계) 도율이가 말하는 수 구하기

(2단계) 어떤 수 구하기

(답) _____

발전 1-3 빨간색 카드에 적힌 두 수의 차와 파란색 카드에 적힌 두 수의 차는 같습니다. 빨간색 카드 중 뒤집힌 카드에 적힌 수가 보이는 카드에 적힌 수보다 더 크다면 **뒤집힌 카드에 적힌 수는 얼마인지** 풀이 과정을 쓰고, 답을 구하세요.

17 ▢
63 28

(1단계) 파란색 카드에 적힌 두 수의 차 구하기

(2단계) 뒤집힌 카드에 적힌 수 구하기

(답) _____

> 수 카드로 조건을 만족하는 식 만들고 계산하기

2 4장의 수 카드를 한 번씩 모두 사용하여 (두 자리 수)+(두 자리 수)를 만들려고 합니다. **합이 가장 큰 덧셈식을 만들었을 때 계산 결과는 얼마인지** 풀이 과정을 쓰고, 답을 구하세요.

| 1 | 5 | 7 | 8 |

조건 정리
• 수 카드의 수: ☐, ☐, ☐, ☐

• 만들려는 덧셈식: (☐ 자리 수)+(☐ 자리 수)

풀이
❶ 십의 자리와 일의 자리에 놓는 수 구하기

(두 자리 수)+(두 자리 수)에서

두 자리 수의 ☐의 자리 수가 클수록 합이 큽니다.

8>☐>☐>☐이므로

8과 ☐을/를 ☐의 자리에 놓고,

☐와/과 ☐을/를 일의 자리에 놓습니다.

> 합이 가장 크려면 ㉠>㉡>㉢>㉣일 때 더하는 두 수의 십의 자리에 ㉠과 ㉡, 일의 자리에 ㉢과 ㉣을 놓으면 돼.

❷ 합이 가장 큰 덧셈식의 계산 결과 구하기

따라서 합이 가장 큰 덧셈식을 만들고 계산하면

85+☐=☐ 또는 ☐+☐=☐입니다.

답 ☐

유사 2-1 4장의 수 카드를 한 번씩 모두 사용하여 (두 자리 수)+(두 자리 수)를 만들려고 합니다. **합이 가장 작은 덧셈식을 만들었을 때 계산 결과는 얼마인지** 풀이 과정을 쓰고, 답을 구하세요.

| 2 | 6 | 4 | 7 |

풀이

답

발전 2-2 4장의 수 카드를 한 번씩 모두 사용하여 받아내림이 있는 (두 자리 수)−(두 자리 수)를 만들려고 합니다. **차가 가장 큰 뺄셈식을 만들었을 때 계산 결과는 얼마인지** 풀이 과정을 쓰고, 답을 구하세요.

| 3 | 9 | 1 | 6 |

1단계 십의 자리와 일의 자리에 놓는 수 구하기

2단계 받아내림이 있으면서 차가 가장 큰 뺄셈식의 계산 결과 구하기

답

발전 2-3 5장의 수 카드 중 4장을 골라 한 번씩 사용하여 받아내림이 있는 (두 자리 수)−(두 자리 수)를 만들려고 합니다. **차가 가장 큰 뺄셈식을 만들었을 때 계산 결과는 얼마인지** 풀이 과정을 쓰고, 답을 구하세요.

| 2 | 0 | 5 | 4 | 7 |

1단계 십의 자리에 놓는 두 수 구하기

2단계 받아내림이 있으면서 차가 가장 큰 뺄셈식의 계산 결과 구하기

답

→ 덧셈과 뺄셈의 크기 비교하기

3 현우와 경수가 어제와 오늘 읽은 동화책 쪽수입니다. **현우와 경수 중 이틀 동안 동화책을 누가 몇 쪽 더 많이 읽었는지** 풀이 과정을 쓰고, 답을 구하세요.

	어제	오늘
현우	57쪽	26쪽
경수	28쪽	39쪽

조건 정리

• 현우: 어제 읽은 쪽수 → ☐쪽, 오늘 읽은 쪽수 → ☐쪽

• 경수: 어제 읽은 쪽수 → ☐쪽, 오늘 읽은 쪽수 → ☐쪽

풀이

❶ 현우가 이틀 동안 읽은 동화책 쪽수 구하기

현우는 어제 ☐쪽, 오늘 ☐쪽 읽었으므로

이틀 동안에는 모두 ☐+☐=☐ (쪽) 읽었습니다.

> 이틀 동안 읽은 쪽수는
> (어제 읽은 쪽수)
> +(오늘 읽은 쪽수)야.

❷ 경수가 이틀 동안 읽은 동화책 쪽수 구하기

경수는 어제 ☐쪽, 오늘 ☐쪽 읽었으므로

이틀 동안에는 모두 ☐+☐=☐ (쪽) 읽었습니다.

❸ 누가 몇 쪽 더 많이 읽었는지 구하기

따라서 ☐ > ☐ 이므로 이틀 동안 동화책을

☐가 ☐−☐=☐ (쪽) 더 많이 읽었습니다.

답 ☐, ☐쪽

유사 **3-1** 성훈이네 학교 도서관에 월요일과 화요일에 방문한 2학년 남학생과 여학생 수입니다. **남학생과 여학생 중 이틀 동안 도서관을 누가 몇 명 더 많이 방문했는지** 풀이 과정을 쓰고, 답을 구하세요.

	월요일	화요일
남학생	25명	37명
여학생	39명	42명

풀이

답 ,

발전 **3-2** 서윤이네 학교 2학년 1반과 2반의 동화책과 과학책 수입니다. 2반의 동화책과 과학책 수의 합이 1반의 동화책과 과학책 수의 합보다 16권 더 적을 때 **2반의 과학책은 몇 권인지** 풀이 과정을 쓰고, 답을 구하세요.

1반		2반	
동화책	과학책	동화책	과학책
57권	35권	48권	

1단계 1반의 동화책과 과학책 수의 합 구하기

2단계 2반의 동화책과 과학책 수의 합 구하기

3단계 2반의 과학책 수 구하기

답

1 어떤 수에 26을 더해야 할 것을 잘못하여 26을 뺐더니 39가 되었습니다. **바르게 계산한 값은 얼마인지** 풀이 과정을 쓰고, 답을 구하세요.

풀이

답

2 준호와 연서가 말하는 수가 같을 때 **어떤 수는 얼마인지** 풀이 과정을 쓰고, 답을 구하세요.

준호: 53과 28의 합

연서: 어떤 수와 4의 합

풀이

답

3 초록색 카드에 적힌 두 수의 차와 빨간색 카드에 적힌 두 수의 차는 같습니다. 초록색 카드 중 뒤집힌 카드에 적힌 수가 보이는 카드에 적힌 수보다 더 크다면 **뒤집힌 카드에 적힌 수는 얼마인지** 풀이 과정을 쓰고, 답을 구하세요.

26 ▨ 92 54

풀이

답

4 4장의 수 카드를 한 번씩 모두 사용하여 (두 자리 수)+(두 자리 수)를 만들려고 합니다. 합이 가장 작은 덧셈식을 만들었을 때 계산 결과는 얼마인지 풀이 과정을 쓰고, 답을 구하세요.

3 7 5 8

풀이

답

5 4장의 수 카드를 한 번씩 모두 사용하여 받아내림이 있는 (두 자리 수)−(두 자리 수)를 만들려고 합니다. **차가 가장 큰 뺄셈식을 만들었을 때 계산 결과는 얼마인지** 풀이 과정을 쓰고, 답을 구하세요.

| 2 | 8 | 6 | 9 |

풀이 _____

_____

_____

답 _____

6 5장의 수 카드 중 4장을 골라 한 번씩 사용하여 받아내림이 있는 (두 자리 수)−(두 자리 수)를 만들려고 합니다. **차가 가장 큰 뺄셈식을 만들었을 때 계산 결과는 얼마인지** 풀이 과정을 쓰고, 답을 구하세요.

| 0 | 3 | 1 | 9 | 8 |

풀이 _____

_____

_____

답 _____

7 민성이네 모둠과 정훈이네 모둠이 어제와 오늘 캔 고구마의 수입니다. **민성이네 모둠과 정훈이네 모둠 중 어느 모둠이 이틀 동안 고구마를 몇 개 더 많이 캤는지** 풀이 과정을 쓰고, 답을 구하세요.

민성이네 모둠		정훈이네 모둠	
어제	오늘	어제	오늘
44개	36개	32개	29개

풀이 _____

_____

_____

답 _____ , _____

8 준서가 어제와 오늘 줄넘기를 한 횟수가 유진이가 어제와 오늘 줄넘기를 한 횟수보다 19번 더 많을 때 **준서가 어제 줄넘기를 몇 번 했는지** 풀이 과정을 쓰고, 답을 구하세요.

유진		준서	
어제	오늘	어제	오늘
34번	29번		54번

풀이 _____

_____

_____

답 _____

⊙ 자로 잰 길이 비교하기

1 자로 잰 길이가 긴 선부터 차례로 기호를 쓰려고 합니다. 풀이 과정을 쓰고, 답을 구하세요.

가 ━━━━━   나

다 ━━━   라

풀이 ❶ 가, 나, 다, 라의 길이 각각 구하기

가, 나, 다, 라의 길이를 각각 자로 재어 보면

가: 1 cm가 [ ]번 ➡ [ ]cm,

나: 1 cm가 [ ]번 ➡ [ ]cm,

다: 1 cm가 [ ]번 ➡ [ ]cm,

라: 1 cm가 [ ]번 ➡ [ ]cm입니다.

> 자로 길이를 재는 방법을 떠올리며 길이를 재어 봐.

❷ 길이가 긴 선부터 차례로 기호 쓰기

선의 길이를 비교하면 [ ] > [ ] > [ ] > [ ]이므로

길이가 긴 선부터 차례로 기호를 쓰면 [ ], [ ], [ ], [ ]입니다.

답 [ ], [ ], [ ], [ ]

유사 1-1 자로 잰 길이가 **짧은 선부터 차례로 기호**를 쓰려고 합니다. 풀이 과정을 쓰고, 답을 구하세요.

가 ──────────── 나 ──────────────

다 ──────── 라 ──────────────

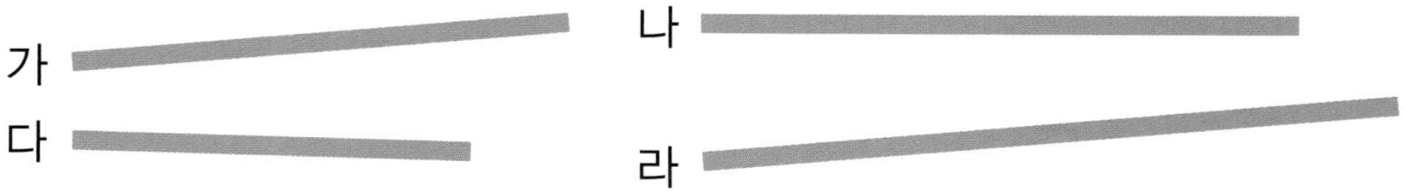

풀이 _____

_____

답 _____

발전 1-2 자로 잰 길이가 **가장 긴 선과 가장 짧은 선의 길이의 차는 몇 cm**인지 풀이 과정을 쓰고, 답을 구하세요.

가 ──────╳────── 라 ────╳────

나 다

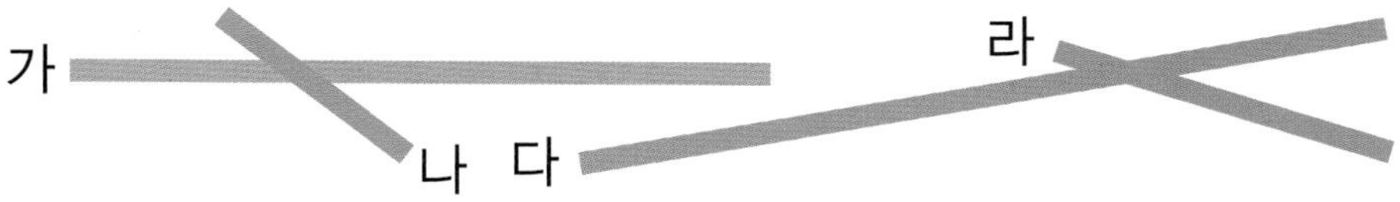

1단계 가, 나, 다, 라의 길이 각각 구하기

_____

2단계 가장 긴 선과 가장 짧은 선의 길이의 차 구하기

_____

답 _____

발전 1-3 **길이가 가장 긴 철사의 기호**를 쓰려고 합니다. 풀이 과정을 쓰고, 답을 구하세요.

가 ──────────── 나 ⋀ 다 ⋁

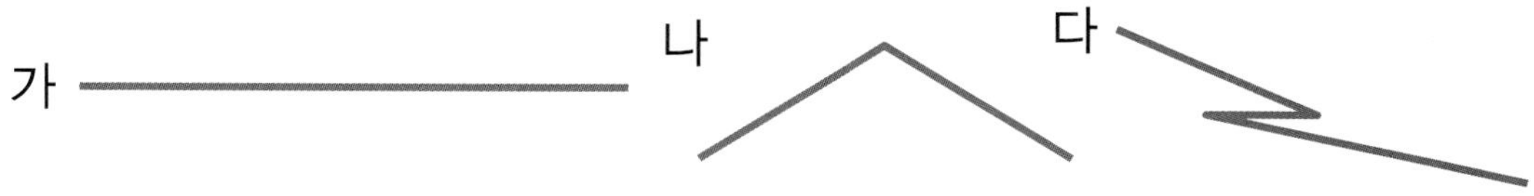

1단계 가, 나, 다의 길이 각각 구하기

_____

2단계 길이가 가장 긴 철사의 기호 쓰기

_____

답 _____

⊙ 단위길이로 잰 물건의 길이 비교하기

2 가장 높은 탑을 만든 사람은 누구인지 풀이 과정을 쓰고, 답을 구하세요.

> 도현: 내 탑의 높이는 1 cm로 10번이야.
> 윤지: 내 탑의 높이는 풀로 10번이야.
> 민수: 내 탑의 높이는 클립으로 10번이야.

조건 정리

• 도현이가 만든 탑의 높이: 1 cm로 ☐ 번

• 윤지가 만든 탑의 높이: 풀로 ☐ 번

• 민수가 만든 탑의 높이: 클립으로 ☐ 번

풀이

❶ 가장 긴 단위길이 찾기

세 사람이 사용한 단위는 모두 다르고 잰 횟수가 같습니다.

1 cm, 풀, 클립 중 가장 긴 단위길이는
(1 cm , 풀 , 클립)입니다.

> 높이를 잰 횟수가 같으니까 가장 긴 단위길이를 찾아서 해결해야 해.

❷ 가장 높은 탑을 만든 사람 찾기

잰 횟수가 같을 때 단위의 길이가 가장 (긴 , 짧은) 것이
전체 길이가 가장 깁니다.

따라서 가장 높은 탑을 만든 사람은 ☐ 입니다.

답 ☐

유사 **2-1** 세 사람이 가지고 있는 막대의 길이를 잰 것입니다. **가장 짧은 막대를 가지고 있는 사람은 누구인지** 풀이 과정을 쓰고, 답을 구하세요.

> 준하: 옷핀으로 **12**번이야.
> 소민: **12 cm**야.
> 은지: 가위로 **12**번이야.

(풀이)

_____

_____

(답) _____

발전 **2-2** 더 긴 밧줄을 가지고 있는 사람은 누구인지 풀이 과정을 쓰고, 답을 구하세요.

미나 　내 밧줄의 길이는 지우개로 **11**번이야.

　내 밧줄의 길이는 리코더로 **10**번이야.　도율

(1단계) 단위의 길이 비교하기

_____

(2단계) 더 긴 밧줄을 가지고 있는 사람 찾기

_____

(답) _____

발전 **2-3** 세 사람이 가지고 있는 끈의 길이를 잰 것입니다. **짧은 끈을 가지고 있는 사람부터 차례로 이름을 쓰려고** 합니다. 풀이 과정을 쓰고, 답을 구하세요.

> 경은: 지팡이로 **4**번이야.
> 주환: 클립으로 **6**번이야.
> 선우: 젓가락으로 **4**번이야.

(1단계) 단위의 길이를 이용하여 세 사람이 가지고 있는 끈의 길이 비교하기

_____

_____

(2단계) 짧은 끈을 가지고 있는 사람부터 차례로 이름 쓰기

_____

(답) _____

> **서로 다른 단위로 물건의 길이 재기**

3 머리핀의 길이는 길이가 **4 cm**인 지우개로 **2번** 잰 것과 같습니다. **머리핀의 길이는 길이가 2 cm인 클립으로 몇 번 잰 것과 같은지** 풀이 과정을 쓰고, 답을 구하세요.

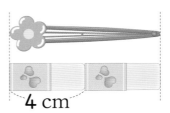

4 cm

조건 정리

• 머리핀의 길이: 길이가 ☐ cm인 지우개로 ☐ 번

• 클립의 길이: ☐ cm

풀이 ❶ 머리핀의 길이 구하기

4 cm가 ☐ 번이면 ☐ + ☐ = ☐ (cm)이므로

머리핀의 길이는 ☐ cm입니다.

■ cm가 ▲ 번이면
■을 ▲번 더한
길이와 같아.

❷ 머리핀의 길이는 길이가 2 cm인 클립으로 몇 번 잰 것과 같은지 구하기

따라서 ☐ + ☐ + ☐ + ☐ = **8**이므로

머리핀의 길이는 길이가 **2 cm**인 클립으로

☐ 번 잰 것과 같습니다.

답 ☐ 번

유사 **3-1** 액자의 긴 쪽의 길이는 길이가 **6** cm인 크레파스로 **3**번 잰 것과 같습니다. **액자의 긴 쪽의 길이는 길이가 9 cm인 연필로 몇 번 잰 것과 같은지** 풀이 과정을 쓰고, 답을 구하세요.

풀이

답

유사 **3-2** 지우의 한 뼘의 길이는 **12** cm이고, 동생의 한 뼘의 길이는 **9** cm입니다. 지우가 책상의 짧은 쪽의 길이를 재었더니 **3**뼘이었습니다. **책상의 짧은 쪽의 길이는 동생의 한 뼘으로 몇 번 잰 것과 같은지** 풀이 과정을 쓰고, 답을 구하세요.

풀이

답

발전 **3-3** 젓가락의 길이는 길이가 **4** cm인 건전지로 **6**번 잰 것과 같습니다. 젓가락의 길이를 젤리로 재었더니 젤리로 **8**번이었습니다. **젤리의 길이는 몇 cm인지** 풀이 과정을 쓰고, 답을 구하세요.

1단계 젓가락의 길이 구하기

2단계 젤리의 길이 구하기

답

1 자로 잰 길이가 가장 긴 선과 가장 짧은 선의 길이의 차는 몇 cm인지 풀이 과정을 쓰고, 답을 구하세요.

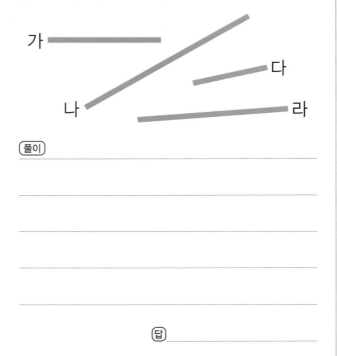

가

다

나

라

(풀이)

(답)

2 길이가 가장 긴 철사를 찾아 기호를 쓰려고 합니다. 풀이 과정을 쓰고, 답을 구하세요.

가　　　나　　　다

(풀이)

(답)

3 세 사람이 가지고 있는 목걸이의 길이를 잰 것입니다. 가장 짧은 목걸이를 가지고 있는 사람은 누구인지 풀이 과정을 쓰고, 답을 구하세요.

지혜: 머리핀으로 **7**번이야.
정현: 칫솔로 **7**번이야.
서아: 엄지손톱의 너비로 **7**번이야.

(풀이)

(답)

4 더 긴 테이프를 가지고 있는 사람은 누구인지 풀이 과정을 쓰고, 답을 구하세요.

정우: 내 테이프의 길이는 교과서의 긴 쪽으로 **12**번이야.
현수: 내 테이프의 길이는 땅콩의 긴 쪽으로 **13**번이야.

(풀이)

(답)

5 세 사람이 가지고 있는 털실의 길이를 잰 것입니다. **긴 털실을 가지고 있는 사람부터 차례로 이름을 쓰려고** 합니다. 풀이 과정을 쓰고, 답을 구하세요.

> 종민: 뼘으로 15번이야.
> 우진: 국자로 15번이야.
> 연우: 공깃돌로 16번이야.

(풀이)

(답)

6 가래떡의 길이는 길이가 5 cm인 막대로 3번 잰 것과 같습니다. **가래떡의 길이는 길이가 3 cm인 소시지로 몇 번 잰 것과 같은지** 풀이 과정을 쓰고, 답을 구하세요.

(풀이)

(답)

7 정민이의 손바닥의 길이는 6 cm이고, 형의 손바닥의 길이는 8 cm입니다. 정민이가 손바닥의 길이로 리코더의 길이를 재었더니 4번이었습니다. **리코더의 길이는 형의 손바닥의 길이로 몇 번 잰 것과 같은지** 풀이 과정을 쓰고, 답을 구하세요.

(풀이)

(답)

8 막대의 길이는 길이가 9 cm인 연필로 4번 잰 것과 같습니다. 막대의 길이를 지우개로 재었더니 6번이었습니다. **지우개의 길이는 몇 cm인지** 풀이 과정을 쓰고, 답을 구하세요.

(풀이)

(답)

⊙ 분류하여 센 것 중 가장 많은 것과 가장 적은 것의 차 구하기

1 책상 위의 물건을 종류에 따라 분류하였을 때 **가장 많은 것은 가장 적은 것보다 몇 개 더 많은지** 풀이 과정을 쓰고, 답을 구하세요.

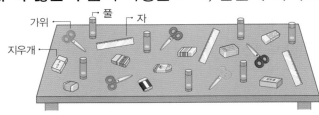

조건 정리

• 물건의 종류: ⬜ , ⬜ , ⬜ , ⬜

풀이

❶ 종류별 물건의 수 구하기

종류	지우개	가위	풀	자
학용품 수(개)	⬜	⬜	⬜	⬜

물건을 종류별로 분류한 다음 각각의 수를 세어 표로 정리해 봐.

❷ 가장 많은 것과 가장 적은 것 구하기

가장 많은 것은 ⬜ 이고, 가장 적은 것은 ⬜ 입니다.

❸ 가장 많은 것과 가장 적은 것의 개수의 차 구하기

(⬜ 의 수) − (⬜ 의 수) = ⬜ − ⬜ = ⬜ (개)

가장 많은 것은 가장 적은 것보다 ⬜ (개) 더 많습니다.

답 ⬜ 개

유사 **1-1** 가방을 모양에 따라 분류하였을 때 **가장 많은 것은 가장 적은 것보다 몇 개 더 많은지** 풀이 과정을 쓰고, 답을 구하세요.

핸드백
서류 가방
책가방
여행 가방

풀이

답

발전 **1-2** 위 **1-1**에서 가방을 색깔에 따라 분류하였을 때 **가장 많은 것은 두 번째로 많은 것보다 몇 개 더 많은지** 풀이 과정을 쓰고, 답을 구하세요.

1단계 색깔별 가방의 수 구하기

2단계 가장 많은 것과 두 번째로 많은 것의 개수의 차 구하기

답

발전 **1-3** 위 **1-1**에서 **다음과 같은 기준에 알맞은 가방은 모두 몇 개인지** 풀이 과정을 쓰고, 답을 구하세요.

> • 책가방입니다.　　　　• 파란색입니다.

1단계 모양이 책가방인 가방의 수 구하기

2단계 모양이 책가방이면서 파란색인 가방의 수 구하기

답

> **분류하여 센 것을 보고 빠진 것 구하기**

2 친구들이 좋아하는 놀이를 조사한 것을 보고 놀이별로 분류하여 센 것입니다. ㉠에 **알맞은 놀이와** ㉡에 **알맞은 수는 각각 무엇인지** 풀이 과정을 쓰고, 답을 구하세요.

딱지치기	공기놀이	보드게임	끝말잇기	보드게임	딱지치기
보드게임	딱지치기	보드게임	딱지치기	공기놀이	보드게임
끝말잇기	보드게임	딱지치기	끝말잇기	㉠	보드게임

놀이	딱지치기	공기놀이	보드게임	끝말잇기
친구 수(명)	6	2	㉡	3

조건 정리

- 친구들이 좋아하는 놀이:

  □ , □ , □ , □

풀이

❶ ㉠을 빼고 놀이별 친구 수 구하기

㉠을 빼고 놀이별 친구 수를 세어 보면 딱지치기가 □ 명,

공기놀이가 □ 명, 보드게임이 □ 명, 끝말잇기가 □ 명입니다.

❷ ㉠에 알맞은 놀이 구하기

㉠을 빼고 놀이별 친구 수를 센 것과 ㉠을 포함하여 센 것을 비교했을 때 친구 수가 다른 놀이는 □ 입니다.

따라서 ㉠에 알맞은 놀이는 □ 입니다.

❸ ㉡에 알맞은 수 구하기

보드게임을 좋아하는 친구는 □ 명이므로 ㉡에 알맞은 수는 □ 입니다.

답 ㉠ □ , ㉡ □

유사 **2-1** 친구들이 좋아하는 색깔을 조사한 것을 보고 색깔별로 분류하여 센 것입니다. ㉠에 **알맞은 색깔**과 ㉡에 알맞은 수는 각각 무엇인지 풀이 과정을 쓰고, 답을 구하세요.

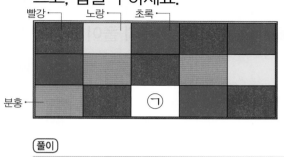

색깔	빨강	노랑	초록	분홍
친구 수 (명)	6	2	㉡	3

풀이

답 ㉠:   , ㉡:

발전 **2-2** 친구들이 가고 싶은 나라를 조사한 것을 보고 나라별로 분류하여 센 것입니다. ㉠, ㉡의 **두 나라에 가고 싶은 친구는 모두 몇 명인지** 풀이 과정을 쓰고, 답을 구하세요.

미국 호주 영국 중국 스위스 ㉠ 미국 스위스

스위스 미국 호주 미국 호주 스위스 호주 ㉡

나라	미국	호주	영국	중국	스위스
친구 수(명)	4	5	2	1	4

1단계 ㉠, ㉡의 두 나라 구하기

2단계 ㉠, ㉡의 두 나라에 가고 싶은 친구 수의 합 구하기

답

1 아이스크림을 모양에 따라 분류하였을 때 **가장 많은 것은 가장 적은 것보다 몇 개 더 많은지** 풀이 과정을 쓰고, 답을 구하세요.

콘 모양 ─ 막대 모양 ─ ─ 컵 모양

바닐라
초콜릿
딸기

풀이 _____

_____

_____

_____

답 _____

2 위 **1**에서 아이스크림을 맛에 따라 분류하였을 때 **가장 적은 것은 두 번째로 적은 것보다 몇 개 더 적은지** 풀이 과정을 쓰고, 답을 구하세요.

풀이 _____

_____

_____

_____

답 _____

3 단추를 모양에 따라 분류하였을 때 **가장 많은 것은 가장 적은 것보다 몇 개 더 많은지** 풀이 과정을 쓰고, 답을 구하세요.

① ② ③ ④ ⑤
⑥ ⑦ ⑧ ⑨ ⑩
⑪ ⑫ ⑬ ⑭ ⑮

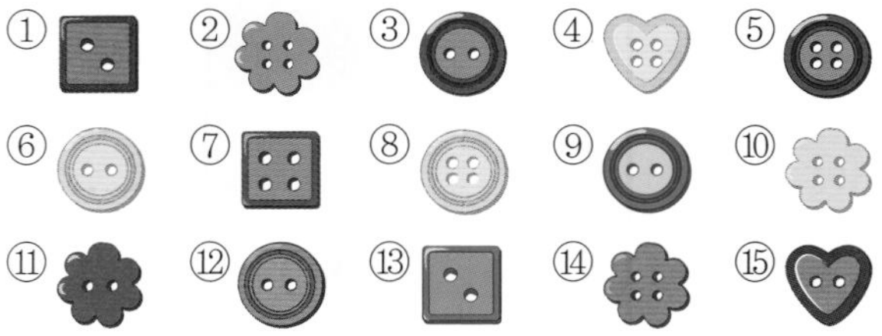

풀이 _____

_____

_____

_____

답 _____

4 위 **3**에서 다음과 같은 기준에 알맞은 단추는 모두 몇 개인지 풀이 과정을 쓰고, 답을 구하세요.

- 단춧구멍이 **4**개입니다.
- 꽃 모양입니다.

풀이 _____

_____

_____

답 _____

5 친구들이 좋아하는 계절을 조사한 것을 보고 계절별로 분류하여 센 것입니다. ㉠에 알맞은 계절과 ㉡에 알맞은 수는 각각 무엇인지 풀이 과정을 쓰고, 답을 구하세요.

봄	여름	겨울	여름	가을
㉠	가을	여름	겨울	봄
여름	여름	봄	가을	여름

계절	봄	여름	가을	겨울
친구 수(명)	4	㉡	3	2

풀이 _____

답 ㉠: _____ , ㉡: _____

6 친구들이 좋아하는 과일을 조사한 것을 보고 종류별로 분류하여 센 것입니다. ㉠에 알맞은 과일과 ㉡에 알맞은 수는 각각 무엇인지 풀이 과정을 쓰고, 답을 구하세요.

사과	망고	포도	망고	㉠	사과
망고	딸기	망고	사과	딸기	망고

종류	사과	망고	포도	딸기
친구 수(명)	3	㉡	1	3

풀이 _____

답 ㉠: _____ , ㉡: _____

7 친구들이 가고 싶은 체험 학습 장소별로 분류하여 센 것입니다. ㉠, ㉡의 두 장소에 가고 싶은 친구는 모두 몇 명인지 풀이 과정을 쓰고, 답을 구하세요.

박물관	㉠	동물원	놀이공원
동물원	박물관	놀이공원	민속촌
놀이공원	동물원	㉡	놀이공원

장소	박물관	동물원	놀이 공원	민속촌
친구 수(명)	2	4	5	1

풀이 _____

답 _____

8 수 카드에 적힌 수별로 분류하여 센 것입니다. ㉠, ㉡과 같은 수가 적힌 카드는 모두 몇 장인지 풀이 과정을 쓰고, 답을 구하세요.

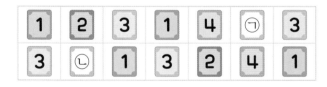

1	2	3	1	4	㉠	3
3	㉡	1	3	2	4	1

수	1	2	3	4
카드 수(장)	5	3	4	2

풀이 _____

답 _____

⊙ 어떤 수의 ■배를 이용하여 나이 구하기

1 선우의 나이는 **9**살입니다. 어머니의 나이는 선우의 나이의 **4**배보다 **3**살 더 많습니다. **어머니의 나이는 몇 살인지** 풀이 과정을 쓰고, 답을 구하세요.

조건 정리

• 선우의 나이: ☐ 살

• 어머니의 나이: 선우의 나이의 ☐ 배보다 ☐ 살 더 많습니다.

풀이

❶ 9의 4배는 얼마인지 구하기

9의 ☐ 배는 ☐ × ☐ = ☐ 입니다.

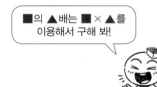
■의 ▲배는 ■ × ▲를 이용해서 구해 봐!

❷ 어머니의 나이 구하기

어머니의 나이는 선우의 나이의 ☐ 배보다 ☐ 살 더 많으므로

☐ + ☐ = ☐ (살)입니다.

답 ☐ 살

유사 **1-1** 재현이 동생의 나이는 **6**살입니다. 어머니의 나이는 재현이 동생의 나이의 **7**배보다 **2**살 더 적습니다. **어머니의 나이는 몇 살인지** 풀이 과정을 쓰고, 답을 구하세요.

풀이

답

유사 **1-2** 다음을 보고 **아버지의 나이는 몇 살인지** 구하려고 합니다. 풀이 과정을 쓰고, 답을 구하세요.

> • 은서의 나이는 **8**살입니다.
> • 어머니의 나이는 은서 나이의 **5**배입니다.
> • 아버지의 나이는 어머니의 나이보다 **3**살 더 많습니다.

풀이

답

발전 **1-3** 다음을 보고 **할아버지의 나이는 몇 살인지** 구하려고 합니다. 풀이 과정을 쓰고, 답을 구하세요.

> • 소라의 나이는 **6**살입니다.
> • 이모의 나이는 소라의 나이의 **6**배보다 **1**살 더 적습니다.
> • 할아버지의 나이는 이모의 나이를 **2**번 더한 것과 같습니다.

1단계 이모의 나이 구하기

2단계 할아버지의 나이 구하기

답

⊙ 이어 놓은 막대 전체의 길이 구하기

2 파란색 막대 1개의 **7배** 길이만큼 막대를 한 줄로 이어 놓으려고 합니다. 이어 놓은 막대의 전체의 길이는 몇 **cm**인지 풀이 과정을 쓰고, 답을 구하세요.

3 cm

조건 정리
- 노란색 막대 1개의 길이: ☐ cm

- 파란색 막대 1개의 길이: 노란색 막대 1개의 길이의 ☐ 배

풀이 ❶ 파란색 막대 1개의 길이 구하기

노란색 막대 1개의 길이는 ☐ cm이고

파란색 막대 1개의 길이는

노란색 막대 1개의 길이의 ☐ 배이므로

☐ × ☐ = ☐ (cm)입니다.

전체의 길이를 구하려면 파란색 막대 1개의 길이를 먼저 구해야 해.

❷ 이어 놓은 막대의 전체 길이 구하기

따라서 파란색 막대 1개의 ☐ 배 길이만큼

이어 놓은 막대의 전체 길이는

☐ × ☐ = ☐ (cm)입니다.

이어 놓은 막대의 전체 길이는 (파란색 막대 1개의 길이)×7 로 구해 봐.

답 ☐ cm

유사 **2-1** 빨간색 막대 1개의 6배 길이만큼 막대를 한 줄로 이어 놓으려고 합니다. 이어 놓은 막대의 전체 길이는 몇 cm인지 풀이 과정을 쓰고, 답을 구하세요.

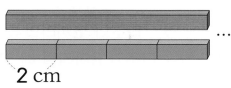

풀이

답

유사 **2-2** 오른쪽에 쌓은 쌓기나무의 5배 높이만큼 탑을 쌓으려고 합니다. **쌓은 탑의 전체 높이는 몇 cm**인지 풀이 과정을 쓰고, 답을 구하세요.

3 cm

풀이

답

발전 **2-3** 파란색 막대 1개의 5배 길이만큼 막대를 한 줄로 이어 놓으려고 합니다. 이어 놓은 막대의 전체 길이는 몇 cm인지 풀이 과정을 쓰고, 답을 구하세요.

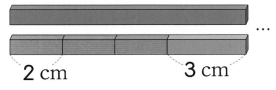

1단계 파란색 막대 1개의 길이 구하기

2단계 이어 놓은 막대의 전체 길이 구하기

답

> **다리 수를 이용하여 몇 마리인지 구하기**

3 동물원에 있는 타조와 코끼리의 다리를 세어 보니 모두 **44**개였습니다. 동물원에 있는 타조가 **8**마리일 때 **코끼리는 몇 마리인지** 풀이 과정을 쓰고, 답을 구하세요.

조건 정리
- 타조와 코끼리의 다리 수의 합: ☐ 개
- 타조의 수: ☐ 마리

> 타조 **8**마리의 다리 수는 (타조 **1**마리의 다리 수) ×(타조의 수)로 구해.

풀이 ❶ 타조 **8**마리의 다리 수 구하기

타조 한 마리의 다리는 ☐ 개이므로

(타조 **8**마리의 다리 수)= ☐ × ☐ = ☐ (개)입니다.

❷ 코끼리의 전체 다리 수 구하기

타조와 코끼리의 다리 수의 합이 ☐ 개이므로

(코끼리의 전체 다리 수)= ☐ − ☐ = ☐ (개)입니다.

> 덧셈과 뺄셈의 관계를 이용하면 돼.
> ■+▲=●
> →●−■=▲

❸ 코끼리의 수 구하기

코끼리 한 마리의 다리는 ☐ 개이므로

코끼리의 수를 ■라 하면 **4**×■= ☐ 입니다.

4× ☐ =**28**에서 ■= ☐ 이므로 코끼리는 ☐ 마리입니다.

답 ☐ 마리

유사 **3-1** 지웅이네 집 마당에 있는 강아지와 오리의 다리를 세어 보니 모두 **54**개였습니다. 지웅이네 집 마당에 있는 강아지가 **9**마리일 때 **오리는 몇 마리인지** 풀이 과정을 쓰고, 답을 구하세요.

풀이

답

유사 **3-2** 거미 한 마리의 다리는 **8**개이고, 나비 한 마리의 다리는 **6**개입니다. 거미와 나비의 다리를 세었더니 모두 **84**개였습니다. 나비가 **6**마리일 때 **거미는 몇 마리인지** 풀이 과정을 쓰고, 답을 구하세요.

풀이

답

발전 **3-3** 빵은 한 상자에 **4**개씩, 우유는 한 상자에 **6**개씩 들어있습니다. 학생들에게 빵과 우유를 각각 I개씩 주었더니 빵은 모두 나누어 주고, 우유는 I4개 남았습니다. 빵이 **7**상자 있었다면 **우유는 몇 상자 있었는지** 풀이 과정을 쓰고, 답을 구하세요.

1단계 빵의 수 구하기

2단계 우유의 수 구하기

3단계 우유의 상자 수 구하기

답

1 다음을 보고 **어머니의 나이는 몇 살인지** 구하려고 합니다. 풀이 과정을 쓰고, 답을 구하세요.

> • 준호의 나이는 **7**살입니다.
> • 아버지의 나이는 준호 나이의 **6**배입니다.
> • 어머니의 나이는 아버지의 나이보다 **1**살 더 적습니다.

풀이

답

2 다음을 보고 **할머니의 나이는 몇 살인지** 구하려고 합니다. 풀이 과정을 쓰고, 답을 구하세요.

> • 소라의 나이는 **5**살입니다.
> • 삼촌의 나이는 소라의 나이의 **6**배보다 **4**살 더 많습니다.
> • 할머니의 나이는 삼촌의 나이를 **2**번 더한 것과 같습니다.

풀이

답

3 초록색 막대 **1**개의 **7**배 길이만큼 막대를 한 줄로 이어 놓으려고 합니다. **이어 놓은 막대의 전체 길이는 몇 cm인지** 풀이 과정을 쓰고, 답을 구하세요.

4 cm

풀이

답

4 오른쪽에 쌓은 쌓기나무의 **9**배 높이만큼 탑을 쌓으려고 합니다. **쌓은 탑의 전체 높이는 몇 cm인지** 풀이 과정을 쓰고, 답을 구하세요.

2 cm

풀이

답

5 보라색 막대 1개의 4배 길이만큼 막대를 한 줄로 이어 놓으려고 합니다. **이어 놓은 막대의 전체 길이는 몇 cm인지** 풀이 과정을 쓰고, 답을 구하세요.

2 cm 3 cm

...

풀이

답

6 현수네 농장에 있는 돼지와 닭의 다리를 세어 보니 모두 40개였습니다. 현수네 농장에 있는 돼지가 6마리일 때 **닭은 몇 마리인지** 풀이 과정을 쓰고, 답을 구하세요.

풀이

답

7 거미 한 마리의 다리는 8개이고, 장수풍뎅이 한 마리의 다리는 6개입니다. 거미와 장수풍뎅이의 다리를 세었더니 모두 80개였습니다. 거미가 4마리일 때 **장수풍뎅이는 몇 마리인지** 풀이 과정을 쓰고, 답을 구하세요.

풀이

답

8 김밥은 한 상자에 4줄씩, 물은 한 상자에 6개씩 들어있습니다. 한 사람에게 김밥 1줄과 물 1개를 각각 주었더니 김밥은 모두 나누어 주고, 물은 18개 남았습니다. 물이 9상자 있었다면, **김밥은 몇 상자 있었는지** 풀이 과정을 쓰고, 답을 구하세요.

풀이

답

MEMO

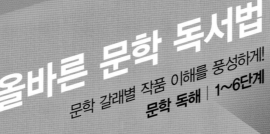

큐브 유형

서술형 강화책 │ 초등 수학 **2·1**

엄마표 학습 큐브

큽챌린지란?

큐브로 6주간 매주 자녀와
학습한 내용을 기록하고,
같은 목표를 가진 엄마들과 소통하며
함께 성장할 수 있는
엄마표 학습단입니다.

큽챌린지 이런 점이 좋아요

동기부여 / 계획적인 학습 / 학습고민 나눔 / 학습 혜택

엄마표 학습, 큐브로 시작!
큽챌린지
수학은 큐브

학습 태도 변화

습관 형성 / 성취감 / 자신감

학습단 참여 후 우리 아이는
"꾸준히 학습하는 습관이 잡혔어요."
"성취감이 높아졌어요."
"수학에 자신감이 생겼어요."

학습 지속률

10명 중 8.3명

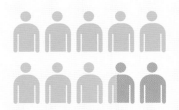

학습 스케줄

매일 4쪽씩 학습!

주 5회 매일 4쪽	39%
주 5회 매일 2쪽	15%
1주에 한 단원 끝내기	17%
기타(개별 진도 등)	29%

6주 학습 완주자 →

완주 **83%**

만족 **98%**
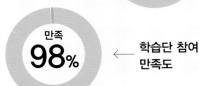
← 학습단 참여 만족도

학습 참여자 2명 중 1명은

6주 간 1권 끝!

큐브 유형

초등 수학

2·1

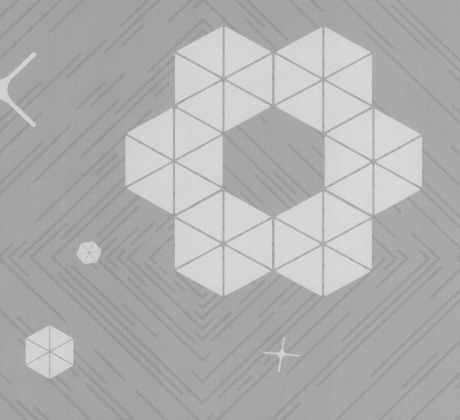

정답 및 풀이

동아출판

정답 및 풀이

모바일 빠른 정답

QR코드를 찍으면 **정답 및 풀이**를 쉽고 빠르게
확인할 수 있습니다.

유형책 정답 및 풀이

1 세 자리 수

01 100, 백   **02** 400, 사백
03 3, 5 / 235   **04** 3, 0, 9 / 309
05 사백오십삼   **06** 560
07 500   **08** 2, 20
09 일, 9
10 200, 8 / 200, 60, 8

01 90보다 10만큼 더 큰 수는 10이 10개인 수이
므로 100입니다.

03 100이 2개, 10이 3개, 1이 5개인 수는 235
입니다.

04 십 모형이 없으므로 10은 0개입니다.
100이 3개, 1이 9개인 수는 309입니다.
참고 10 또는 1이 0개이면 자리에 0을 써서 나타냅니다.

05 4 5 3
사백 오십 삼

06 오백 육십 ___
  5 6 0 → 560

07 529
→ 백의 자리 숫자, 500

08 529
→ 십의 자리 숫자, 20

09 529
→ 일의 자리 숫자, 9

01 70, 100, 100 / 풀이 70, 100
01 97, 100   **02** 100자루
03 20, 30, 90   **04** 9, 10 / 100

05 80, 90, 100 / 80, 100
02 100분 / 풀이 10, 100
06 예 50, 20, 30   **07** 100장
08 수애   **09** 4년 후
03 300 / 풀이 300
10 5, 오백
11 (위에서부터) 7, 100 / (1) ⨯ (2) (3) —

01 96부터 수를 순서대로 쓰면
96−**97**−**98**−99−**100**입니다.

02 10이 10개인 수는 100입니다. 연필이 10자루
씩 10묶음 있으므로 모두 100자루입니다.

04 일 모형 10개는 십 모형 1개와 같습니다.
십 모형 10개는 100을 나타냅니다.

06 채점 가이드 상자 3개에 각각 넣을 책의 수를 써넣고, 써넣
은 책의 수를 모으면 100이 되는지 확인합니다.

07 20이 5개이면 100입니다.
따라서 현민이가 산 몬스터 카드는 모두 100장
입니다.

08 · 인아: 10원짜리 동전 9개, 1원짜리 동전 6개
→ **96**원
· 수애: 100원짜리 동전 1개 → **100**원
· 진수: 1원짜리 동전이 10개이면 10원입니다.
1원짜리 동전 20개 → **20**원
→ 가장 많은 모형 돈을 가지고 있는 친구: 수애
주의 동전 모형의 개수가 가장 많은 친구가 가장 많은 모
형 돈을 가졌다고 답하지 않도록 주의합니다.

09 100은 96보다 4만큼 더 큰 수이므로 할아버지
는 4년 후에 100세가 됩니다.

10 ▲00은 100이 ▲개입니다.

11 (1) 100이 2개 → 200(이백)
(2) 100이 7개 → 700(칠백)
(3) 100이 9개 → 900(구백)

12 500원　　　　　**13** ㉢

14 [1단계] 예 10이 10개이면 100이므로 10개짜리 빨대 10묶음은 100개입니다. ▶3점
[2단계] 100개씩 3줄인 것과 같으므로 빨대의 수는 300이고, 삼백이라고 읽습니다. ▶2점
답 300, 삼백

04 400 / 풀이 4, 400

15 100, 200, 500

16 (　)　　　　　**17** 3개
　　(○)
　　(　)

18 (1) 500에 색칠　(2) 100에 색칠

05 400개 / 풀이 100, 4, 400

19 200개　　　　　**20** 700개

21 [1단계] 예 10이 30개이면 300이므로 모두 300원입니다. ▶3점
[2단계] 300은 100이 3개인 수이므로 100원짜리 동전 3개로 바꿀 수 있습니다. ▶2점
답 3개

---

12 100원짜리 동전이 4개, 10원짜리 동전이 10개입니다. 10원짜리 동전 10개는 100원이므로 동전은 모두 500원입니다.

13 ㉠ 100이 7개이면 700입니다.
㉢ 600은 100이 6개입니다.

15 100이 1개, 2개, 3개, ...인 수를 차례로 씁니다.

16 백 모형이 4개, 십 모형이 3개입니다.
→ 수 모형이 나타내는 수는
100이 4개인 수보다 크고
　　400
100이 5개인 수보다 작습니다.
　　500

17 5와 9 사이에 있는 수는 6, 7, 8입니다.
100이 6개 → 600 ┐
100이 7개 → 700 ├ → 3개
100이 8개 → 800 ┘

---

18 (1)

500	600	900
100이 5개	100이 6개	100이 9개

→ 6은 9보다 5에 더 가까우므로 600에 더 가까운 수는 500입니다.

(2)

100	300	700
100이 1개	100이 3개	100이 7개

→ 3은 7보다 1에 더 가까우므로 300에 더 가까운 수는 100입니다.

19 100이 2개이면 200입니다.
따라서 연아가 산 수수깡은 모두 200개입니다.

20 10이 10개이면 100입니다.
10이 70개이면 100이 7개인 수와 같으므로 700입니다.
따라서 공깃돌은 모두 700개입니다.

---

06 354 / 풀이 300, 50, 4, 354

22 242, 이백사십이

23 ㉡

24 324개

25 미나

07 1, 5 / 풀이 1, 5

26 15

27 예 367 /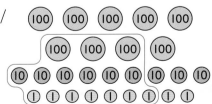

28 ㉡

08 325개 / 풀이 20, 5, 325

29 463장

30 (1단계) (예) 50이 2개이면 100입니다. 50원짜리가 4개이므로 초콜릿은 200원입니다. ▶2점

(2단계) 10이 10개이면 100입니다. 10원짜리가 13개이므로 사탕은 130원입니다. ▶2점

(3단계) 간식은 200원과 130원만큼이므로 모두 330원입니다. ▶1점

(답) 330원

---

22 100개씩 2통 → 200
10개씩 4통 → 40 } → 242(이백사십이)
1개씩 2개 → 2

23 ㉠ 3 1 5   ㉡ 5 0 3
삼백 십 오   오백   삼
㉢ 8 4 0   ㉣ 6 1 7
팔백 사십   육백 십 칠

24 100개씩 2상자 → 200개
10개씩 12상자 → 120개 } → 324개
1개씩 4개 → 4개

25 100이 8개 → 800
10이 4개 → 40 } → 840(팔백사십)

(참고) 팔백사는 804입니다.

26 457은 100이 4개, 10이 5개, 1이 7개인 수입니다.
100원짜리 3개: 300, 1원짜리 7개: 7이므로 10원짜리로 100과 50만큼을 나타내야 합니다. 따라서 10원짜리는 15개입니다.

27 (채점 가이드) 세 자리 수를 바르게 써넣고, 그 수가 100이 몇 개, 10이 몇 개, 1이 몇 개인지 묶어 나타냅니다. 묶어 나타낸 그림의 수와 써넣은 세 자리 수가 같은지 확인합니다.

28 ㉡ 백 모형 5개 → 500
십 모형 2개 → 20 } → 548
일 모형 28개 → 28
㉡이 나타내는 수는 548이므로 잘못 나타낸 것은 ㉡입니다.

29 100장씩 4묶음 → 400장
10장씩 6묶음 → 60장 } → 463장
1장씩 3장 → 3장

---

09 ㉡ / (풀이) 2, 3, 1, 317
31 6, 1, 9   **32** 283
33 (1), (2)

530	531	532	533	534	535
540	541	542	543	544	545
550	551	552	553	554	555

(3) 543

10 70 / (풀이) 십, 70
34 (1) 800, 30, 9 (2) 700, 80, 3
35

36 (다른 점) (예) 왼쪽의 3은 백의 자리 숫자로 300을 나타내고, 오른쪽의 3은 일의 자리 숫자로 3을 나타냅니다. ▶5점
11 766 / (풀이) 6, 7, 766
37 704   **38** 631
39 2개

---

31 육백십구 → 619
619에서 백의 자리 숫자는 6, 십의 자리 숫자는 1, 일의 자리 숫자는 9입니다.

32 주어진 수에서 십의 자리 숫자를 각각 찾습니다.
2<u>8</u>3 → 8, 9<u>0</u>2 → 0, 3<u>1</u>6 → 1, 8<u>4</u>5 → 4
8>4>1>0이므로 십의 자리 숫자가 가장 큰 수는 283입니다.

33 (3) 두 가지 색으로 모두 칠해진 수는 십의 자리 숫자가 4이고, 일의 자리 숫자가 3인 543입니다.

34 각 자리의 숫자가 나타내는 값의 합으로 나타낸 것입니다.

35 24<u>4</u>에서 밑줄 친 숫자 4는 일의 자리 숫자이고 4를 나타냅니다.
따라서 일 모형 4개에 ○표 합니다.

37 일의 자리 숫자가 4인 세 자리 수: □□4
백의 자리에 0을 놓을 수 없으므로 만들 수 있는 세 자리 수는 704입니다.

유형책
1 단원

38 • 100이 6개인 수: 600 → 백의 자리 숫자: 6
 • 십의 자리 숫자가 30을 나타냅니다.
  → 십의 자리 숫자: 3
 • 781의 일의 자리 숫자는 1입니다.
  → 일의 자리 숫자: 1
 따라서 미나가 설명하는 수는 631입니다.

39 십의 자리 숫자가 8인 세 자리 수를 만들어야
 하므로 십의 자리에 8을 놓고, 2와 5를 백의 자
 리와 일의 자리에 번갈아 가며 놓습니다.
 ➔ 만들 수 있는 세 자리 수: 285, 582
 따라서 만들 수 있는 세 자리 수는 2개입니다.

019쪽 1STEP 개념 확인하기

01 435, 535, 635
02 585, 605, 615
03 10
04 998, 999, 1000
05 1000   **06** <
07 >   **08** <
09 >
10 (위에서부터) 8, 1 / 3, 9 /
  723에 ○표, 539에 ○표

---

01 100씩 뛰어 세면 백의 자리 수가 1씩 커집니다.

02 10씩 뛰어 세면 십의 자리 수가 1씩 커집니다.

03 십의 자리 수가 1씩 커지므로 10씩 뛰어 센 것
 입니다.

04 1씩 뛰어 세면 일의 자리 수가 1씩 커집니다.

06 백 모형이 1개로 같으므로 십 모형의 수를 비교
 합니다.
 십 모형의 수를 비교하면 2<4이므로 142가
 128보다 큽니다.

07 595>590
  └─5>0─┘

08 265<518
  └─2<5─┘

09 674>631
  └─7>3─┘

10 세 수의 백의 자리 수를 비교하면 723이 581,
 539보다 큽니다. 581과 539의 십의 자리 수
 를 비교하면 581이 539보다 큽니다.
 ➔ 723>581>539

020쪽 2STEP 유형 다잡기

12 814 / 풀이 714, 814
01 ㉠
02 798, 799, 800, 801
03 314, 414, 714, 914
04

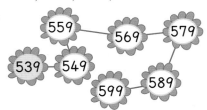

05 508, 558, 608, 658
13 1씩 / 풀이 일, 1
06 647, 667, 687, 697
07 267, 367, 467
08 ㉢
09 545, 550 / 5씩
10 예

353	354	355	356	357	358
363	364	365	366	367	368
373	374	375	376	377	378
383	384	385	386	387	388

설명 355−365−375−385로 십의 자
리 수가 1씩 커집니다. 따라서 10씩 뛰어
센 것입니다.
14 350, 150 / 풀이 3, 1
11 696, 695, 694, 693, 692

---

01 백의 자리 수가 1씩 커지는 것을 찾습니다.
 ㉠ 백의 자리 수가 1씩 커집니다.
 ㉡ 십의 자리 수가 1씩 커집니다.

02 I씩 뛰어 세면 일의 자리 수가 I씩 커집니다.

주의 뛰어 세는 자리의 수가 9에서 I만큼 더 커질 때 받아올림하는 것에 주의합니다.

04 I0씩 뛰어 세면 십의 자리 수가 I씩 커집니다.
539부터 I0씩 뛰어 세면
539-549-559-569-579-589-
599입니다.

05 50씩 뛰어 세면 십의 자리 수가 5씩 커집니다.
458부터 50씩 뛰어 세면
458-508-558-608-658입니다.

주의 뛰어 셀 때 백의 자리 수가 바뀌는 것에 주의합니다.

06 십의 자리 수가 I씩 커지므로 I0씩 뛰어 센 것입니다.

07 〈보기〉에서 백의 자리 수가 I씩 커지므로 I00씩 뛰어 센 것입니다.

08 일의 자리 수가 I씩 커지므로 I씩 뛰어 센 것입니다.

09 일의 자리 수가 5씩 커지므로 5씩 뛰어 센 것입니다.

10 채점 가이드 가로(→) 또는 세로(↓) 한 줄에 색칠하고, 색칠한 칸의 수가 뛰어 센 규칙을 바르게 설명했는지 확인합니다.

참고 세로(↓) 한 줄일 때, 아래로 갈수록 I0씩 커집니다.
가로(→) 한 줄일 때, 오른쪽으로 갈수록 I씩 커집니다.

11 I씩 거꾸로 뛰어 세면 일의 자리 수가 I씩 작아집니다.

022쪽 **2STEP 유형 다잡기**

12 I0씩
13 436, 336
15 850원 / 풀이 750, 850
14 270번
15 1단계 예 3일 전까지 읽은 책은 I75에서 I씩 거꾸로 3번 뛰어 센 것과 같습니다. ▶2점
2단계 I75-I74-I73-I72이므로 3일 전까지 읽은 책은 I72권입니다. ▶3점
답 I72권

16 586 / 풀이 8
16 347, 349
17 367, 376, 466
18 ㉢
17 1000 / 풀이 I, 8, 9, 1000
19 (　　)
(　×　)
(　　)
20 1단계 예 1000은 100이 10개인 수입니다. ▶3점
2단계 따라서 1000점을 받으려면 심부름을 10번 해야 합니다. ▶2점
답 10번
21 993

12 십의 자리 수가 I씩 작아지므로 I0씩 거꾸로 뛰어 센 것입니다.

13 백의 자리 수가 I씩 작아지고 있으므로 I00씩 거꾸로 뛰어 센 것입니다.

14 100이 2개이면 200이므로 오전에 한 줄넘기는 200번입니다.
200부터 I0씩 7번 뛰어 세면
200-210-220-230-240-250-260-270입니다.
→ 연수가 오늘 한 줄넘기: 270번

16 I만큼 더 작은 수는 I만큼 거꾸로 한 번 뛰어 센 수이고, I만큼 더 큰 수는 I만큼 한 번 뛰어 센 수입니다.

17 ・I만큼 더 큰 수: 일의 자리 수가 I 커집니다.
→ 367
・I0만큼 더 큰 수: 십의 자리 수가 I 커집니다.
→ 376
・I00만큼 더 큰 수: 백의 자리 수가 I 커집니다.
→ 466

18 ㉠ 734 ㉡ 734 ㉢ 744

19 ・999 다음의 수: 1000
・909보다 I만큼 더 큰 수: 910(×)
・990보다 I0만큼 더 큰 수: 1000

21 · 993에서 1000이 되려면 1씩 <u>7</u>번 뛰어 세어
$\underset{7}{}$
야 합니다.
· 800에서 1000이 되려면 100씩 <u>2</u>번 뛰어
$\underset{200}{}$
세어야 합니다.
· 970에서 1000이 되려면 10씩 <u>3</u>번 뛰어 세
$\underset{30}{}$
어야 합니다.
따라서 1000에 가장 가까운 수는 993입니다.

27 (채점 가이드) 서로 다른 2개의 세 자리 수를 만들고, 크기를 바르게 비교했는지 확인합니다.

28 백의 자리 수를 비교하면 1<2이므로 252가 가장 큽니다.
150, 193의 십의 자리 수를 비교하면 5<9이므로 150이 가장 작습니다.
→ 252>193>150

29 백의 자리 수를 비교하면 7>6>5이므로 712가 가장 크고, 597이 가장 작습니다.
629, 683의 십의 자리 수를 비교하면 683이 더 큽니다.
따라서 두 번째로 큰 수는 683입니다.

30 번호표의 수가 작을수록 번호표를 더 먼저 뽑은 것입니다.
225<231이므로 주경이가 번호표를 더 먼저 뽑았습니다.

024쪽 2STEP 유형 다잡기

18 > / (풀이) >, >
22 <, 335　　**23** 784에 색칠
24 (1) >　(2) >　**25** ㉠
26 효린
27 (예) 426, 700 / 700
19 603 / (풀이) 7, 6, 2, 5, 603
28 252, 193, 150　**29** 683
20 과학책 / (풀이) >, 과학책
30 주경
31 (1단계) (예) 316, 287, 293의 크기를 비교하면 287<293<316입니다. ▶4점
(2단계) 따라서 가장 적게 들어온 채소는 당근입니다. ▶1점
(답) 당근

22 324<335
$\underset{2<3}{}$

23 769<784
$\underset{6<8}{}$

24 (1) 537>525　　(2) 809>803
$\underset{3>2}{}$　　　　$\underset{9>3}{}$

25 ㉠ 725>720　　㉡ 332>294
$\underset{5>0}{}$　　　　$\underset{3>2}{}$

26 효린: 602, 진우: 621
602<621 → 더 작은 수를 말한 사람은
$\underset{0<2}{}$　　　　효린입니다.

026쪽 2STEP 유형 다잡기

32 연경
21 255, 256, 257 / (풀이) 256, 257
33 642　　　　　**34** 4개
35 348, 370, 381
22 1, 2, 3에 ○표 / (풀이) 4, 3
36 <
37 (1단계) (예) 백의 자리 수를 비교하면 □<5이므로 □ 안에는 1, 2, 3, 4가 들어갈 수 있습니다. ▶3점
(2단계) □ 안에 5가 들어가면 500<588이므로 □ 안에는 5가 들어갈 수 있습니다.
따라서 □ 안에 들어갈 수 있는 수는 1, 2, 3, 4, 5입니다. ▶2점
(답) 1, 2, 3, 4, 5
38 3개　　　　**39** 277, 287, 297
23 531 / (풀이) 3, 1, 531
40 931, 139　　　**41** 405

32 모은 우표의 수를 비교하면
$152>137>105>89$이므로
우표를 가장 많이 모은 사람은 연경입니다.

33 628보다 더 큰 수를 찾습니다.
$628<642$ $628>623$
    $2<4$ $8>3$

34 536, 537, 538, 539이므로 535보다 크고
540보다 작은 세 자리 수는 모두 4개입니다.

35
$345<$ ① $366<$ ② $377<$ ③

① 345보다 큰 수: 348, 381, 370
② 366보다 큰 수: 381, 370
③ 377보다 큰 수: 381
수 카드를 한 번씩만 사용해야 하므로
①에 348, ②에 370, ③에 381을 써넣습니다.

36 백의 자리 수가 4로 같으므로 십의 자리 수를
비교하면 $3<7$로 $43■<47▲$입니다.
> **참고** 십의 자리 수가 다르므로 더 낮은 자리인 일의 자리
> 수를 비교할 필요가 없습니다.

38 $133>13\square$에서 백의 자리 수와 십의 자리 수
가 같으므로 일의 자리 수를 비교합니다.
$3>\square$이므로 $\square$ 안에 들어갈 수 있는 수는 0,
1, 2로 모두 3개입니다.

39 백의 자리 숫자가 2, 일의 자리 숫자가 7인 세
자리 수: $2\square7$
$2\square7>273$이 되는 수를 모두 구하면 277,
287, 297입니다.

40 $9>3>1$이므로 만들 수 있는 가장 큰 세 자리
수는 931이고, 가장 작은 세 자리 수는 139입
니다.
> **참고** 가장 작은 수를 만들려면 가장 높은 자리부터 작은
> 수를 차례로 놓습니다.

41 가장 작은 세 자리 수를 만들어야 하므로 백의
자리부터 작은 수를 차례로 놓습니다.
수의 크기를 비교하면 $0<4<5<8$이고, 백의
자리에는 0이 올 수 없으므로 만들 수 있는 가
장 작은 세 자리 수는 405입니다.

028쪽 **3STEP 응용 해결하기**

1 512

2 4개

3 757

4
> ❶ $381<38\square$에서 $\square$ 안에 들어갈 수 있는 수 구하기 ▶ 2점
> ❷ $\square42<503$에서 $\square$ 안에 들어갈 수 있는 수 구하기 ▶ 2점
> ❸ $\square$ 안에 공통으로 들어갈 수 있는 수 구하기 ▶ 1점

예 ❶ $381<38\square$에서 백의 자리 수와 십의
자리 수가 같으므로 $\square$ 안에는 1보다 큰 수
가 들어갈 수 있습니다.
➔ 2, 3, 4, 5, 6, 7, 8, 9
❷ $\square42<503$에서 십의 자리 수를 비교하
면 $4>0$이므로 $\square$ 안에는 5보다 작은 수가
들어갈 수 있습니다.
➔ 1, 2, 3, 4
❸ 따라서 $\square$ 안에 공통으로 들어갈 수 있는
수는 2, 3, 4입니다.
답 2, 3, 4

5
> ❶ 어떤 수 구하기 ▶ 3점
> ❷ 어떤 수에서 10씩 4번 뛰어 센 수 구하기 ▶ 2점

예 ❶ 735에서 100씩 거꾸로 2번 뛰어 세면
어떤 수가 됩니다. $735-635-535$이므
로 어떤 수는 535입니다.
❷ 535에서 10씩 4번 뛰어 세면
$535-545-555-565-575$입니다.
답 575

6 하나

7 (1)
100원	10원	1원	세 자리 수
1개	1개	1개	111
1개	2개	0개	120
2개	0개	1개	201
2개	1개	0개	210
3개	0개	0개	300

(2) 5개

8 (1) 8, 9 (2) 0, 1 (3) 15개

1. 세 자리 수 **07**

1 452부터 20씩 뛰어 세면

452 − 472 − 492 − 512 − 532 − 552

입니다.

따라서 빈 곳에 알맞은 수는 512입니다.

2 세 자리 수가 되려면 0은 백의 자리에 놓을 수 없으므로 4와 7을 백의 자리에 놓았을 때 만들 수 있는 세 자리 수를 각각 알아봅니다.
- 백의 자리에 4를 놓았을 때: 407, 470 → 2개
- 백의 자리에 7을 놓았을 때: 704, 740 → 2개

따라서 만들 수 있는 세 자리 수는 모두

2+2=4(개)입니다.

3 • 734보다 크고 781보다 작은 세 자리 수의 백의 자리 숫자는 7입니다.
- 백의 자리 숫자와 일의 자리 숫자가 같으므로 세 자리 수는 7□7입니다.
- 십의 자리 숫자는 5입니다.

따라서 조건을 모두 만족하는 세 자리 수는

757입니다.

6 백의 자리 수를 비교하면 1<2<3이므로 장난감 딱지를 가장 적게 모은 사람을 구하려면 백의 자리 수가 1인 하나와 석준이가 모은 장난감 딱지의 수를 비교합니다.

▲에 가장 큰 수인 9를 넣어도 197<199이므로 장난감 딱지를 가장 적게 모은 사람은 하나입니다.

7 (1) **주의** 주어진 10원짜리 동전과 1원짜리 동전만으로는 세 자리 수를 만들 수 없다는 점에 주의합니다.

(2) 나타낼 수 있는 세 자리 수는 111, 120, 201, 210, 300으로 모두 5개입니다.

8 385보다 크고 415보다 작은 수는 386, 387, 388, ..., 412, 413, 414입니다.

(1) 백의 자리 숫자가 3일 때 십의 자리 숫자가 8, 9입니다.

(2) 백의 자리 숫자가 4일 때 십의 자리 숫자가 0, 1입니다.

(3) 3<8, 3<9, 4>0, 4>1이므로 백의 자리 숫자가 십의 자리 숫자보다 큰 수는 백의 자리 숫자가 4인 수입니다.

→ 400, 401, 402, ..., 412, 413, 414

이므로 모두 15개입니다.

031쪽 **1단원 마무리**

01 ㉡　　　　　　　**02** 537

03 10　　　　　　　**04** >

05 482원　　　　　　**06** 도율

07 309　　　　　　　**08** 814, 813

09 연지　　　　　　　**10** ㉢

11 300개　　　　　　**12** 875

13 483, 497, 502, 621

14 580　　　　　　　**15** 122

16
> ❶ 어떤 수를 구하는 방법 알기 ▶ 2점
> ❷ 어떤 수 구하기 ▶ 3점

㉘ ❶ 674에서 100씩 거꾸로 2번 뛰어 세면 어떤 수가 됩니다.

❷ 674 − 574 − 474이므로 어떤 수는 474입니다.

㉓ 474

17 4개

18
> ❶ 백의 자리 숫자가 5, 일의 자리 숫자가 4인 세 자리 수 나타내기 ▶ 2점
> ❷ 조건을 모두 만족하는 수 구하기 ▶ 3점

㉘ ❶ 백의 자리 숫자가 5이고 일의 자리 숫자가 4인 세 자리 수는 5□4로 나타낼 수 있습니다.

❷ 5□4>576이면 □에는 8, 9가 들어갈 수 있습니다. 따라서 알맞은 수를 모두 구하면 584, 594입니다.

㉓ 584, 594

19
> ❶ 일의 자리 수의 크기 비교하기 ▶ 2점
> ❷ □ 안에 들어갈 수 있는 수의 개수 구하기 ▶ 3점

㉘ ❶ 백의 자리 수와 십의 자리 수가 각각 같으므로 일의 자리 수를 비교하면 □<4입니다.

❷ 따라서 □ 안에 들어갈 수 있는 수는 0, 1, 2, 3으로 모두 4개입니다.

㉓ 4개

20 ㉠

01 ㉠ 삼백오십사 ㉢ 칠백십삼

03 십의 자리 수가 1씩 커지므로 10씩 뛰어 센 것입니다.

04 509보다 10만큼 더 큰 수: 519
→ 5$\underline{2}$4 > 5$\underline{1}$9
└2>1┘

05 100원짜리 동전이 4개, 10원짜리 동전이 7개, 1원짜리 동전이 12개입니다.
1원짜리 동전 12개는 10원짜리 동전 1개와 1원짜리 동전 2개와 같으므로 동전은 모두 482원입니다.
> **참고** 1이 10개이면 10, 10이 10개이면 100입니다.

06 100이 3개 → 300 ┐
      1이 5개 →   5 ┘ → 305(삼백오)
따라서 바르게 읽은 사람은 도율입니다.
> **참고** 삼백오십 → 350

07 주어진 수에서 숫자 3이 나타내는 수를 각각 알아봅니다.
1$\underline{4}$3 → 3, 7$\underline{3}$8 → 30, 56$\underline{3}$ → 3,
$\underline{3}$09 → 300

08 일의 자리 수가 1씩 작아지므로 1씩 거꾸로 뛰어 센 것입니다.
817 − 816 − 815 − 814 − 813

09 1$\underline{5}$4 > 1$\underline{2}$9
    └5>2┘
→ 연지가 고구마를 더 많이 캤습니다.

10 밑줄 친 숫자 5가 나타내는 값을 구합니다.
㉠ 6$\underline{5}$2 → 50   ㉢ 30$\underline{5}$ → 5
㉢ $\underline{5}$14 → 500   ㉣ 9$\underline{5}$8 → 50

11 10이 10개이면 100입니다.
10이 30개이면 100이 3개인 수와 같으므로 300입니다.

12 50씩 뛰어 세면 십의 자리 수가 5씩 커집니다.
725부터 50씩 뛰어 세면
725 − 775 − 825 − 875이므로
㉠에 알맞은 수는 875입니다.

13

	백의 자리	십의 자리	일의 자리
483 →	4	8	3
621 →	6	2	1
502 →	5	0	2
497 →	4	9	7

백의 자리 수를 비교하면 4<5<6이므로 621이 가장 크고, 502가 두 번째로 큽니다.
483, 497의 십의 자리 수를 비교하면 8<9이므로 483이 가장 작습니다.
→ 483<497<502<621

14 십의 자리 숫자가 8인 세 자리 수는 □8□입니다. 0은 백의 자리에 올 수 없으므로 만들 수 있는 세 자리 수는 580입니다.

15 • 십의 자리 숫자와 일의 자리 숫자가 2인 세 자리 수는 □22입니다.
• 백의 자리 숫자가 일의 자리 숫자보다 작으므로 백의 자리 숫자는 1입니다.
따라서 조건을 모두 만족하는 세 자리 수는 122입니다.
> **주의** 세 자리 수에서 0은 백의 자리에 놓을 수 없습니다.

17 가지고 있는 수 모형은 백 모형 2개, 십 모형 1개, 일 모형 3개입니다. 수 모형 3개를 사용하는 방법을 표를 만들어 알아봅니다.

백 모형	십 모형	일 모형	
1개	1개	1개	→ 111
1개	0개	2개	→ 102
2개	0개	1개	→ 201
2개	1개	0개	→ 210

따라서 나타낼 수 있는 세 자리 수는 모두 4개입니다.
> **주의** 주어진 십 모형과 일 모형만으로는 세 자리 수를 만들 수 없으므로 세 자리 수를 만들 때에는 백 모형이 꼭 있어야 합니다.

20 백의 자리 수를 비교하면 2<3이므로 가장 작은 수는 29◆입니다.
3●6과 301의 크기를 비교합니다. ●에 가장 작은 수인 0을 넣어도 301<306이므로 가장 큰 수는 3●6입니다.

2 여러 가지 도형

037쪽 **1 STEP 개념 확인하기**

01 (◯) (✕) (✕)
02 (✕) (◯) (✕)
03 (✕) (◯) (✕)
04 변, 꼭짓점   **05** 변, 꼭짓점
06 3, 3   **07** 4, 4
08
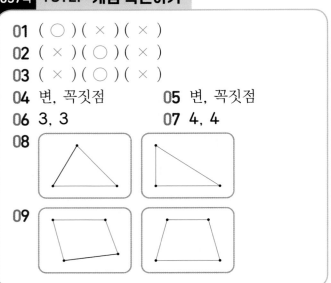
09

01 곧은 선 **3**개로 둘러싸여 있는 도형을 찾습니다.

02 곧은 선 **4**개로 둘러싸여 있는 도형을 찾습니다.

03 어느 쪽에서 보아도 똑같이 동그란 모양을 찾습니다.

04 • 변: 곧은 선
• 꼭짓점: 곧은 선 **2**개가 만나는 점

06

꼭짓점
변
→ 삼각형은 변이 **3**개, 꼭짓점이 **3**개입니다.

07
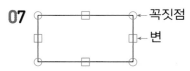
꼭짓점
변
→ 사각형은 변이 **4**개, 꼭짓점이 **4**개입니다.

08 곧은 선 **3**개로 둘러싸인 도형이 되도록 점들을 선으로 잇습니다.

09 곧은 선 **4**개로 둘러싸인 도형이 되도록 점들을 선으로 잇습니다.

038쪽 **2 STEP 유형 다잡기**

01 ㄴ / **풀이** 3
01 ④, ⑤
02
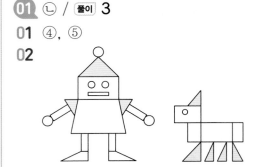
03 **답** 삼각형이 아닙니다. ▶2점
이유 **예** 곧은 선은 **3**개이지만 끊어진 부분이 있으므로 삼각형이 아닙니다. ▶3점
04 **2**개
02
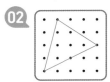
05 **예**
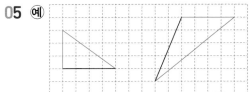
06 **예**
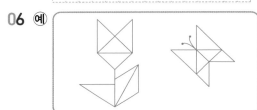
03 ㄷ, ㄹ, ㅁ / **풀이** 4
07 (1) ◯ (2) ✕ (3) ◯
08 **예** 달력
09 **3**개
10 4 / 4

01 ④, ⑤ 삼각형은 곧은 선 **3**개로 둘러싸인 도형이므로 끊어진 부분도 없고, 굽은 선도 없습니다.

02 곧은 선 **3**개로 둘러싸인 도형을 찾아 색칠합니다.

04
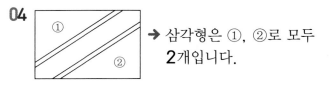
→ 삼각형은 ①, ②로 모두 **2**개입니다.

05 주어진 두 선의 양 끝점을 꼭짓점으로 하고 곧은 선 **3**개로 둘러싸인 도형이 되도록 그려야 합니다. 다른 한 꼭짓점을 더 정하고 곧은 선으로 이어 삼각형을 그립니다.

06 삼각형을 이용하여 꽃, 나비 등 여러 가지 봄 풍경을 그릴 수 있습니다.

07 (2) 사각형은 변이 **4**개입니다.
　　(3) 사각형은 꼭짓점이 **4**개입니다.

09

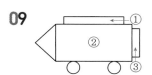

→ 사각형은 ①, ②, ③으로 모두 **3**개입니다.

10 사각형은 변과 꼭짓점이 각각 **4**개입니다.
　→ ㉠=**4**, ㉡=**4**

040쪽 2 STEP **유형 다잡기**

04 예

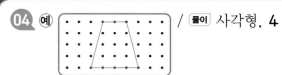

/ 풀이 사각형, **4**

11 ②

12 예

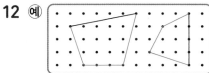

13 예

14 (1단계) 예 사각형은 변이 **4**개입니다. ▶ 2점
　　(2단계) 따라서 더 그려야 하는 변은 모두 **4**−**1**=**3**(개)입니다. ▶ 3점
　　답 **3**개

05 ③

15 나

16 (◯) (　) (◯)

---

17 답 다 ▶ 2점
　　이유 예 다는 완전히 동그란 모양이 아니고 길쭉한 모양이므로 원이 아닙니다. ▶ 3점

18 **9**

06 예

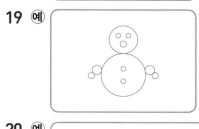

19 예

20 예

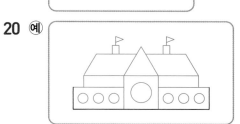

11

→ 사각형이 되는 점은 ②입니다.

12 주어진 선의 양 끝점을 꼭짓점으로 하고 곧은 선 **4**개로 둘러싸인 도형이 되도록 그려야 합니다. 다른 꼭짓점을 더 정하고 곧은 선으로 이어 사각형을 그립니다.

13 곧은 선 **4**개로 둘러싸인 도형을 **2**개 그립니다.

15 가: 원과 삼각형을 이용하여 새를 그렸습니다.
　　나: 원만 이용하여 애벌레를 그렸습니다.

16 모든 원의 모양은 서로 같지만 크기는 다를 수 있습니다.

18 원은 ④, ⑤ 입니다.
　→ (원 안에 있는 수들의 합)=**4**+**5**=**9**

19 원을 이용하여 여러 가지 모양을 그릴 수 있습니다.

20 삼각형, 사각형, 원을 바르게 그려 자신만의 성 모양을 완성합니다.

042쪽 2STEP 유형 다잡기

07 2개 / 풀이 2

21 9개

22 가

08 7 / 풀이 3, 3, 4, 4, 3, 4, 7

23 ㉠, ㉢

24 설명 예 앞 바퀴는 원이라 잘 구를 수 있지만 뒷 바퀴는 삼각형이라 구르지 못할 것 같습니다.

25 ⑴ 6개, 5개, 4개 ⑵ 삼각형

08 예

26 예

10 삼각형 / 풀이 삼각형

27 1단계 예 곧은 선으로 둘러싸인 도형은 변의 수와 꼭짓점의 수가 같습니다.
4+4=8이므로 도형의 변과 꼭짓점은 각각 4개입니다. ▶3점
2단계 변이 4개, 꼭짓점이 4개인 도형은 사각형입니다. ▶2점
답 사각형

---

21 원을 위에서부터 차례로 세어 봅니다.

22 가   나

가: 6개, 나: 4개
따라서 개수를 비교하면 6>4이므로 원이 더 많은 것은 가입니다.

23 ㉢ 삼각형과 사각형은 둥근 부분이 없습니다.

24 채점 가이드 자전거 바퀴가 원이면 잘 굴러가지만 삼각형이면 잘 굴러가지 않는다는 것을 설명했는지 확인합니다.

25 ⑴ 도형의 수를 각각 세어 보면 삼각형: 6개, 사각형: 5개, 원: 4개입니다.

⑵ 6>5>4이므로 가장 많이 이용한 도형은 삼각형입니다.

26 주어진 그림에 곧은 선이 3개인 도형 2개와 곧은 선이 4개인 도형 1개가 되도록 선을 긋습니다.

다른 풀이

044쪽 2STEP 유형 다잡기

11 예 / 풀이 삼각형, 삼각형

28 예지

29 예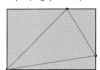

12 사각형, 3 / 풀이 4, 사각형, 3

30 사각형, 5개

31 / 삼각형, 4개

32 사각형, 4개

13 3개 / 풀이 ①, ②, 2, 1, 3

33 6개

34 ⑴ 9, 3, 1 ⑵ 13개

35 1단계 예 작은 도형 1개로 이루어진 사각형은 4개,
작은 도형 2개로 이루어진 사각형은 1개,
작은 도형 3개로 이루어진 사각형은 1개,
작은 도형 4개로 이루어진 사각형은 1개입니다. ▶4점
2단계 따라서 크고 작은 사각형은 모두
4+1+1+1=7(개)입니다. ▶1점
답 7개

28 변이 **4**개인 도형은 사각형입니다.
도형의 안쪽에 점이 **3**개 있도록 사각형을 그린 사람은 예지입니다.

29 변이 **3**개인 도형은 삼각형입니다.
도형의 안쪽에 점이 **3**개 있도록 삼각형을 그려 봅니다.

31
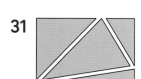 → 삼각형이 **4**개 생깁니다.

32 색종이를 **2**번 접었다가 펼친 모양은 다음과 같습니다.

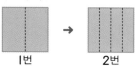

따라서 사각형이 **4**개 만들어집니다.

33

• 작은 도형 **1**개로 이루어진 사각형:
①, ②, ③ → **3**개
• 작은 도형 **2**개로 이루어진 사각형:
①+②, ②+③ → **2**개
• 작은 도형 **3**개로 이루어진 사각형:
①+②+③ → **1**개
→ (크고 작은 사각형의 수)=**3**+**2**+**1**=**6**(개)

34

(1) • 작은 도형 **1**개짜리 삼각형:
①, ②, ③, ④, ⑤, ⑥, ⑦, ⑧, ⑨ → **9**개
• 작은 도형 **4**개짜리 삼각형:
①+②+③+④, ②+⑤+⑥+⑦,
④+⑦+⑧+⑨ → **3**개
• 작은 도형 **9**개짜리 삼각형:
①+②+③+④+⑤+⑥+⑦+⑧+⑨
→ **1**개
(2) (크고 작은 삼각형의 수)=**9**+**3**+**1**=**13**(개)

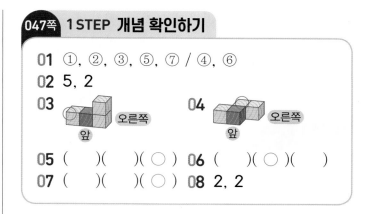

01 ①, ②, ③, ⑤, ⑦ / ④, ⑥
02 5, 2
03 [그림] 오른쪽 / 앞
04 [그림] 오른쪽 / 앞
05 ( )( )(○) **06** ( )(○)( )
07 ( )( )(○) **08** 2, 2

01 • 삼각형은 곧은 선 **3**개로 둘러싸인 도형입니다.
• 사각형은 곧은 선 **4**개로 둘러싸인 도형입니다.

02 • 삼각형: ①, ②, ③, ⑤, ⑦ → **5**개
• 사각형: ④, ⑥ → **2**개

05 첫 번째 모양: **4**개, 두 번째 모양: **4**개,
세 번째 모양: **3**개

06 첫 번째 모양: **5**개, 두 번째 모양: **4**개,
세 번째 모양: **5**개

07 첫 번째 모양: **4**개, 두 번째 모양: **3**개,
세 번째 모양: **5**개

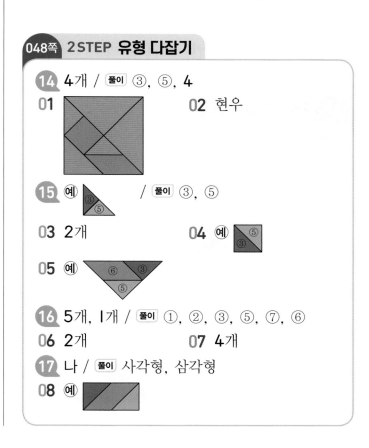

14 **4**개 / 풀이 ③, ⑤, **4**
01 [그림]   **02** 현우

15 예 [그림] / 풀이 ③, ⑤

03 **2**개   **04** 예 [그림]

05 예 [그림]

16 **5**개, **1**개 / 풀이 ①, ②, ③, ⑤, ⑦, ⑥
06 **2**개   **07** **4**개
17 나 / 풀이 사각형, 삼각형
08 예 [그림]

01 곧은 선 **3**개로 둘러싸인 조각 ➡ 빨간색
곧은 선 **4**개로 둘러싸인 조각 ➡ 파란색

02 주경: 칠교 조각에는 원이 없습니다.
준호: 칠교 조각 중 삼각형은 **5**개입니다.

03

➡ ⑥번 조각은 ③번 조각 **2**개와 크기가 같습니다.

05 ③, ⑤번 삼각형 조각과 ⑥번 사각형 조각을 이용하여 만들었습니다.

다른 풀이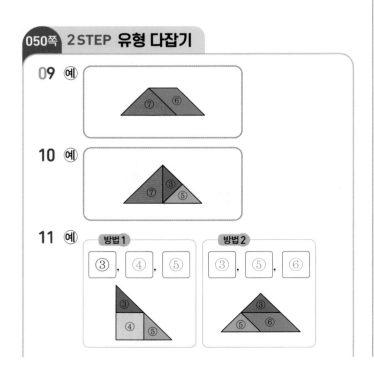

③, ⑤, ⑦번 조각과 ③, ④, ⑤번 조각을 이용하여 만들 수도 있습니다.

06 삼각형 **4**개와 사각형 **2**개로 만든 모양입니다.
따라서 이용한 삼각형과 사각형 조각 수의 차는
4−**2**=**2**(개)입니다.

07 가를 만드는 데 삼각형 조각 **2**개, 나를 만드는 데 삼각형 조각 **2**개를 이용했습니다. 따라서 두 도형 가, 나를 만드는 데 이용한 삼각형은 모두
2+**2**=**4**(개)입니다.

08 길이가 같은 변끼리 이어 붙여 사각형을 만듭니다.

050쪽 2STEP 유형 다잡기

09 예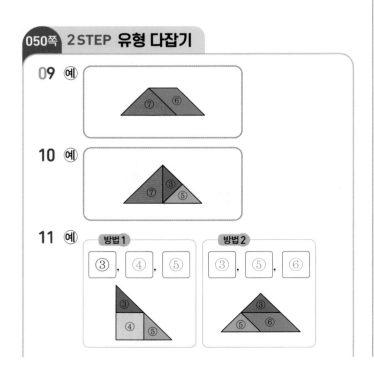

10 예

11 예
방법 1	방법 2
③, ④, ⑤	③, ⑤, ⑥

---

12 예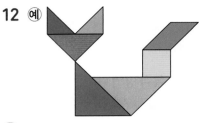

18 나 / 풀이 가, 나

13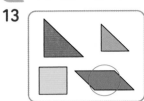

14 1단계 예 모양을 세 조각으로 나누어 봅니다. ▶3점

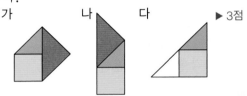
가   나   다

2단계 다는 〈보기〉의 조각을 모두 놓을 수 없습니다. 따라서 만들 수 없는 모양은 다입니다. ▶2점

답 다

19 가 / 풀이 위, 오른쪽

15 위, 오른쪽

---

10 ③, ⑤, ⑦번 조각을 길이가 같은 변끼리 이어 붙여 삼각형을 만듭니다.

11 세 조각을 길이가 같은 변끼리 이어 붙여 삼각형을 만듭니다.

12 주어진 모양 안에 가장 큰 조각부터 채워 모양을 완성합니다.

13 칠교 조각을 여러 방향으로 돌려 모양을 만드는 데 필요 없는 조각을 찾아봅니다.

15 빨간색 쌓기나무를 기준으로 쌓은 쌓기나무의 위치와 개수를 알아봅니다.

➡ 빨간색 쌓기나무 위에 쌓기나무 **2**개가 있고, 오른쪽에 쌓기나무 **1**개가 있습니다.

16 ㉡, ㉢

17 예  / 뒤, 위

20 5개 / 풀이 4, 1, 5

18

19 1단계 예 쌓기나무가 가 모양은 4+1=5(개),
나 모양은 4+2=6(개) 필요합니다. ▶3점
2단계 따라서 쌓기나무가 모두
5+6=11(개) 필요합니다. ▶2점
답 11개

21 가 / 풀이 3, 4, 5, 가

20 미정

21 예

22 ② / 풀이 ②

22 (◯)
( )
( )

23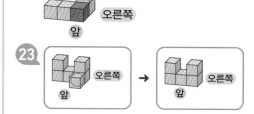

23
[왼쪽] 앞, 오른쪽 → [오른쪽] 앞, 오른쪽

24 ①

25 ㉠

26 2개

27 ㉢

24 ㉢ / 풀이 3, ㉢

28 1단계 '가운데'에 밑줄 ▶2점
2단계 예 맨 오른쪽과 맨 왼쪽 쌓기나무 위에
쌓기나무가 각각 1개씩 있습니다. ▶3점

25 2개 / 풀이 6, 2

29 3개   **30** 1개

---

16 빨간색 쌓기나무를 기준으로 쌓기나무가 왼쪽에
2개, 앞에 1개 있습니다.

17 채점 가이드 빨간색 또는 노란색 쌓기나무를 기준으로 위치
를 정하여 색칠하는 조건을 정하고, 바르게 색칠했는지 확
인합니다.

18 첫 번째 모양은 6개, 두 번째 모양은 6개, 세 번
째 모양은 5개이므로 필요한 쌓기나무의 수가
다른 하나는 세 번째 모양입니다.

20 미정: 1층에 4개, 2층에 2개를 쌓았습니다.

21 쌓기나무 3개를 1층에 옆으로 나란히 놓고, 맨
오른쪽과 가운데 쌓기나무 위에 쌓기나무를 각
각 1개씩 놓았습니다.

22 두 번째 모양은 왼쪽에서 두 번째 쌓기나무 위에
쌓기나무 1개가 있습니다.
세 번째 모양은 맨 왼쪽 쌓기나무 위에 쌓기나무
1개가 있습니다.

23 빨간색 쌓기나무를 기준으로 쌓기나무를 놓는 위
치와 방향, 층수에 주의하여 모양을 완성합니다.

24 1층에 있는 쌓기나무 중 맨 왼쪽 쌓기나무의 앞
에 쌓기나무 1개를 더 놓아야 합니다.

25 오른쪽과 똑같은 모양을 만들려면 ㉠을 ㉢ 앞으
로 옮겨야 합니다.

26 왼쪽은 쌓기나무 3+1=4(개)로 쌓은 모양이고,
오른쪽은 쌓기나무 5+1=6(개)로 쌓은 모양
입니다.
따라서 똑같이 쌓으려면 쌓기나무 6-4=2(개)
가 더 필요합니다.

27 ㉢ 모양을 만들려면 쌓기나무를 2개 옮겨야 합
니다.

29 사용한 쌓기나무의 수는 1층에 5개, 2층에 1개
이므로 5+1=6(개)입니다.
(남은 쌓기나무의 수)
=(처음에 있던 쌓기나무의 수)
　-(사용한 쌓기나무의 수)
=9-6=3(개)

유형책

2
단원

30 · 준혁: 1층에 4개, 2층에 1개 → $4+1=5$(개)
· 연재: 1층에 3개, 2층에 1개 → $3+1=4$(개)
따라서 사용한 쌓기나무는 $5+4=9$(개)이므로 남은 쌓기나무는 $10-9=1$(개)입니다.

056쪽 3 STEP 응용 해결하기

1 4개

2 사각형

3
> ❶ 층별 개수를 세어 쌓은 모양의 쌓기나무의 수 각각 구하기 ▶ 3점
> ❷ 설명대로 쌓기나무를 쌓은 모양 찾기 ▶ 2점

(예) ❶ 두 모양은 모두 2층으로 쌓은 모양이므로 쌓기나무의 수를 세어 비교해 봅니다.
가: 1층에 5개, 2층에 1개 → 6개
나: 1층에 4개, 2층에 2개 → 6개
❷ 따라서 설명대로 쌓은 모양은 가입니다.
(답) 가

4
> ❶ 두 모양을 비교하여 없는 쌓기나무 찾기 ▶ 2점
> ❷ 쌓기나무를 옮기는 방법 설명하기 ▶ 3점

(예) ❶ 왼쪽 모양과 오른쪽 모양을 비교해 보면 왼쪽에는 ㉡ 위에 쌓기나무가 없고, 오른쪽에는 쌓기나무 ㉣이 없습니다.
❷ 따라서 쌓기나무 ㉣을 ㉡ 위로 옮겨야 합니다.

5 12개

6 ( ) (○) ( )

7 (1) 6개 (2) 3개 (3) 3개

8 (1) 5개 (2) 6개 (3) 주호

---

1 4개의 점 중에서 3개의 점을 이어 그릴 수 있는 삼각형은 다음과 같습니다.

→ 4개

2 (사각형의 변의 수) − (삼각형의 변의 수)
$$=4-3=1$$

(삼각형의 변의 수) − (원의 변의 수) $=3-0=3$
→ 원과 ? 에 들어갈 도형의 변의 수의 차는 4 입니다. 원은 변이 없으므로 ? 에 들어갈 도형은 변이 4개인 사각형입니다.

> (참고) 도형의 꼭짓점의 수를 이용하여 규칙을 찾을 수도 있습니다.

5 조각 1개로 이루어진 사각형: ④, ⑥ → 2개
조각 2개로 이루어진 사각형:
③+④, ④+⑤, ⑤+⑥ → 3개
조각 3개로 이루어진 사각형:
①+③+④, ②+⑤+⑥, ③+④+⑤,
④+⑤+⑥ → 4개
조각 4개로 이루어진 사각형:
③+④+⑤+⑥, ④+⑤+⑥+⑦ → 2개
조각 7개로 이루어진 사각형:
①+②+③+④+⑤+⑥+⑦ → 1개
→ (크고 작은 사각형의 수)
$$=2+3+4+2+1=12(개)$$

6 위에서 본 그림을 나타내면 각각 다음과 같습니다.

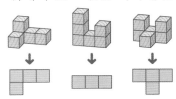

7 이용한 도형의 수는 삼각형 5개, 사각형 6개, 원 3개입니다.
(1) $6>5>3$이므로 가장 많이 이용한 도형은 사각형이고 6개입니다.
(2) $3<5<6$이므로 가장 적게 이용한 도형은 원이고 3개입니다.
(3) (가장 많이 이용한 도형과 가장 적게 이용한 도형의 수의 차)$=6-3=3$(개)

8 (1) (여진이가 모양을 만드는 데 사용한 쌓기나무 수)$=7$개
→ (남은 쌓기나무 수)$=12-7=5$(개)
(2) (주호가 모양을 만드는 데 사용한 쌓기나무 수)$=5$개
→ (남은 쌓기나무 수)$=11-5=6$(개)
(3) $5<6$이므로 남은 쌓기나무가 더 많은 사람은 주호입니다.

01 삼각형   **02** ①, ⑤   **03** 다

04 ⓐ
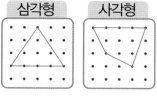

05 ④, ⑥   **06** ㉢

07 5개, 2개   **08** ⓐ

09
> ❶ 세 도형의 꼭짓점의 수 각각 구하기 ▶ 3점
> ❷ 세 도형의 꼭짓점의 수의 합 구하기 ▶ 2점

ⓐ ❶ 꼭짓점이 사각형은 4개, 원은 0개, 삼각형은 3개입니다.
❷ 세 도형의 꼭짓점의 수의 합은
4+0+3=7(개)입니다.
답 7개

10   **11** 삼각형, 4개

12 I개   **13** ㉢

14 I4   **15** ㉠

16 ⓐ

17 ㉡

18
> 쌓은 모양 설명하기 ▶ 5점

ⓐ I층에 쌓기나무 2개가 옆으로 나란히 있고, 왼쪽 쌓기나무 위에 쌓기나무 2개를 쌓았습니다.

19
> ❶ 크고 작은 사각형은 각각 몇 개인지 구하기 ▶ 4점
> ❷ 크고 작은 사각형은 모두 몇 개인지 구하기 ▶ 1점

ⓐ ❶ 작은 도형 I개로 이루어진 사각형은 4개, 작은 도형 2개로 이루어진 사각형은 4개, 작은 도형 4개로 이루어진 사각형은 I개입니다.
❷ 따라서 크고 작은 사각형은 모두
4+4+1=9(개)입니다.
답 9개

20 인아

---

01 점을 모두 곧은 선으로 이으면 변이 3개인 삼각형이 만들어집니다.

02 어느 쪽에서 보아도 똑같이 동그란 모양을 모두 찾습니다.

03 가: 4개, 나: 6개

04 삼각형: 곧은 선 3개로 둘러싸인 도형을 그립니다.
사각형: 곧은 선 4개로 둘러싸인 도형을 그립니다.

05 곧은 선 4개로 둘러싸인 도형은 ④, ⑥입니다.

06 원은 변과 꼭짓점이 없습니다.

07 삼각형 조각 5개와 사각형 조각 2개로 만든 모양입니다.

11 점선을 따라 자르면 삼각형이 4개 생깁니다.

12 ➡

왼쪽 모양에서 ○표 한 쌓기나무를 빼면 오른쪽 모양과 똑같은 모양이 되므로 빼야 하는 쌓기나무는 I개입니다.

13 ㉢ 삼각형은 사각형보다 변이 I개 더 적습니다.

14 원 안에 있는 수는 5, 9입니다.
따라서 원 안에 있는 수들의 합은 5+9=14입니다.

15 ㉠ 쌓기나무 3개가 I층에 옆으로 나란히 있고 맨 오른쪽 쌓기나무 위에 2개, 맨 왼쪽 쌓기나무 위에 I개를 쌓았습니다.

16 변이 4개인 도형은 사각형입니다.
도형의 안쪽에 점이 6개 있도록 사각형을 그려 봅니다.

17 ㉠

20 종윤이가 사용한 쌓기나무는 5+1=6(개)이므로 남은 쌓기나무는 10-6=4(개)입니다.
인아가 사용한 쌓기나무는 3+1+1=5(개)이므로 남은 쌓기나무는 10-5=5(개)입니다.
따라서 4<5이므로 남은 쌓기나무가 더 많은 사람은 인아입니다.

3 덧셈과 뺄셈

065쪽 1STEP 개념 확인하기

01 32   **02** 43

03 7, 7, 56   **04** 16, 16, 56

05 16, 56

06

$$\begin{array}{r} 4\ 6 \\ +\quad 8 \\ \hline 4 \end{array} \rightarrow \begin{array}{r} 4\ 6 \\ +\quad 8 \\ \hline 5\ 4 \end{array}$$

07

$$\begin{array}{r} 2\ 7 \\ +3\ 5 \\ \hline 2 \end{array} \rightarrow \begin{array}{r} 2\ 7 \\ +3\ 5 \\ \hline 6\ 2 \end{array}$$

08 63   **09** 80

10 127   **11** 157

---

01 십 모형: 2개

일 모형: $3+9=12$(개)

→ 십 모형 3개, 일 모형 2개와 같으므로

$23+9=32$입니다.

02 십 모형: $1+2=3$(개)

일 모형: $5+8=13$(개)

→ 십 모형 4개, 일 모형 3개와 같으므로

$15+28=43$입니다.

03 17을 10과 7로 가르기하여 39에 10을 더한 다음 7을 더합니다.

04 17에서 1을 옮겨 39를 40으로 만든 다음 남은 16을 더합니다.

05 39와 17을 각각 십의 자리 수와 일의 자리 수로 가르기하여 각 자리 수끼리 더하여 구합니다.

06 • 일의 자리 계산: $6+8=14$

• 십의 자리 계산: $1+4=5$

07 • 일의 자리 계산: $7+5=12$

• 십의 자리 계산: $1+2+3=6$

066쪽 2STEP 유형 다잡기

01 41 / 풀이 4, 41

01 22, 23 / 23

02 예

/ 32

03 6, 40, 43

02 45 / 풀이 15

04 (1) 52   (2) 64

05 (1) •—•

  (2) ✕

  (3)

06 10

07 75   **08** 53

03 41권 / 풀이 34, 7, 41

09 $35+9=44$, 44개

10 1단계 예 찬성에 투표한 친구는 14명, 반대에 투표한 친구는 8명입니다. ▶ 2점

2단계 찬성과 반대에 투표한 친구들은 모두 $14+8=22$(명)입니다. ▶ 3점

답 22명

---

01 19에서 1씩 4번 뛰어 세면 23입니다.

02 △를 7개 더 그려 넣으면 모두 32개이므로 $25+7=32$입니다.

03 9를 6과 3으로 가르기하여 34에 6을 더한 다음 3을 더합니다.

05 (1) $49+8=57$ (2) $26+5=31$

(3) $56+6=62$

06 일의 자리 계산 $8+3=11$에서 10을 받아올림한 것이므로 나타내는 수는 10입니다.

07 $67+8=75$

08 가장 큰 수: 46, 가장 작은 수: 7

→ $46+7=53$

09 (이준이가 접은 종이학 수)

=(사랑이가 접은 종이학 수)+9

=$35+9=44$(개)

04 3, 39, 3, 42 / 풀이 10, 3, 10, 3

11 13, 13, 43

12 57+36=50+30+7+6
    =80+13=93

13 30, 3, 76, 3, 73

14 52 / 20 / 72

05 73 / 풀이 13

15 (1) 71 (2) 65

16 81, 90

17 <

18

28+24
27+17
26+17

19 1단계 예 ㉠ 10이 5개, 1이 7개인 수는 57
입니다. ▶2점

2단계 ㉠+㉡=57+26=83입니다. ▶3점

답 83

06 109 / 풀이 1, 0

20 (1) 145 (2) 121

11 15에서 2를 옮겨 28을 30으로 만들어 더합니다.
→ 28+15=28+2+13=30+13=43

12 57과 36을 각각 십의 자리 수와 일의 자리 수
로 가르기하여 더합니다.

13 27을 30−3으로 생각하여 46에 30을 더하
고 3을 뺍니다.
→ 46+27=46+30−3=76−3=73

14 53에서 1을 옮겨 19를 20으로 만들어 더합니다.
→ 19+53=19+1+52=20+52=72

16 •42+39=81
    •53+37=90

17 15+56=71, 28+49=77
→ 71<77

18 •24+19=43   •18+34=52
    •29+15=44   •28+24=52
    •26+17=43   •27+17=44

21 122, 132, 142

22 (○)( )(△)

23 (위에서부터) 178, 83, 95

24 (1) 98 (2) 56 (3) 154

07 63개 / 풀이 38, 25, 63

25 121번   **26** 137쪽

27 43   **28** 예 25, 16, 41

08 준호 / 풀이 15, 15, 85, 준호

29 이유 예 일의 자리 계산 8+3=11에서 10을
받아올림하지 않아 잘못 계산했습니다. ▶2점

바르게 계산
    3 8
  + 4 3
  ─────
    8 1   ▶3점

30 ㉢

21 65+57=122입니다.
더해지는 수가 같을 때 더하는 수가 10씩 커지
면 합도 10씩 커집니다.
65+67=132, 65+77=142

22 88+43=131, 43+69=112,
54+48=102
→ 102<112<131

23 46+37=83, 37+58=95,
83+95=178

24 (1) 만들 수 있는 가장 큰 수: 98
(2) 만들 수 있는 가장 작은 수: 56
(3) (만들 수 있는 가장 큰 수와 가장 작은 수의 합)
    =98+56=154

참고 ㉠>㉡>㉢>㉣인 네 수 중에서 2개를 골라 한 번
씩 사용하여 두 자리 수를 만들 때
• 가장 큰 두 자리 수: ㉠㉡
• 가장 작은 두 자리 수: ㉣㉢

25 (민아가 어제와 오늘 넘은 줄넘기 횟수)
$=64+57=121$(번)

26 (연서가 읽은 책의 쪽수)
$=54+29=83$(쪽)
➔ (도율이와 연서가 읽은 책의 쪽수의 합)
$=54+83=137$(쪽)

27 $26+17=43$(개)

28 채점 가이드 모은 페트병 수와 캔 수를 더해서 전체 재활용품 수를 바르게 구했는지 확인해 봅니다.

30 ㉢ $75+58=133$

072쪽 2STEP 유형 다잡기

09 25, 18 / 풀이 14, 53, 18, 43, 25, 18
31 65, 7에 ○표
32 18, 65 / 65, 18
10 43, 27, 70 / 풀이 43, 27, 70
33 75, 123
34 2, 5, 4, 9 (또는 2, 9, 4, 5) / 74
11 4, 4 / 풀이 4, 4
35 7, 4
36 31, 19
12 64, 71에 ○표 / 풀이 63, 63, 64, 71
37 65
38 1단계 예 $28+25=53$입니다. ▶3점
2단계 $53>\square3$이므로 □ 안에 들어갈 수 있는 수는 5보다 작은 수인 1, 2, 3, 4입니다. ▶2점
답 1, 2, 3, 4

---

31 일의 자리 수끼리의 합이 2 또는 12가 되는 두 수를 찾으면 65와 7, 78과 4입니다.
$65+7=72(○)$, $78+4=82(×)$

32 일의 자리 수끼리의 합이 3 또는 13이 되는 두 수를 찾으면 18과 65, 28과 65입니다.
$18+65=83$, $28+65=93$
따라서 수 카드로 합이 83이 되는 덧셈식을 모두 만들면 $18+65=83$, $65+18=83$입니다.

---

33 48과 더하여 계산 결과가 가장 큰 수가 되려면 가장 큰 두 자리 수를 만들어 더해야 합니다.
만들 수 있는 가장 큰 두 자리 수는 75이므로 덧셈식을 만들고 계산하면 $75+48=123$입니다.

34 합이 가장 작으려면 가장 작은 수와 두 번째로 작은 수를 십의 자리에, 나머지 두 수를 일의 자리에 놓아야 합니다.
$2<4<5<9$이므로 합이 가장 작은 덧셈식은 $25+49=74$ 또는 $29+45=74$입니다.
참고 두 수의 순서를 바꾸어 더해도 계산 결과는 같습니다. 따라서 $49+25=74$, $45+29=74$도 정답으로 인정합니다.

35 • 일의 자리 계산: $9+\square=13$ ➔ $\square=4$
• 십의 자리 계산: $1+\square+3=11$ ➔ $\square=7$

36 두 수를 3●, ★9라 하면
• 일의 자리 계산: $●+9=10$ ➔ $●=1$
• 십의 자리 계산: $1+3+★=5$, $4+★=5$
➔ $★=1$
따라서 두 자리 수는 각각 31, 19입니다.

37 $47+17=64$이고 $64<\square$이므로 □는 64보다 큰 수입니다. 65, 66, ... 중에서 가장 작은 수는 65입니다.

075쪽 1STEP 개념 확인하기

01 39
02 21
03 8, 8, 12
04 72, 60, 12

05
$$\begin{array}{r} {\scriptstyle 5\ 10} \\ 6\!\!\!/\,0 \\ -\ 1\ 2 \\ \hline 8 \end{array} \rightarrow \begin{array}{r} {\scriptstyle 5\ 10} \\ 6\!\!\!/\,0 \\ -\ 1\ 2 \\ \hline 4\ 8 \end{array}$$

06
$$\begin{array}{r} {\scriptstyle 7\ 10} \\ 8\!\!\!/\,1 \\ -\ 4\ 3 \\ \hline 8 \end{array} \rightarrow \begin{array}{r} {\scriptstyle 7\ 10} \\ 8\!\!\!/\,1 \\ -\ 4\ 3 \\ \hline 3\ 8 \end{array}$$

07 29
08 57
09 45
10 17

03 58을 50과 8로 가르기하여 70에서 50을 뺀 다음 8을 더 뺍니다.

05 • 일의 자리 계산: $10-2=8$
• 십의 자리 계산: $6-1-1=4$

06 • 일의 자리 계산: $10+1-3=8$
• 십의 자리 계산: $8-1-4=3$

07 삼각형에 적힌 두 수는 7과 51입니다.
→ $51-7=44$

08 $57-8=49$인데 계산 결과가 48로 되어 있으므로 48의 8에서 성냥개비 한 개를 ×표로 지워 9로 만듭니다.

다른풀이 $57-9=48$인데 빼는 수가 8로 되어 있으므로 8에서 성냥개비 한 개를 ×표로 지워 9로 만듭니다.

09 (연호가 가지고 있는 색종이 수)
= (하나가 가지고 있는 색종이 수) -6
= $42-6=36$(장)

10 $25>8$이므로 현우가 예림이보다 귤을 $25-8=17$(개) 더 많이 가지고 있습니다.

076쪽 2STEP 유형 다잡기

⑬ 9, 10, 11, 9 / 풀이 10, 9, 9

01 예

 / 16

02 28

03 (위에서부터) 1, 50, 44

⑭ 26 / 풀이 6

04 (1) 37 (2) 59 **05** 16, 16

06 30   **07** 44

08 예

⑮ 19명 / 풀이 23, 4, 19

09 $42-6=36$, 36장

10 현우, 17개

---

01 24개에서 8개만큼 지우면 16개가 남으므로 $24-8=16$입니다.

02 십 모형 1개를 일 모형 10개로 바꾸어 계산합니다.

03 7을 1과 6으로 가르기하여 51에서 1을 먼저 빼고 6을 더 뺍니다.

05 $23-7=16$

06 십의 자리에서 일의 자리로 10을 받아내림하고 남은 것이므로 30을 나타냅니다.

078쪽 2STEP 유형 다잡기

11 37개

⑯ 4, 40, 4, 36 / 풀이 10, 4, 10, 4

12 30, 9   **13** 92, 60, 32

14 32

15 예 방법1 $60-17=60-10-7$
$=50-7=43$

방법2 $60-17=63-20=43$

⑰ 18 / 풀이 18

16 (1) 32 (2) 34   **17** 77, 63

18
(1)   (2)

19 1단계 예 $22<30<48<70$이므로 가장 큰 수는 70, 가장 작은 수는 22입니다. ▶2점
2단계 따라서 $70-22=48$입니다. ▶3점
답 48

20 예 40, 16, 24

11 $42-5=37$이므로 상자에 딸기를 **37**개 더 넣어야 합니다.

13 90과 58에 2씩 더하여 $92-60$으로 나타내어 구합니다.

14 90을 80과 10으로, 58을 50과 8로 가르기 하여 80에서 50을 빼고, 10에서 8을 빼서 두 수를 더합니다.

15 방법1 17을 10과 7로 가르기하여 계산합니다.
방법2 60과 17에 3씩 더하여 $63-20$으로 나타내어 계산합니다.

17 ·$90-13=77$ ·$90-27=63$

18 (1) $60-13=47$ (2) $80-24=56$

20 일의 자리 수끼리의 계산을 먼저 하여 알맞은 뺄셈식을 찾아봅니다.

40	60	―	15	=	45	70
16	25	30	―	12	=	18
24	25	80	20	52		

$40-16=24$, $30-12=18$, $70-18=52$

080쪽 **2STEP 유형 다잡기**

18 27명 / 풀이 40, 13, 27
21 $60-37=23$, 23개
22 49쪽   **23** 8장
19 27 / 풀이 51, 24, 51, 24, 27
24 (1) 29 (2) 36   **25** 37, 27, 17
26 ㉢   **27** 예 5, 4 / 8
28 (위에서부터) 48, 39, 26, 9
20 16개 / 풀이 32, 16, 16
29 1단계 예 $35<51$이므로 연서가 모은 칭찬 붙임딱지 수가 더 많습니다. ▶2점
2단계 $51-35=16$이므로 16장 더 많습니다. ▶3점
답 연서, 16장
30 32번

---

21 (노란색 구슬 수)$=60-$(파란색 구슬 수)
$=60-37=23$(개)

22 (더 읽어야 할 쪽수)
$=$(전체 쪽수)$-$(지금까지 읽은 쪽수)
$=90-41=49$(쪽)

23 (두 사람이 가진 우표 수)$=14+30=44$(장)
$22+22=44$이므로 두 사람이 우표를 각각 22장씩 가지면 됩니다.
→ (형주가 연희에게 주어야 할 우표 수)
$=30-22=8$(장)

24 (1) $\begin{array}{r} \overset{3}{\cancel{4}}\overset{10}{5} \\ -\ 1\ 6 \\ \hline 2\ 9 \end{array}$ (2) $\begin{array}{r} \overset{5}{\cancel{6}}\overset{10}{3} \\ -\ 2\ 7 \\ \hline 3\ 6 \end{array}$

25 $56-19=37$입니다.
빼어지는 수가 같을 때 빼는 수가 10씩 커지면 차는 10씩 작아집니다.
$56-29=27$, $56-39=17$

26 ㉠ $\begin{array}{r} \overset{5}{\cancel{6}}\overset{10}{2} \\ -\ 3\ 4 \\ \hline 2\ 8 \end{array}$ ㉡ $\begin{array}{r} \overset{6}{\cancel{7}}\overset{10}{1} \\ -\ 4\ 8 \\ \hline 2\ 3 \end{array}$ ㉢ $\begin{array}{r} \overset{7}{\cancel{8}}\overset{10}{0} \\ -\ 5\ 9 \\ \hline 2\ 1 \end{array}$

27 채점 가이드 주어진 수 카드 중 2장으로 두 자리 수를 만들고, 뺄셈을 바르게 계산했는지 확인합니다.

28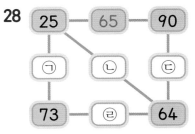

㉠$=73-25=48$
㉡$=64-25=39$
㉢$=90-64=26$
㉣$=73-64=9$

30 $81>78>66>49$이므로 가장 많이 넘은 사람은 연준(81번)이고, 가장 적게 넘은 사람은 명수(49번)입니다.
→ $81-49=32$(번)

21 ㉡, ㉢ / 풀이 19, 18, 17, 29, ㉡, ㉢

31 이유 예 받아내림을 하지 않고 각 자리의 큰 수에서 작은 수를 빼어 잘못 계산했습니다. ▶2점

바르게 계산
$$\begin{array}{r} 7\ 2 \\ -\ 3\ 6 \\ \hline 3\ 6 \end{array}$$ ▶3점

32 주경

22 < / 풀이 54, 54, <

33 ( )(○) **34** ㉠

35 무궁화

23 40, 17 / 풀이 17, 40, 17

36 56, 8에 ○표 / 56, 8

37 35, 6, 37, 8

24 74, 29, 45 / 풀이 74, 29, 45

38 (위에서부터) 8, 6, 6, 7

39 65, 18

32 주경: 82에서는 2를 뺐고, 54에서는 6을 더했으므로 잘못 계산했습니다.

33 $55-9=46$, $52-4=48$
→ $46<48$

34 ㉠ $63-35=28$
  ㉡ $50-14=36$
  ㉢ $43-7=36$
→ 계산 결과가 다른 하나는 ㉠입니다.

35 $43-15=28$, $32-17=15$, $70-26=44$
$15<28<44$이므로 작은 것부터 차례로 글자를 쓰면 무궁화입니다.

36 • 일의 자리 수끼리의 차가 8이 되는 두 수를 찾으면 59와 1입니다.
  → $59-1=58(\times)$
  • 받아내림을 하여 일의 자리 수끼리의 차가 8이 되는 두 수를 찾으면 56과 8, 76과 8입니다.
  → $56-8=48(○)$, $76-8=68(\times)$

37 받아내림을 하여 일의 자리 수끼리의 차가 9가 되는 두 수를 찾으면 35와 6, 37과 8입니다.

따라서 수 카드로 차가 29인 식을 모두 만들면 $35-6=29$, $37-8=29$입니다.

38 계산 결과가 가장 큰 수가 되려면 만들 수 있는 가장 큰 두 자리 수에서 19를 빼야 합니다.
$8>6>1$이므로 만들 수 있는 가장 큰 두 자리 수는 86입니다.
→ $86-19=67$

39 계산 결과가 가장 작은 수가 되려면 83에서 만들 수 있는 가장 큰 수를 빼야 합니다.
$6>5>4$이므로 만들 수 있는 가장 큰 수는 65입니다.
→ $83-65=18$

25 (위에서부터) 3, 5 / 풀이 26, 48, 3, 5

40 9   **41** 4

42 3

26 3, 4, 5에 ○표 / 풀이 6, 6, 3, 4, 5

43 27

44 1단계 예 $66-19=47$입니다. ▶3점
  2단계 $4\square>47$이므로 $\square$ 안에 들어갈 수 있는 수는 7보다 큰 수인 8, 9입니다. ▶2점
  답 8, 9

27 47 / 풀이 84, 37, 84, 37, 47

45 예 29, 85 / 56

46 (1) 52 (2) 47 (3) 5

40 받아내림이 있으므로 $10+3-\square=4$, $\square=9$입니다.

41 • 일의 자리 계산: $10-3=★$ → $★=7$
  • 십의 자리 계산: $★-1-㉠=2$
    → $7-1-㉠=2$, $㉠=4$

42 • 일의 자리 계산: $10+㉠-4=7$ → $㉠=1$
  • 십의 자리 계산: $6-1-㉡=3$ → $㉡=2$
  따라서 ㉠과 ㉡에 알맞은 수의 합은 $1+2=3$입니다.

43 65−37=28입니다.
28>♥이므로 ♥는 28보다 작은 수입니다.
따라서 ♥에 알맞은 수 중에서 가장 큰 수는 27입니다.

45 수 카드를 모두 이용하여 두 자리 수 29와 85를 만들 수 있습니다.
→ 85−29=56

채점 가이드 수 카드로 받아내림이 있는 (두 자리 수)−(두 자리 수)인 경우의 두 자리 수 2개를 만들고 두 수의 차를 바르게 구했는지 확인합니다.

46 7>5>4>3>2입니다.
⑴ 십의 자리 수가 5인 가장 작은 수: 52
⑵ 십의 자리 수가 4인 가장 큰 수: 47
⑶ (두 수의 차)=52−47=5

087쪽 1STEP 개념 확인하기

01 (계산 순서대로) 42, 27, 27
02 (계산 순서대로) 46, 63, 63
03 9, 7　　　　**04** 15, 8
05 8, 9　　　　**06** 16, 19
07 8　　　　　**08** 9

---

03 9+7=16　　9+7=16
16−9=7　　16−7=9

04 15+8=23　　15+8=23
23−15=8　　23−8=15

05 17−8=9　　17−8=9
9+8=17　　8+9=17

06 35−16=19　　35−16=19
19+16=35　　16+19=35

---

07 12개에 몇 개를 더하면 20개가 되는지 알아봅니다.

08 17개에서 몇 개를 빼면 8개가 되는지 알아봅니다.

088쪽 2STEP 유형 다잡기

28 111 / 풀이 73, 73, 111
01 ⑴ 43　⑵ 92
02 61
03 (앞에서부터) 33, 72, 54
04 89
29 ㉡ / 풀이 28, 37
05 준호
06 이유 예 앞에서부터 차례로 계산하지 않아 틀렸습니다. ▶2점
바르게 계산 70−38−14=18 ▶3점
32
18
30 < / 풀이 28, 35, 28, <, 35
07 준규
08 백두산
31 −, + /
풀이 90, 127, 90, 53, 38, 75, 38, 1
09 34, 29, 9, 54(또는 29, 34, 9, 54)

---

01 ⑴ 24+37−18=61−18=43
⑵ 83−26+35=57+35=92

02
```
  7 6        3 7
− 3 9      + 2 4
  3 7        6 1
```

03 ・53+9−8=62−8=54
・70+9−7=79−7=72
・48−8−7=40−7=33

04 $22+38-31=60-31=29$
$86-59+33=27+33=60$
→ $\blacksquare+\blacktriangle=29+60=89$

05 주경: $82-45-16=37-16=21$
준호: $56-9+67=47+67=114$

07 현이: $18+34-16=52-16=36$
준규: $32-15+24=17+24=41$
→ $41>36$이므로 더 큰 식을 말한 사람은 준규입니다.

08 $34-5+13=29+13=42$
$8+25-16=33-16=17$
$45+16-9=61-9=52$
따라서 $52>42>17$이므로 큰 것부터 차례로 글자를 쓰면 백두산입니다.

09 더하는 수는 크게, 빼는 수는 작게 만들어야 계산 결과가 커집니다.
$34>29>13>9$이므로 계산 결과가 가장 큰 세 수의 계산식은
$34+29-9=54$ 또는 $29+34-9=54$ 입니다.

090쪽 2STEP 유형 다잡기

10 74, 67, 81, 74 /

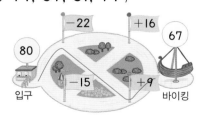

11 예 $+$, 12, $-$, 26, 24
문제 도서관에 38명이 있었는데 12명이 더 들어왔습니다. 잠시 후 26명이 나갔다면 지금 도서관에 있는 사람은 몇 명일까요?

---

32 13명 / 풀이 14, 5, 13
12 65마리　　　　　**13** 19권
14 1단계 예 (삼촌의 나이)$=41+2=43$(살)
(이모의 나이)$=$(삼촌의 나이)-9
$=43-9=34$(살) ▶2점
2단계 삼촌, 어머니, 이모의 나이의 합은
$43+41+34=84+34=118$(살)입니다.
▶3점
답 118살
33 13, 13, 4 / 풀이 13, 13, 4
15 35 / 64, 29
16 47 / 70, 23, 47 / 70, 47, 23
17 6, 4, 2(또는 6, 2, 4) /
$4+2=6$, $2+4=6$

10 ・$80-22+16=58+16=74$
・$80-22+9=58+9=67$(◯)
・$80-15+16=65+16=81$
・$80-15+9=65+9=74$

11 채점 가이드 주어진 카드를 모두 사용하여 세 수의 계산식과 알맞은 문제를 만들었는지 확인합니다.

12 (닭의 수)
$=$(거위의 수)$+$(오리의 수)-17
$=36+46-17$
$=82-17=65$(마리)

13 (연지가 가지고 있는 책 수)
$=$(하늘이가 가지고 있는 책 수)-9
$=40-12-9$
$=28-9=19$(권)

15 $64-35=29$에서 $35+29=64$ 또는
$29+35=64$의 덧셈식을 만들 수 있습니다.

16 23만큼 간 다음 47만큼 더 가면 70이 됩니다.
→ $23+47=70$

17 주사위의 세 수는 6, 4, 2입니다. 뺄셈식을 만들면 $6-4=2$(또는 $6-2=4$)이고, 덧셈식으로 나타내면 $4+2=6$, $2+4=6$입니다.

092쪽 2STEP 유형 다잡기

34 36, 54, 36 / 풀이 36, 54, 36

18 45, 27

19 예 $16+5=21$ / $21-16=5$

20 예 $15+17=32$ /
$32-17=15$, $32-15=17$

35 39 / 39, 64 / 39
풀이 (위에서부터) 39, 39, 39, 64, 39

21 예 73, 45, 28 / 45, 28, 73 / 28, 45, 73

22 ㉢

23 13 / 28, 13, 41 / 13, 28, 41

36 12 / 풀이 12, 12

24 1단계 예 딸기 몇 개에 16개를 더하여 25개
가 되었으므로 처음 딸기 수를 □로 하여
덧셈식을 만들면 $□+16=25$입니다. ▶2점
2단계 $□+16=25$ ➡ $25-16=□$,
$□=9$ ▶3점
답 9

25 예 $8+□=23$, 15

18 덧셈과 뺄셈의 관계를 이용합니다.
$\boxed{45}+27=72$
$72-\boxed{27}=45$

19 16, 5, 11, 21 중 덧셈식을 만들 수 있는 세 수
는 (16, 5, 11) 또는 (16, 5, 21)입니다.
$5+11=16$ → $16-11=5$, $16-5=11$
$16+5=21$ → $21-5=16$, $21-16=5$

20 채점 가이드 알맞은 덧셈식을 만들고, 뺄셈식 2개로 바르게
나타내었는지 확인합니다.

21 세 수 중 가장 큰 수인 73에서 다른 수를 빼는
뺄셈식을 만듭니다.
$73-45=28$ ⟨ $45+28=73$
$28+45=73$

22 $63+49=112$이므로 잘못된 것은 ㉢입니다.

23 ■$-$●$=$▲
➡ ▲$+$●$=$■, ●$+$▲$=$■

25 키위와 사과의 무게의 합이 멜론의 무게와 같으
므로 □를 사용하여 덧셈식을 만들면
$8+□=23$입니다.
$8+□=23$ ➡ $23-8=□$, $□=15$

094쪽 2STEP 유형 다잡기

37 27 / 풀이 52, 25, 27

26 ㉡

27 1단계 예 $22+□=50$ ➡ $50-22=□$,
$□=28$
2단계 따라서 이 상자에 37을 넣으면
$37+28=65$입니다.
답 65

38 예 $4+□=13$, 9 / 풀이 4, 13, 13, 4, 9

28 예 $7+□=16$, 9

29 1단계 예 오늘 더 접은 종이학 수를 □개라
고 하면 $46+□=73$입니다. ▶2점
2단계 $46+□=73$ ➡ $73-46=□$,
$□=27$이므로 오늘 접은 종이학은 27개
입니다. ▶3점
답 27개

39 7 / 풀이 8, 7

30 예 / 4

31 29

40 6 / 풀이 26, 6

32 80

33 (위에서부터) 18, 62

26 ㉠ $26+□=64$ ➡ $64-26=□$, $□=38$
㉡ $□+13=52$ ➡ $52-13=□$, $□=39$
$38<39$이므로 □ 안에 알맞은 수가 더 큰 것
은 ㉡입니다.

28 성아의 나이를 ☐로 하여 덧셈식을 만들면
$7+☐=16$입니다.
$7+☐=16 ➔ 16-7=☐, ☐=9$

30 남은 귤이 8개가 되도록 /으로 지우면 귤 4개가
지워집니다.
$12-☐=8 ➔ 12-8=☐, ☐=4$

31 $53-☐=24 ➔ 53-24=☐, ☐=29$

32 $46+㉠=72 ➔ 72-46=㉠, ㉠=26$
$㉡-16=38 ➔ 16+38=㉡, ㉡=54$
따라서 ㉠과 ㉡의 합은 $26+54=80$입니다.

33 · $34-☐=16 ➔ 34-16=☐, ☐=18$
· $☐-18=44 ➔ 44+18=☐, ☐=62$

096쪽 2STEP 유형 다잡기

34 ㉡, ㉠, ㉢

41 예 $☐-5=7$, 12 / 풀이 5, 7, 5, 7, 12

35 28회

36 1단계 예 처음 버스에 타고 있던 사람 수를
☐명이라 하면 $☐-16=9$입니다. ▶2점
2단계 $☐-16=9 ➔ 16+9=☐, ☐=25$
이므로 처음 버스에 타고 있던 사람은 25
명입니다. ▶3점
답 25명

42 $☐+15=43$, 28 / 풀이 43, 43, 28

37 35   **38** 61

39 19

43 18 / 풀이 18

40 1단계 예 ☐를 사용한 식으로 나타내면
$25+37=☐+44$입니다. ▶2점
2단계 $25+37=62$이므로 $62=☐+44$
입니다.
$➔ 62-44=☐, ☐=18$ ▶3점
답 18

41 ㉠   **42** 50

---

34 ㉠ $13-☐=4 ➔ 13-4=☐, ☐=9$
㉡ $☐-7=6 ➔ 6+7=☐, ☐=13$
㉢ $29+☐=37 ➔ 37-29=☐, ☐=8$
$13>9>8$이므로 ㉡, ㉠, ㉢입니다.

35 토요일에 돌린 훌라후프 횟수를 ☐회라 하면
$☐+35=63 ➔ 63-35=☐$,
$☐=28$입니다.

37 어떤 수를 ☐라고 하면
$72-☐=37 ➔ 72-37=☐, ☐=35$입
니다.

38 리아가 생각하는 수를 ☐라고 하면
$☐+8=53 ➔ 53-8=☐, ☐=45$입니다.
따라서 리아가 생각하는 수보다 16만큼 더 큰
수는 $45+16=61$입니다.

39 어떤 수를 ☐라고 하면
$☐+14=60 ➔ 60-14=☐, ☐=46$입니다.
따라서 어떤 수에서 27을 빼면 $46-27=19$
입니다.

41 ㉠ $50-14=36$
$☐+18=36 ➔ ☐=36-18, ☐=18$
㉡ $34-16=18$
$12+☐=18 ➔ 18-12=☐, ☐=6$
$18>6$이므로 ☐ 안에 알맞은 수가 더 큰 것은
㉠입니다.

42 $77+16=93$이므로 $24+19+☐=93$,
$43+☐=93 ➔ 93-43=☐, ☐=50$

098쪽 3STEP 응용 해결하기

1 13   **2** 171

3
| ❶ ▲에 알맞은 수 구하기 ▶2점 |
| ❷ ★에 알맞은 수 구하기 ▶3점 |

예 ❶ $●+●=▲$에서 $28+28=56$이므
로 $▲=56$입니다.
❷ $▲-★=19$에서 $56-★=19$
$56-19=★, ★=37$입니다.
답 37

4 34

5
> ❶ 늘어놓은 수의 규칙 찾기 ▶ 3점
> ❷ ㉡에 알맞은 수 구하기 ▶ 2점

(예) ❶ 3+14=17, 17+14=31,
31+14=45이므로 14씩 커지는 규칙입니다.
❷ ㉠=45+14=59, ㉡=59+14=73이
므로 ㉡에 알맞은 수는 73입니다.
(답) 73

6 77장   **7** (1) 82 (2) 125

8 (1) 38, 40, 41 (2) 14, 38

---

1 27+66−㉠=80, 93−㉠=80
→ 93−80=㉠, ㉠=13

2 9>7>6>5이므로 9, 7을 십의 자리에 놓고
남은 수 6, 5를 일의 자리에 놓습니다.
합이 가장 큰 덧셈식을 만들었을 때 계산 결과는
96+75=171 또는 95+76=171입니다.

4 민지가 가지고 있는 수 카드 중 뒤집혀 있는 카드
에 적힌 수를 ☐라고 하면 37+☐=52+19
입니다. 37+☐=71 → 71−37=☐, ☐=34

6 은지: 16+17=33(장)
동호: 33−5=28(장)
→ (세 사람이 가지고 있는 색종이 수)
=16+33+28=49+28=77(장)

7 (1) 어떤 수를 ☐로 하여 잘못 계산한 식을 쓰면
☐−43=39입니다.
→ 39+43=☐, ☐=82
(2) 어떤 수가 82이므로 바르게 계산하면
82+43=125입니다.

8 (1) 68+14−☐=44, 82−☐=44
→ 82−44=☐, ☐=38
68+16−☐=44, 84−☐=44
→ 84−44=☐, ☐=40
68+17−☐=44, 85−☐=44
→ 85−44=☐, ☐=41
(2) 38, 40, 41 중 빨간 구슬에서 찾을 수 있는
수는 38이므로 완성된 식은
68+14−38=44입니다.

101쪽 3단원 마무리

01 122
02 (   ) (   ) (○)
03 35, 52   **04** 23
05 (예) ☐+8=15, 7   **06** 32
07

  (1)   (2)

08 ㉠   **09** <
10 17개   **11** 49
12 24장   **13** ☐+14=41, 27
14 ④, ⑤   **15** 29, 38 / 38, 29
16 2

17
> ❶ 누나의 나이 구하기 ▶ 3점
> ❷ 현우의 나이 구하기 ▶ 2점

(예) ❶ (누나의 나이)=(아버지의 나이)−36
=45−36=9(살)
❷ (현우의 나이)=(누나의 나이)−2
=9−2=7(살)
(답) 7살

18 128, 38

19
> ❶ ☐를 사용한 식으로 나타내기 ▶ 2점
> ❷ 친구에게 준 초코볼 수 구하기 ▶ 3점

(예) ❶ 친구에게 준 초코볼을 ☐개라고 하면
15−☐=6입니다.
❷ 15−☐=6 → 15−6=☐, ☐=9
이므로 친구에게 준 초코볼은 9개입니다.
(답) 9개

20
> ❶ 남은 사과와 배는 각각 몇 상자인지 구하기 ▶ 3점
> ❷ 남은 사과와 배는 모두 몇 상자인지 구하기 ▶ 2점

(예) ❶ (남은 사과 상자 수)=50−23
=27(상자)
(남은 배 상자 수)=43−18=25(상자)
❷ 따라서 남은 사과와 배는 모두
27+25=52(상자)입니다.
(답) 52상자

---

04 54+17−48=71−48=23

05 딸기 몇 개에 **8**개를 더했더니 **15**개가 되었으므로 처음 딸기 수를 ▢로 하여 덧셈식을 만듭니다.
▢+**8**=**15** ➜ **15**−**8**=▢, ▢=**7**

06 ▢=**23**+**9**=**32**

08 **64**−**26**=**38** **64**−**26**=**38**

 38+**26**=**64** **26**+**38**=**64**

09 **52**+**34**−**17**=**86**−**17**=**69**
 60−**24**+**38**=**36**+**38**=**74**
 ➜ **69**<**74**

10 (들어가지 않은 화살 수)
 =(던진 화살 수)−(들어간 화살 수)
 =**34**−**17**=**17**(개)

11 **41**+▢=**90** ➜ **90**−**41**=▢, ▢=**49**

12 **42**>**33**>**20**>**18**이므로 가장 많이 모은 사람은 재석(**42**장)이고, 가장 적게 모은 사람은 규민(**18**장)입니다.
 ➜ **42**−**18**=**24**(장)

13 ▢+**14**=**41** ➜ **41**−**14**=▢, ▢=**27**

14 **25**+▢=**43**이라 하면 **43**−**25**=▢, ▢=**18**입니다. **25**+▢>**43**이므로 ▢ 안에 들어갈 수 있는 수는 **18**보다 큰 수입니다.

15 일의 자리 수끼리의 합이 **7** 또는 **17**이 되는 두 수를 찾으면 **18**과 **59**, **29**와 **38**, **29**와 **18**, **59**와 **38**입니다.
 29+**38**=**67**, **18**+**59**=**77**,
 29+**18**=**47**, **59**+**38**=**97**
 따라서 수 카드로 합이 **67**이 되는 덧셈식을 모두 만들면 **29**+**38**=**67**, **38**+**29**=**67**입니다.

16 일의 자리 계산: **10**−**4**=★ ➜ ★=**6**
 십의 자리 계산: **6**−**1**−㉠=**3**
  ➜ **5**−㉠=**3**, ㉠=**2**

18 • 민아가 만든 두 자리 수: **45**
 • 이수가 만든 두 자리 수: **83**
 ➜ 두 수의 합: **45**+**83**=**128**
  두 수의 차: **83**−**45**=**38**

4 길이 재기

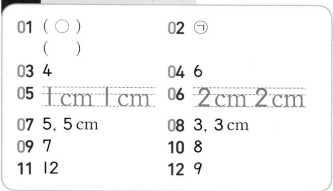

107쪽 1STEP 개념 확인하기

01 (○)
 ( )
02 ㉠
03 **4**
04 **6**
05 **1 cm 1 cm**
06 **2 cm 2 cm**
07 **5, 5 cm**
08 **3, 3 cm**
09 **7**
10 **8**
11 **12**
12 **9**

05 cm를 쓰는 순서를 생각하며 숫자는 크게, cm는 작게 씁니다.

07 **1** cm를 이어 붙여서 길이를 만들 수 있습니다.
 1 cm ■번 ➜ ■ cm

108쪽 2STEP 유형 다잡기

01 다, 나, 가
 / 풀이 (왼쪽에서부터) 다, 가, 다, 나, 가
01 리아
02 왼쪽에서 세 번째, 다섯 번째 사람에 ○표
02 6뼘 / 풀이 **6**
03 4번쯤
04 5번, 3번
05 예
06 민아
03 ㉡ / 풀이 **4, 6, 5**, ㉡
07 연지
08 1단계 예 텔레비전의 긴 쪽의 길이는 **4**뼘이고, 짧은 쪽의 길이는 **3**뼘입니다. ▶3점
 2단계 따라서 텔레비전의 긴 쪽의 길이는 짧은 쪽의 길이보다 **4**−**3**=**1**(뼘) 더 깁니다. ▶2점
 답 **1**뼘
09 생수병

01 직접 맞대어 비교할 수 없어도 다른 물건을 사용하여 길이를 비교할 수 있습니다.

02 막대의 길이만큼 표시하여 비교하면 키가 기준 막대보다 더 작은 사람은 왼쪽에서 세 번째와 다섯 번째입니다.

03 못을 옮겨 가며 빈틈없이 이어서 길이를 재면 색연필은 못으로 **4**번쯤입니다.

> 참고 잰 횟수가 딱 맞게 떨어지지 않으면 '몇 번쯤 된다.'로 표현합니다.

06 종이테이프의 길이를 지우개로 각각 재면
민아: **4**번, 나준: **5**번입니다.
따라서 지우개로 **4**번인 종이테이프를 가지고 있는 사람은 민아입니다.

07 사용한 모형의 수가 적을수록 길이가 짧습니다.
연지: **5**개, 신우: **8**개, 희영: **7**개이므로 가장 짧게 연결한 사람은 연지입니다.

09 같은 단위로 재었을 때 잰 횟수가 많을수록 길이가 깁니다. **11**>**10**>**5**>**3**이므로 생수병의 길이가 가장 깁니다.

06 누름 못 / 풀이 누름 못
15 ㉠   **16** 바늘
17 ㉠

11 참고 · 단위의 길이가 길수록 잰 횟수는 적습니다.
· 단위의 길이가 짧을수록 잰 횟수는 많습니다.

12 자석의 길이를 단추로 재면 **5**번, 건전지로 재면 **2**번입니다. **5**>**2**이므로 잰 횟수가 더 적은 것은 건전지입니다.

13 잰 횟수가 같으므로 뼘의 길이가 짧을수록 자른 길이가 더 짧습니다. 따라서 포장지를 더 짧게 자른 사람은 미래입니다.

15 엄지손가락의 너비는 짧으므로 짧은 길이를 재기에 적당합니다.

16 길이를 잴 때 사용하는 단위의 길이가 짧을수록 더 많이 재어야 합니다. 따라서 더 많이 재어야 하는 것은 바늘입니다.

17 단위길이가 길수록 잰 횟수가 적으므로 가장 적은 횟수로 잴 수 있는 것은 ㉠입니다.

110쪽 2STEP 유형 다잡기

04 **9**번, **4**번 / 풀이 **9**, **4**
10 **3**번, **5**번
11 이유 예 재는 단위의 길이가 다르므로 같은 길이를 재어도 잰 횟수가 다릅니다. ▶5점
12 건전지
05 영서 / 풀이 >, 영서
13 미래
14 1단계 예 잰 횟수가 같을 때 단위의 길이가 길수록 끈의 길이가 더 깁니다. ▶2점
2단계 클립, 분필, 젓가락 중 젓가락의 길이가 가장 깁니다. 따라서 하리가 가지고 있는 끈의 길이가 가장 깁니다. ▶3점
답 하리

112쪽 2STEP 유형 다잡기

07 진수 / 풀이 >, 진수
18 수혁   **19** 나무 막대
20 서희, 민우, 정원
21 불편한 점 예 사람마다 뼘의 길이가 달라서 잰 횟수가 같아도 실제 길이는 다를 수 있어 불편합니다. ▶5점
08 **4**번 / 풀이 **8**, **2**, **4**
22 **6**번   **23** 주경
09 **1** cm, **1** 센티미터 / 풀이 **1**, 센티미터
24 ⑤   **25** ㉠
26 예 구슬, 엄지손톱
27 예

18 같은 길이를 잴 때 잰 횟수가 적을수록 단위의 길이가 더 깁니다. 5<7이므로 길이가 더 긴 연필로 잰 사람은 수혁입니다.

19 잰 횟수가 8번으로 같으므로 길이가 긴 막대로 재어 자른 털실이 더 깁니다. 따라서 길이가 더 긴 것은 나무 막대입니다.

20 잰 횟수가 같으므로 철사의 길이가 짧을수록 뼘의 길이가 짧습니다. 따라서 한 뼘의 길이가 가장 짧은 사람부터 차례로 쓰면 서희, 민우, 정원입니다.

22 성냥개비 1개의 길이: 아몬드로 2번
➜ 성냥개비로 3번 잰 실의 길이는 아몬드로 2+2+2=6(번) 잰 길이와 같습니다.

23 주경: 젓가락의 길이는 숟가락 3개의 길이와 같으므로 젓가락 3개만큼의 길이는 숟가락 9개의 길이와 같습니다.
연서의 베개의 길이: 숟가락으로 8번
주경이의 베개의 길이: 숟가락으로 9번
➜ 주경이의 베개가 더 깁니다.

24 숫자는 크게, cm는 작게 씁니다.

25 뼘, 걸음은 사람에 따라 길이가 다르므로 정확한 길이의 단위가 아닙니다.

26 길이가 1 cm인 물건은 콩, 구슬, 공깃돌 등이 있습니다.
〔채점 가이드〕 길이가 1 cm쯤 되는 물건을 바르게 찾았는지 확인합니다.

114쪽 2STEP 유형 다잡기

⑩ ㉠ / 〔풀이〕 6, 5, ㉠

28 (1) •─────•
(2) ╳
(3) •─────•

29 〔예〕

|─────|─────|─────|─────|·······|·······|

30 22

31 9 cm

---

32 〔예〕

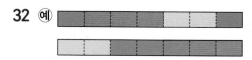

⑪ 10 cm / 〔풀이〕 5, 2, 5, 10

33 6 cm / 12 cm   **34** 88 cm

⑫ ㉡ / 〔풀이〕 <, ㉡

35 언니

36 〔1단계〕 〔예〕 ㉠ 1 cm가 3번 → 3 cm
㉡ 1 cm가 4번 → 4 cm
㉢ 1 cm가 3번 → 3 cm ▸3점
〔2단계〕 4>3이므로 길이가 가장 긴 젤리는 ㉡입니다. ▸2점
〔답〕 ㉡

37 보라색, 파란색, 노란색

---

28 1 cm로 ■번이면 ■ cm입니다.

29 한 칸의 길이가 1 cm이고 5 cm는 1 cm가 5번이므로 5칸만큼 선을 긋습니다.

30 • 1 cm로 9번은 9 cm이므로 ㉠=9입니다.
• 13 cm는 1 cm가 13번이므로 ㉡=13입니다.
➜ ㉠+㉡=9+13=22

31 1 cm로 9번이므로 빨간색 선의 길이는 9 cm입니다.

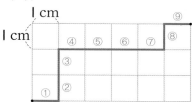

32 〔채점 가이드〕 1 cm, 2 cm, 3 cm 길이를 단위로 하여 서로 다른 두 가지 방법으로 7 cm를 만들어 색칠했는지 확인합니다.

33 가: 실핀으로 2번이므로
3+3=6 (cm)입니다.
나: 실핀으로 4번이므로
3+3+3+3=12 (cm)입니다.

34 깃발 사이의 거리는 하준이의 걸음으로 4번이므로 22+22+22+22=88 (cm)입니다.

35 언니의 한 뼘의 길이: **10** cm
12>10이므로 한 뼘의 길이가 더 짧은 사람은
언니입니다.

37 노란색: **2+2=4** (cm)
보라색: **4+4+4=12** (cm)
12>6>4이므로 길이가 긴 것부터 차례로 쓰
면 보라색, 파란색, 노란색입니다.

117쪽 1STEP 개념 확인하기

01 ㉡   **02** **5** cm
03 **9** cm   **04** **4, 4**
05 **2**   **06** **4**
07 **5**   **08** **7**에 ○표, **7**
09 예 **3**   **10** 예 **7**

01 크레파스를 자와 나란히 놓고 크레파스의 한쪽
끝을 눈금 **0**에 정확히 맞추어 재어야 합니다.

02 한쪽 끝이 자의 눈금 **0**에 맞춰져 있으므로 다른
쪽 끝에 있는 자의 눈금을 읽습니다.

04 눈금 **2**부터 **6**까지 **1** cm가 **4**번 들어갑니다.

05 수수깡의 한쪽 끝을 자의 눈금 **0**에 맞춘 후 다
른 쪽 끝이 가리키는 눈금을 읽습니다.

09 **1** cm로 **3**번쯤이므로 약 **3** cm입니다.

10 **1** cm로 **7**번쯤이므로 약 **7** cm입니다.

118쪽 2STEP 유형 다잡기

13 **4, 4** cm / 풀이 **4, 4**
01 ㉡   **02** **4** cm
03 현우

---

14 **5** / 풀이 **6, 5, 5**
04 (   )   **05** ㉢
    (○)
06 이유 예 콩깍지의 한쪽 끝이 자의 눈금 **0**에
놓여 있지 않으므로 **1** cm가 몇 번인지 세어
야 합니다. ▶ 5점

15 ㉠ / 풀이 **5, 5, 6, 6,** ㉠
07 채윤   **08** 딸기, 사과
09 **2** cm

01 과자의 한쪽 끝을 자의 눈금 **0**에 정확하게 맞추
어 놓은 것을 찾습니다.

02 눈금 **0**부터 **4**까지이므로 과자의 길이는 **4** cm
입니다.

03 미나: 막대가 기울어져 있으므로 **4** cm가 아닙
니다.

04 • 위쪽에 있는 초콜릿의 길이:
    눈금 **0**부터 **4**까지이므로 **4** cm입니다.
  • 아래쪽에 있는 초콜릿의 길이:
    눈금 **1**부터 **4**까지 **1** cm가 **3**번이므로 **3** cm입
    니다.

05 나타내는 길이를 알아보면 ㉠ **4** cm, ㉡ **4** cm,
㉢ **5** cm입니다.
따라서 나타내는 길이가 다른 하나는 ㉢입니다.

07 은솔: **1** cm가 **6**번 → **6** cm
서희: **1** cm가 **5**번 → **5** cm
채윤: **1** cm가 **7**번 → **7** cm
7>6>5이므로 길이가 가장 긴 붓을 가지고
있는 사람은 채윤입니다.

08 딸기 맛: **3** cm, 초콜릿 맛: **4** cm,
포도 맛: **5** cm, 사과 맛: **3** cm
따라서 길이가 같은 두 사탕은 딸기 맛 사탕과
사과 맛 사탕입니다.

09 위에서부터 차례로 길이를 재면 **5** cm, **4** cm,
3 cm입니다.
5>4>3이므로 가장 긴 리본은 가장 짧은 리
본보다 **5-3=2** (cm) 더 깁니다.

16 4 cm

10 가   **11** 5, 2

12 2 cm, 3 cm

13 (1단계) 예 자로 물건의 길이를 재어 보면
톱: 3 cm, 망치: 3 cm, 빗자루: 4 cm입
니다. ▶3점
(2단계) 따라서 길이가 다른 물건은 빗자루입
니다. ▶2점
(답) 빗자루

17 (예) ┣━━━━━━━━━━ - - - - - - - -
/ (풀이) 4

14 (예)
    ━━━━━━━━━

15 4, 2 /

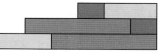

16 (예) ┣━━━━━━━━━━━━━ - - - -

18 6 cm / (풀이) 2, 8, 6

17 (○), (   )   **18** '약 4 cm'에 색칠

19 (길이) 5 cm ▶2점
(설명) 예 자의 눈금 1에서부터 재어 오른쪽
끝이 눈금 6에 가까우므로 약 5 cm입니다.
▶3점

10 선의 한쪽 끝을 자의 눈금 0에 맞추고 다른 쪽
끝에 있는 자의 눈금을 읽었을 때 3 cm인 선을
찾습니다.
(주의) 선이 기울어져 있으면 기울어진 것에 맞추어 자도 함
께 기울여 재야 합니다.

11 선의 한쪽 끝을 자의 눈금 0에 맞추고 다른 쪽
끝에 있는 자의 눈금을 읽으면 가로는 5 cm, 세
로는 2 cm입니다.

12 잘려진 두 부분의 길이를 자로 재어 보면 2 cm,
3 cm입니다.

14 1 cm가 3번이면 3 cm입니다.
자를 대고 눈금 0부터 3까지 선을 긋습니다.

15 자로 재어 보면 빨간색 막대는 4 cm, 노란색 막
대는 2 cm입니다.

16 껌의 긴 쪽의 길이를 자로 재면 6 cm입니다.
점선의 왼쪽 끝과 자의 눈금 0을 맞춘 후 눈금
이 6인 곳까지 선을 긋습니다.

17 못의 오른쪽 끝이 7 cm와 8 cm 중 7 cm에 더
가까우므로 약 7 cm입니다.

18 길이가 자의 눈금 사이에 있을 때는 가까운 쪽에
있는 숫자를 읽습니다. 따라서 과자의 길이는 약
4 cm입니다.

19 4 cm

20 '약 6 cm'에 ○표

21 5, 5, 5 / 5

22 (예)
  ┃▨▨▨▨▨▨▨▨░░░░░░░░░░░░┃
/ 3 cm

23 6 cm

20 (예) 약 4 cm / (풀이) 1, 4

24

25 ㉠

26 (예) ┣━━━━━━━━━━━━ - - - - -

21 (예) 5 cm / 5 cm

27 (예) 4 cm

28 (어림) 예 길이가 1 cm인 엄지손톱을 이용하
여 체온계의 길이를 약 6 cm라고 어림했습
니다. ▶3점
(자로 잰 길이) 6 cm ▶2점

29 (예)
         ━━━━━━━

20 시계의 한쪽 끝을 자의 눈금 **0**에 맞추었을 때 다른 쪽 끝이 눈금 **6**에 가까우므로 약 **6 cm**입니다.

22 채점 가이드 원하는 길이만큼 색칠하고 그 길이를 바르게 재었는지 확인합니다.

23 삼각형의 세 변의 길이를 각각 재어 보면 약 **5 cm**, 약 **3 cm**, 약 **6 cm**입니다. 따라서 가장 긴 변의 길이는 약 **6 cm**입니다.

24 **2 cm**보다 **2 cm** 정도 더 멀리 떨어진 점을 찾아 선으로 잇습니다.

25 표시된 높이가 **6 cm**이므로 반 정도 차 있는 것을 찾습니다.

26 **2 cm**인 선을 **1**번, **3 cm**인 선을 **1**번 사용하여 **5 cm**에 가깝게 선을 그을 수 있습니다.

27 **1 cm**가 몇 번쯤 들어갈지 생각하여 어림해 봅니다. 어림한 값이므로 정확한 길이가 아니어도 정답으로 인정합니다.

29 **2 cm**가 **2**번쯤인 길이는 약 **4 cm**입니다. **1 cm**가 몇 번쯤 들어갈지 생각하여 약 **4 cm**가 되도록 선을 긋습니다.

124쪽 **2STEP 유형 다잡기**

30 이유 예 '약'으로 나타낸 길이는 정확한 길이가 아니라 자의 눈금에 가장 가깝게 나타낸 값입니다. 따라서 길이가 약 **15 cm**인 볼펜이라도 실제 길이는 다를 수 있습니다. ▶ 5점

22 **20 cm** / 풀이 **20**

31 (1) (2)

32 문장 예 책상의 긴 쪽의 길이는 약 **60 cm**입니다.

33

34 나라

23 은혜 / 풀이 **1, 3**, 은혜

35 **5 cm**, **6 cm** **36** 가

37 혜수 **38** 다온, 은서, 단우

39 현우

31 (1) 손톱깎이는 **1 cm**보다 길고 **15 cm**보다 짧습니다.
  (2) 공깃돌은 **1 cm**에 가장 가깝습니다.

32 채점 가이드 물건의 실제 길이만큼 어림하여 문장으로 바르게 썼는지 확인합니다.

33 실제 길이가 **2 cm**에 가까운 물건은 집게와 클립입니다.

34 옷핀의 길이는 약 **3 cm**입니다. 이쑤시개의 길이는 약 **6 cm**입니다.

36 어림한 길이와 자로 잰 길이의 차를 각각 구하면 가: **5−4＝1** (cm), 나: **6−4＝2** (cm)입니다. 어림한 길이와 자로 잰 길이의 차가 작을수록 **4 cm**에 더 가까운 것이므로 더 가깝게 어림한 것은 가입니다.

37 끈의 길이를 재어 보면 **4 cm**에 가깝습니다. 따라서 약 **3 cm**라고 어림한 혜수가 더 가깝게 어림했습니다.

38 머리핀의 길이를 자로 재어 보면 **5 cm**입니다. 어림한 길이와 실제 길이의 차를 각각 구하면 은서: **5−2＝3** (cm), 다온: **6−5＝1** (cm), 단우: **10−5＝5** (cm)입니다. 따라서 가장 가깝게 어림한 사람부터 차례로 쓰면 다온, 은서, 단우입니다.

39 $20+10=30$이므로 현우가 어림한 길이는 약 $30\,cm$입니다.

어림한 길이와 실제 길이의 차를 각각 구하면
규민: $27-20=7\,(cm)$,
현우: $30-27=3\,(cm)$입니다.
따라서 더 가깝게 어림한 사람은 현우입니다.

1 $6\,cm$ **2** 3번

3
| ❶ 열쇠 1개의 길이 구하기 ▶ 3점 |
| ❷ 모형 꽃의 길이 구하기 ▶ 2점 |

예 ❶ 포크의 길이는 열쇠 2개의 길이와 같습니다. → (열쇠 2개의 길이)$=6\,cm$
$3+3=6$이므로 열쇠 1개의 길이는 $3\,cm$입니다.
❷ 모형 꽃의 길이는 열쇠 3개의 길이와 같습니다. 열쇠 1개의 길이는 $3\,cm$이므로 모형 꽃의 길이는 $3+3+3=9(cm)$입니다.
답 $9\,cm$

4 ㉢, ㉡, ㉠ **5** 3뼘

6
| ❶ 민영이가 어림한 식탁의 높이 구하기 ▶ 3점 |
| ❷ 식탁의 실제 높이 구하기 ▶ 2점 |

예 ❶ (민영이가 어림한 식탁의 높이)
$=67-8=59(cm)$
❷ 식탁의 실제 높이는 민영이가 어림한 것보다 $5\,cm$ 더 높으므로 $59+5=64(cm)$입니다.
답 $64\,cm$

7 (1) $4\,cm$, $2\,cm$, $6\,cm$ (2) $12\,cm$
(3) 3도막

8 (1) $14\,cm$ (2) $12\,cm$ (3) $2\,cm$

1 (규민이가 이어 붙인 털실의 길이)
$=4+1+5=10\,(cm)$
두 털실의 길이가 같으므로 연서가 이어 붙인 털실의 길이도 $10\,cm$입니다.
연서의 초록색 털실의 길이를 □ cm라 하면
$1+3+$□$=10$에서 $4+$□$=10$,
□$=6$입니다.

2

| 가로 12번 | 3번 가 가 가 |
| 나로 4번 | 나 |

나로 1번 잰 길이는 가로 3번 잰 길이와 같습니다.
따라서 나 단위의 길이는 가 단위로 3번입니다.

4 ㉠ $30+30=60$이므로 한 걸음의 길이는 $30\,cm$입니다.
㉡ $12+12+12-3=33\,(cm)$
㉢ $7+7+7+7+7=35\,(cm)$
$35>33>30$이므로 길이가 긴 것부터 차례로 기호를 쓰면 ㉢, ㉡, ㉠입니다.

5 책상의 짧은 쪽의 길이는 $9\,cm$로 4번이므로 $9+9+9+9=36\,(cm)$입니다.
$12+12+12=36$이므로 $36\,cm$는 $12\,cm$를 3번 더한 것과 같습니다.
따라서 책상의 짧은 쪽의 길이를 민우의 뼘으로 재면 3뼘입니다.

7 (2) 철사의 길이는 모두 $4+2+6=12\,(cm)$입니다.
(3) $4+4+4=12$이므로 $12\,cm$인 철사를 $4\,cm$짜리 도막으로 나누면 모두 3도막이 됩니다.

8 (1) $1\,cm$가 14번이므로 빨간색 선을 따라 이동한 길이는 $14\,cm$입니다.
(2) ㉮에서 ㉯까지 가장 가까운 길은 오른쪽으로 9칸, 위로 3칸 이동한 길입니다.
$1\,cm$가 $9+3=12(번)$이므로 가장 가까운 길의 길이는 $12\,cm$입니다.
(3) $14-12=2\,(cm)$

4
단원

129쪽 4단원 마무리

01 7번

02 가

03 16, 10

04 ㉡

05 6 cm

06 5 cm

07 6 cm

08 200 cm

09 빨간색

10 나라

11 주경

12 ㉢

13 예 약 7 cm / 7 cm

14

❶ 단위의 길이와 잰 횟수의 관계 알기 ▶ 3점

❷ 단위의 길이를 비교하여 잰 횟수가 가장 적은 것 찾기 ▶ 2점

예 ❶ 단위의 길이가 길수록 잰 횟수가 더 적습니다.

❷ (색연필의 길이)>(붓의 길이)>(볼펜의 길이)이므로 잰 횟수가 가장 적은 것은 길이가 가장 긴 색연필입니다.

답 색연필

15 6 cm

16 상희

17

❶ 연필의 길이 구하기 ▶ 2점

❷ 더 가깝게 어림한 사람 찾기 ▶ 3점

예 ❶ 연필의 길이를 자로 재어 보면 6 cm입니다.

❷ 어림한 길이와 실제 길이의 차를 각각 구하면 서우: 6−5=1(cm),

지현: 8−6=2(cm)입니다.

실제 길이와 어림한 길이의 차가 작을수록 가깝게 어림한 것이므로 더 가깝게 어림한 사람은 서우입니다.

답 서우

18 11 cm

19

❶ 끈의 길이 각각 구하기 ▶ 3점

❷ 가장 긴 끈과 가장 짧은 끈의 길이의 차 구하기 ▶ 2점

예 ❶ 끈의 길이를 위에서부터 차례로 구하면 6 cm, 4 cm, 3 cm입니다.

❷ 6>4>3이므로 가장 긴 끈은 가장 짧은 끈보다 6−3=3 (cm) 더 깁니다.

답 3 cm

20 10 cm, 5 cm

04 ㉠ 4 cm ㉡ 5 cm

05 포크의 길이를 자로 재어 보면 6 cm입니다.

06 성냥개비의 오른쪽 끝이 눈금 5에 더 가까우므로 약 5 cm입니다.

07 눈금 1부터 7까지 1 cm가 6번이므로 크레파스의 길이는 6 cm입니다.

08 지하철 문은 사람이 지나다닐 수 있는 높이이므로 약 200 cm가 알맞습니다.

09 색 테이프의 길이를 못으로 각각 재면 빨간색 색 테이프는 3번, 노란색 색 테이프는 4번입니다.

10 은규: 6개, 정민: 7개, 나라: 5개

5<6<7이므로 가장 짧게 연결한 사람은 나라입니다.

11 미나: 엄지손가락의 길이는 길이가 짧으므로 칠판과 같이 긴 물건의 길이를 재기에 알맞지 않습니다.

도율: 한 걸음은 수학책 긴 쪽의 길이보다 길므로 길이를 재기에 알맞지 않습니다.

12 ㉡ 3 cm ㉢ 9 cm

9>6>3이므로 길이가 가장 긴 것은 ㉢입니다.

15 사각형의 네 변의 길이는 각각 3 cm, 4 cm, 6 cm, 2 cm이므로 가장 긴 변의 길이는 6 cm입니다.

16 횟수가 같으므로 길이가 긴 뼘으로 재어 자른 색 테이프가 더 깁니다. 따라서 상희의 뼘으로 재어 자른 색 테이프가 더 길므로 한 뼘의 길이가 더 긴 사람은 상희입니다.

18 자를 사용하여 길이를 재어 보면 빨간색 선의 길이는 3 cm, 파란색 선의 길이는 3 cm, 초록색 선의 길이는 5 cm입니다.

→ 이은 선의 전체 길이: 3+3+5=11 (cm)

20 • ㉮ 단위로 3번 잰 길이가 30 cm이므로

10+10+10=30에서 ㉮ 단위의 길이는 10 cm입니다.

• ㉯ 단위로 6번 잰 길이가 30 cm이므로

5+5+5+5+5+5=30에서 ㉯ 단위의 길이는 5 cm입니다.

5 분류하기

01 (　)(○)

02 (○)(　)

03 ×

04

노란색	초록색	빨간색
①, ③	②, ⑥	④, ⑤

05

장난감	로봇	블록	자동차
세면서 표시하기	〣〤	〣〤	〣〤
학생 수(명)	5	4	3

06 로봇

07 자동차

---

01 색종이의 크기는 같고 색깔이 다르므로 색깔로 분류합니다.

02 풍선의 색깔은 같고 모양이 다르므로 모양으로 분류합니다.

03 좋아하는 것과 좋아하지 않는 것은 사람마다 다를 수 있으므로 분류 기준이 분명하지 않습니다. 따라서 초콜릿을 분류할 수 있는 기준으로 알맞지 않습니다.

06 5>4>3이므로 가장 많은 학생들이 좋아하는 장난감은 로봇입니다.

07 3<4<5이므로 가장 적은 학생들이 좋아하는 장난감은 자동차입니다.

01 (　)(○) / 풀이 예쁜 것

01 규민

02 예 모양

02 예 지폐, 동전 / 풀이 동전, 지폐, 동전

03 색깔

---

04 이유 예 사람마다 맛있다고 생각하는 기준이 다릅니다. 그러므로 '맛있는', '맛없는'은 분류 기준으로 알맞지 않습니다. ▶5점

03

분홍색	파란색	노란색
①, ⑥	②, ④	③, ⑤

/ 풀이 3

05

입으로 부는 것	①, ④
줄을 이용하는 것	②, ③

06
(1) •　　　　•
(2) •　　　　•
(3) •　　　　•
(4) •　　　　•

07

0개	2개	4개
④, ⑥	②, ③	①, ⑤

08

2개	3개	4개
①, ②, ⑤, ⑦, ⑪	③, ⑩	④, ⑥, ⑧, ⑨, ⑫

09

▢	♡	○
①, ④, ⑥, ⑨, ⑪	②, ③, ⑤, ⑫	⑦, ⑧, ⑩

---

01 좋아하는 것은 사람마다 다를 수 있어 분류 기준으로 알맞지 않습니다.

02 • 블록을 모양에 따라 분류하면 원, 사각형, 삼각형으로 분류할 수 있습니다.
• 블록을 색깔에 따라 분류하면 보라색, 노란색으로 분류할 수 있습니다.

03 나뭇잎을 빨간색, 노란색, 초록색으로 분류하였습니다.

05 • 입으로 부는 것: ① (트럼펫), ④ (플루트)
• 줄을 이용하는 것: ② (바이올린), ③ (기타)

07 바퀴가 0개인 것, 바퀴가 2개인 것, 바퀴가 4개인 것으로 분류합니다.

08 구멍의 수에 따라 단추를 분류합니다. 이때 모양과 색깔 등 다른 분류 기준은 생각하지 않습니다.

138쪽 2 STEP 유형 다잡기

04 금붕어 / 풀이 금붕어

10 '캔'에 ○표

11 답 신문 ▶ 2점

설명 예 신문을 종이 칸으로 옮겨야 합니다.
▶ 3점

05 예

분류 기준	글자의 종류
한글	가, 나, 다
한자	月, 火, 水
알파벳	A, B, C, D

12 기준을 정하여 분류하기

예

좋은 점 고기와 야채로 분류하여 정리하면 냉장고에서 재료를 쉽게 찾을 수 있습니다.

13 예 옷의 색깔 / 옷의 종류

14 예

분류 기준	옷의 색깔	
파란색	분홍색	노란색
①, ③, ④, ⑥	②, ⑦	⑤, ⑧

15 예

분류 기준	색깔	
노란색	초록색	파란색
①, ③	②, ⑤	④, ⑥, ⑦

06 6, 4, 2 / 풀이 6, 4, 2

16 8, 4, 6

10 캔 칸에 있는 재활용품 중 신문은 종이이므로 잘못 분류되어 있습니다.

11 • 캔: 음료수 캔, 참치 캔
 • 종이: 엽서, 동화책, 사전, 신문

12 채점 가이드 주어진 음식을 종류별로 분류하여 정리했을 때의 좋은 점을 설명했는지 확인합니다.

13 • 옷의 색깔: 파란색, 분홍색, 노란색으로 분류합니다.
 • 옷의 종류: 윗옷, 아래옷으로 분류합니다.

14 다른 풀이 옷의 종류에 따라 분류하여 윗옷, 아래옷으로 분류할 수도 있습니다.

분류 기준	옷의 종류	
윗옷	아래옷	
①, ③, ⑦, ⑧	②, ④, ⑤, ⑥	

15 다른 풀이 칠교 조각의 모양에 따라 분류할 수도 있습니다.

삼각형	사각형
①, ②, ④, ⑥, ⑦	③, ⑤

16 누름 못 모양을 보고 하나씩 세면서 표시하고, 표시한 것을 보고 그 수를 셉니다.

140쪽 2 STEP 유형 다잡기

17 예

종류	백합	장미	튤립	해바라기
세면서 표시하기	𝍅 𝍅	𝍅 𝍅	𝍅 𝍅	𝍅 𝍅
학생 수(명)	3	6	3	4

18 현우

07 예 젤리 / 풀이 5, 7, 4, 젤리, 젤리

19 6, 5, 4 / 노란색, 빨간색

20 떡볶이

08

	검은색	파란색	흰색
운동화	①	②	⑥
구두	③, ⑤		④
슬리퍼		⑦	⑧

21

빨간색	노란색	초록색
①, ②, ④, ⑤, ⑦, ⑧	③, ⑩	⑥, ⑨

22

하트 모양	콩 모양	별 모양
①, ⑦, ⑨, ⑩	②, ⑤, ⑥	③, ④, ⑧

23

	빨간색	노란색	초록색
하트 모양	①, ⑦	⑩	⑨
콩 모양	②, ⑤		⑥
별 모양	④, ⑧	③	

17 꽃을 종류에 따라 분류하고 그 수를 세어 보면
백합: **3**명, 장미: **6**명, 튤립: **3**명, 해바라기: **4**명
입니다.

18 현우: 좋아하는 학생이 **4**명인 꽃은 해바라기입
니다.

19 블록 수를 비교해 보면
4(노란색)<**5**(파란색)<**6**(빨간색)입니다.
따라서 가장 적은 블록은 노란색, 가장 많은 블
록은 빨간색입니다.

20

음식	떡볶이	라면	김밥	어묵
수(그릇)	4	2	3	1

오늘 가장 많이 팔린 음식은 떡볶이이므로 내일
떡볶이를 더 준비하는 것이 좋습니다.

21 젤리의 모양은 생각하지 않고 색깔에 따라 분류
합니다.

22 젤리의 색깔은 생각하지 않고 모양에 따라 분류
합니다.

23 색깔에 따라 빨간색, 노란색, 초록색으로 분류한
다음 다시 모양에 따라 하트 모양, 콩 모양, 별 모
양으로 분류합니다.

142쪽 2STEP 유형 다잡기

09 테니스공, **10**개 /
풀이 4, 10, 5, 테니스공, 10

24 2, 8, 4

25 4일

26 '빨간색'에 ◯표, 2

27 [1단계] **예** 취미 활동별로 분류하여 세어 보면
미술이 **2**명, 피아노가 **6**명, 독서가 **3**명, 운
동이 **5**명입니다. ▶3점
[2단계] 따라서 **2**<**3**<**5**<**6**이므로 수가 적
은 것부터 차례로 쓰면 미술, 독서, 운동,
피아노입니다. ▶2점
답 미술, 독서, 운동, 피아노

10 4, **예** 노란색입니다., 3 / **풀이** 4

28 8

---

11 소보로빵, 단팥빵, **8**
/ **풀이** 소보로빵, 단팥빵, **8**

29 [1단계]

코너	구입할 물건
문구	지우개, 자
의류	바지, 티셔츠
채소·과일	양파, 감자, 사과 ▶3점

[2단계] **예** 의류 코너에서 바지와 티셔츠를 산
다음 채소·과일 코너에서 양파, 감자, 사과
를 삽니다. ▶2점

25 • 나쁨인 날수: **8**일
• 좋음인 날수: **4**일
➜ 미세먼지가 나쁨인 날은 좋음인 날보다
8−**4**=**4**(일) 더 많았습니다.

26 • 빨간색 카드: **13**장
• 흰색 카드: **11**장
➜ 빨간색 카드가 흰색 카드보다
13−**11**=**2**(장) 더 많습니다.

28 • 준호: 연두색 사탕에 ◯표 하면 **5**개이므로
㉠=**5**입니다.
• 연서: 삼각형 모양 사탕에 ∨표 하면 **3**개이므
로 ㉡=**3**입니다.
따라서 ㉠+㉡=**5**+**3**=**8**입니다.

144쪽 3STEP 응용 해결하기

1 5자루   **2** 56

3
❶ 모양별 클립의 수 구하기 ▶3점
❷ 가장 많은 것과 가장 적은 것의 수의 차 구하기 ▶2점

예 ❶ 모양별로 세어 보면 나무 모양이 **5**개,
자동차 모양이 **8**개, 물고기 모양이 **6**개, 강
아지 모양이 **3**개입니다.
❷ **8**>**6**>**5**>**3**이므로 가장 많은 것은 자동
차 모양, 가장 적은 것은 강아지 모양입니다.
따라서 두 수의 차는 **8**−**3**=**5**(개)입니다.
답 5개

4

> ❶ 과일을 종류에 따라 분류하여 세어 보기 ▶ 3점
> ❷ 어느 것을 몇 개 더 사야 할지 구하기 ▶ 2점

(예) ❶ 과일을 종류에 따라 분류하여 그 수를 세어 보면 배: **3**개, 포도: **3**개, 멜론: **1**개, 사과: **3**개입니다.

❷ 배, 포도, 사과는 **3**개씩이고 멜론은 **1**개이므로 종류별로 수가 모두 같아지려면 멜론을 **3-1=2**(개) 더 사야 합니다.

(답) 멜론, **2**개

5

◆	①, ⑧	④, ⑩	⑪, ⑬
●	⑤	②, ⑫	⑨, ⑮
★	⑭	⑥	③, ⑦

6 **2**개

7 (1)

책 수(권)	4	5	6	7	8	9
학생 수(명)	5	3	3	4	2	4

(2) **9**명

8 (1) 미국 (2) **5**

---

1 노란색 사인펜을 뺀 나머지 사인펜의 수의 합은 **9+7+5+1=22**(자루)입니다.

→ (노란색 사인펜의 수)=**27-22=5**(자루)

2 수 카드가 **3**장인 수 카드의 색깔은 초록색입니다. 초록색 수 카드에 적힌 수는 **23, 47, 56**입니다. **56>47>23**이므로 가장 큰 수는 **56**입니다.

5 컵의 모양에 따라 먼저 분류하고, 분류한 것을 컵에 있는 무늬의 모양에 따라 다시 분류합니다.

6 손잡이가 없는 컵은 ②, ④, ⑥, ⑩, ⑫로 **5**개입니다. 그중 ● 무늬가 있는 컵은 ②, ⑫로 모두 **2**개입니다.

7 (1) 읽은 책 수를 **4**권, **5**권, **6**권, **7**권, **8**권, **9**권으로 분류할 수 있습니다.

(2) **5**권보다 많고 **9**권보다 적게 읽은 학생은 **6**권, **7**권, **8**권을 읽은 학생입니다.

→ **3+4+2=9**(명)

---

8 (1) ㉠을 빼고 나라별 학생 수를 세어 보면 미국이 **6**명, 중국이 **2**명, 프랑스가 **5**명, 멕시코가 **4**명입니다.

㉠을 포함하여 센 것과 학생 수가 다른 나라는 미국이므로 ㉠에 알맞은 나라는 미국입니다.

(2) 프랑스에 가 보고 싶은 학생은 **5**명이므로 ㉡에 알맞은 수는 **5**입니다.

147쪽 5단원 마무리

01 (○)
( )

02 ①, ④, ⑥, ⑦, ⑩ / ②, ③, ⑤, ⑧, ⑨

03

색깔	빨간색	파란색	노란색
세면서 표시하기	////	////	////
의자 수(개)	2	4	4

04

땅	㉠, ㉡, ㉣, ㉺
물	㉢, ㉤

05 (예) 바퀴의 수 / 자전거의 색깔

06

> 어떤 분류 기준으로 정리하면 좋을지 쓰기 ▶ 5점

(예) 길이가 긴 것과 짧은 것으로 분류하여 정리합니다.

07 **3**가지

08 (예)

장소	수영장	동물원	놀이공원
학생 수(명)	2	4	6

09 놀이공원

10

> ❶ 잘못 분류한 것 찾기 ▶ 2점
> ❷ 어느 칸으로 옮겨야 하는지 설명하기 ▶ 3점

❶ 말

❷ (예) 동물을 움직이는 장소에 따라 분류한 것입니다. 말은 땅에서 움직이므로 두 번째 칸에 놓아야 합니다.

11 (예)

분류 기준	사탕의 맛

딸기 맛	㉠, ㉣, ㉦, ㉧
초콜릿 맛	㉡, ㉢, ㉥, ㉨, ㉩
바나나 맛	㉤, ㉪
포도 맛	㉣

12 6개

13 초콜릿 맛, 딸기 맛, 바나나 맛, 포도 맛

14 알사탕, 2개

15

	말	코끼리
빨간색	①, ⑦	②
노란색	⑧	③, ⑥
초록색	④	⑤

16 튤립, I송이

17 장미

18
❶ 종류별 접시 수 구하기 ▶ 3점
❷ 가장 많은 것과 가장 적은 것의 접시 수의 합 구하기
▶ 2점

(예) ❶ 피자가 3접시, 치킨이 5접시, 떡볶이가 4접시입니다.
❷ 가장 많은 것은 치킨, 가장 적은 것은 피자이므로 접시 수의 합은 5+3=8(접시)입니다.
(답) 8접시

19 ①, ③, ⑪

20 3개

---

01 맛있는 것과 맛없는 것은 사람마다 다를 수 있습니다.
→ 분류 기준으로 알맞은 것은 사탕의 모양입니다.

02 의자의 다리 수에 맞게 빈칸에 번호를 각각 써넣습니다.

03 색깔별로 표시하면서 의자 수를 세어 보면 빨간색 의자가 2개, 파란색 의자가 4개, 노란색 의자가 4개입니다.

05 • 바퀴의 수: 두발자전거, 세발자전거로 분류합니다.
• 자전거의 색깔: 분홍색, 초록색, 파란색으로 분류합니다.

06 [다른 풀이] 포크의 뾰족한 부분이 3개인 것과 4개인 것으로 분류하여 정리합니다.

09 6>4>2이므로 가장 많은 학생들이 가고 싶은 장소는 놀이공원입니다.

11 [다른 풀이] 사탕의 종류에 따라 막대 사탕과 알사탕으로 분류할 수도 있습니다.

막대 사탕	㉠, ㉢, ㉣, ㉥, ㉨
알사탕	㉡, ㉤, ㉦, ㉧, ㉩, ㉪, ㉫

12 딸기 맛 사탕: 4개, 바나나 맛 사탕: 2개
→ 4+2=6(개)

13 딸기 맛: 4개, 초콜릿 맛: 5개, 바나나 맛: 2개, 포도 맛: I개
→ 5>4>2>I이므로 수가 많은 것부터 차례로 쓰면 초콜릿 맛, 딸기 맛, 바나나 맛, 포도 맛입니다.

14 막대 사탕: 5개, 알사탕: 7개
→ 알사탕이 막대 사탕보다 7-5=2(개) 더 많습니다.

15 쿠키를 모양에 따라 말, 코끼리로 분류하고 색깔에 따라 빨간색, 노란색, 초록색으로 분류합니다.
[참고] 쿠키를 색깔에 따라 분류한 다음 모양에 따라 분류할 수도 있습니다.

16

꽃	장미	튤립	백합
수(송이)	7	3	2

3>2이므로 튤립이 백합보다 3-2=I(송이) 더 많이 팔렸습니다.

17 장미가 7송이, 튤립이 3송이, 백합이 2송이입니다.
가장 많이 팔린 장미를 더 준비해야 합니다.

19 한글이 적힌 풍선 중 분홍색인 것의 번호를 씁니다. → ①, ③, ⑪

20 알파벳이 적힌 풍선 중 노란색 풍선은 ②, ⑥, ⑩으로 모두 3개입니다.

6 곱셈

153쪽 1STEP 개념 확인하기

01 4, 5 / 5
02 / 8마리
03 5 / 9, 12, 15 / 15개
04 6, 6   05 4, 4
06 5   07 4

06 토마토를 2씩 묶으면 5묶음입니다. 2씩 5묶음은 2의 5배이므로 토마토의 수는 수박의 수의 5배입니다.

07 노란색 리본의 길이는 초록색 리본을 4번 이어 붙인 길이와 같습니다.

154쪽 2STEP 유형 다잡기

01 6개 / 풀이 5, 6, 6
01 리아
02 하나씩 세기 36개 ▶ 2점
   불편한 점 예 수를 빠뜨리거나 세었던 것을 다시 세어 잘못 세기 쉽습니다. ▶ 3점
02 9개 / 풀이 6, 9, 9
03 12, 16, 16
04 / 18마리
05 예 2 /
03 21 / 풀이 14, 21, 21
06 15, 20 / 20   07 32 cm
04 예 / 15권
/ 풀이 3, 10, 15, 15
08 12, 16 / 16개

02 참고 '물건의 수가 많아지면 하나씩 세는 것이 오래 걸려 불편합니다.'와 같이 답할 수도 있습니다.

04 6씩 뛰어 세면 6, 12, 18이므로 잠자리는 모두 18마리입니다.

05 채점 가이드 3이 아닌 다른 수만큼 뛰어 세고 모두 12개로 바르게 세었는지 확인합니다.

06 5씩 뛰어 세면 5, 10, 15, 20이므로 5씩 4번 뛰어 센 수는 20입니다.

07 자에서 8씩 4번 뛰어 세면 8, 16, 24, 32입니다. 따라서 다희가 가지고 있는 리본의 길이는 32 cm입니다.

156쪽 2STEP 유형 다잡기

09 3, 2   10 27자루
11 예 / 15개
05 8개 / 풀이 6, 8, 8
12 방법 예 '묶어 세기'에 ○표 ▶ 1점
   설명 전구를 9씩 묶으면 2묶음이 됩니다. 9, 18이므로 전구는 모두 18개입니다. ▶ 4점
13 지영
06 7 / 풀이 7
14 (○)(   )   15 ㉡
16 4, 6, 4, 6   17 3, 4
18 (1)
   (2)
   (3)

09 딸기는 모두 14개이므로 4개씩 3묶음과 낱개 2개로 셉니다.

10 연필을 3자루씩 묶어 세면 9묶음이므로 3, 6, 9, 12, 15, 18, 21, 24, 27입니다. 따라서 연필은 모두 27자루입니다.
   다른 풀이 연필을 9자루씩 묶어 세면 3묶음이므로 9, 18, 27입니다.

11 채점 가이드 바구니 안에 같은 수만큼 ○를 그리고, 한 바구니 안에 그린 ○의 수를 5묶음만큼 세어서 전체 개수를 바르게 구했는지 확인합니다.

13 지영: 3개씩 묶어 세면 5묶음이 되고 1개가 남습니다.

14 축구공을 3씩 묶어 세면 5묶음이 되고, 축구공을 6씩 묶어 세면 2묶음이 되고 3개가 남습니다.
→ 남지 않게 묶어 셀 수 있는 방법은 3씩 묶기입니다.

17 • 클립은 2씩 묶으면 3묶음입니다.
• 누름 못은 2씩 묶으면 4묶음입니다.

18 (1) 9는 3씩 묶으면 3묶음입니다. 6씩 묶으면 1묶음이고 3개가 남습니다.
(2) 18은 3씩 묶으면 6묶음, 6씩 묶으면 3묶음입니다.
(3) 12는 3씩 묶으면 4묶음, 6씩 묶으면 2묶음입니다.

20 ㉠ 숟가락을 2개씩 묶으면 7묶음이 되고 1개가 남습니다.

21 (1) 초콜릿은 4개씩 2상자이므로 4씩 2묶음, 4의 2배입니다.
(2) 체리는 2개씩 7묶음이므로 2의 7배입니다.

22 채점 가이드 실생활 속에서 몇의 몇 배로 나타낼 수 있는 물건을 찾아 문장으로 바르게 썼는지 확인합니다.

23 ㉡ 조개는 5씩 4묶음입니다. → 5의 4배
조개는 4씩 5묶음입니다. → 4의 5배

24 파란색 붙임딱지는 18장이고, 18은 3씩 6묶음입니다.
파란색 붙임딱지는 빨간색 붙임딱지의 6배만큼 있습니다.

158쪽 **2STEP 유형 다잡기**

07 4, 4, 3

19 8, 4, 2   **20** ㉡, ㉢

08 4, 5, 4

21 (위에서부터) 2, 7 / (1)   (2)

22 문장 예 책꽂이에 책이 7의 5배만큼 꽂혀 있습니다.

23 ㉡

09 8배 / 풀이 2, 16, 8, 8

24 3, 6

25 1단계 예 만든 연결 모형의 수는 청우 2개, 세진 4개, 아현 10개입니다. ▶1점
2단계 • 세진이가 만든 연결 모형의 수는 2씩 2묶음이므로 청우가 만든 연결 모형의 수의 2배입니다.
• 아현이가 만든 연결 모형의 수는 2씩 5묶음이므로 청우가 만든 연결 모형의 수의 5배입니다. ▶4점
답 2배, 5배

160쪽 **2STEP 유형 다잡기**

26 6

10 2배 / 풀이 2

27 미나

28 예 [ㅁㅁㅁㅁㅁㅁㅁㅁㅁㅁㅁ]

29 예 파란, 연두, 3

11 4배 / 풀이 9, 4, 4

30 20개   **31** 5배

12 4개 / 풀이 12, 12, 4, 4

32 4묶음   **33** 6묶음

34 1단계 예 사탕은 6씩 4묶음이므로 6, 12, 18, 24로 24개 있습니다. ▶2점
2단계 24는 8씩 묶으면 8, 16, 24이므로 3묶음입니다. 따라서 8개씩 다시 담으면 3봉지가 됩니다. ▶3점
답 3봉지

26 42를 7씩 묶으면 6묶음입니다. 42는 7씩 6 묶음이므로 7의 6배입니다.

28 주어진 막대의 길이는 3칸입니다. 3의 4배이므로 3칸씩 4번 이어 붙인 길이인 12칸에 색칠합니다.

29 (채점 가이드) 더 긴 길이의 막대의 색을 앞에 있는 □에 써넣고, 몇의 몇 배로 나타낼 수 있는 색을 뒤에 있는 □에 써넣은 후 몇 배로 바르게 적었는지 확인합니다.

30 현우가 산 핫도그는 5개이고, 예나가 산 핫도그는 5의 4배만큼입니다.
5의 4배는 5씩 4묶음으로 5, 10, 15, 20이므로 예나가 산 핫도그는 모두 20개입니다.

31 35를 7씩 묶으면 5묶음입니다. 따라서 서아가 사용한 철사의 길이는 현진이가 사용한 철사의 길이의 5배입니다.

32 8씩 2묶음은 8, 16이므로 모두 16개입니다.
16을 4씩 묶으면 4, 8, 12, 16이므로 4묶음입니다.

33 2씩 9묶음은 2, 4, 6, 8, 10, 12, 14, 16, 18이므로 18입니다.
18을 3씩 묶으면 3, 6, 9, 12, 15, 18이므로 6묶음이 됩니다.

163쪽 1STEP 개념 확인하기

01 5, 4, 5	**02** 3, 8, 3
03 3, 3	**04** 3, 3, 9
05 3, 9	**06** 9
07 3, 3, 15 / 5, 15	**08** 4, 4, 12 / 3, 12
09 7, 14 / 2, 14	**10** 6, 24 / 4, 24

07 컵이 3개씩 포개어져 5묶음 있으므로 3의 5배입니다.

08 바나나가 4개씩 3송이 있으므로 4의 3배입니다.

09 2개씩 묶으면 7묶음이므로 $2 \times 7 = 14$입니다.
7개씩 묶으면 2묶음이므로 $7 \times 2 = 14$입니다.

10 4개씩 묶으면 6묶음이므로 $4 \times 6 = 24$입니다.
6개씩 묶으면 4묶음이므로 $6 \times 4 = 24$입니다.

164쪽 2STEP 유형 다잡기

13 2, 2, 8, 2
01 (1)~(3) 선 잇기
02 ㉡
03 5, 곱하기
14 $4 \times 7 = 28$ / 풀이 4, 7, 4, 7, 28
04 (1) $7 \times 8 = 56$
    (2) 예 9 곱하기 5는 45와 같습니다.
05 ㉡
06 $3 \times 2 = 6$ / $3 \times 3 = 9$
07 준호
15 6, 6, 6, 18 / 6, 3, 18 / 풀이 3
08 '$7 + 7 = 14$', '$2 \times 7 = 14$'에 ○표
09 $4 + 4 + 4 + 4 + 4 + 4 = 24$ / $4 \times 6 = 24$

01 (1) 5씩 3묶음 → 5의 3배 → 5×3
    (2) 6의 2배 → 6×2
    (3) 4 곱하기 3 → 4×3

02 6씩 3묶음 → 6의 3배 → 6×3
    ㉡ $6 + 3 = 9$

03 오리를 2씩 묶으면 5묶음이므로 2×5입니다.
2×5는 2 곱하기 5라고 읽습니다.

05 2씩 6번 뛰어 세었습니다. 곱셈식으로 나타내면 $2 \times 6 = 12$이므로 바르게 나타낸 것은 ㉡입니다.

06 3씩 2묶음 → 3의 2배 → $3 \times 2 = 6$
3씩 3묶음 → 3의 3배 → $3 \times 3 = 9$

07 야구공은 7씩 3묶음입니다.
준호: $7 + 7 + 7$은 7×3과 같습니다.

08 구슬은 7개씩 2줄이므로 $7+7=14$입니다.
구슬은 2개씩 7묶음이므로 $2\times7=14$입니다.

09 소가 6마리 있으므로 소의 다리의 수는 4의 6배입니다. 4의 6배를 덧셈식과 곱셈식으로 각각 나타냅니다.

166쪽 **2STEP 유형 다잡기**

10 $3\times6=18$ / $2\times4=8$ / $4\times4=16$

11 예

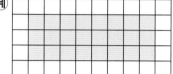

/ $8\times3=24$

16 $7\times6=42$ / 풀이 6, 42

12 ㉠

13 이름 이찬 ▶2점
이유 예 5×3은 5를 3번 더한 것과 같으므로 덧셈식을 $5+5+5=15$로 적어야 합니다. ▶3점

17 6, 12 / 4, 12
/ 풀이 6, 6, 12, 4, 4, 12

14 ( )(×)( )

15 예 $2\times8=16$ / $4\times4=16$

18 28자루 / 풀이 4, 7, 4, 28

16 4, 24 / 24개

17 $5\times4=20$ / 20개

---

11 채점 가이드 색칠한 작은 사각형의 수를 나타내는 곱셈식을 바르게 썼는지 확인합니다. 색칠한 사각형의 가로에 놓인 작은 사각형 수와 세로에 놓인 작은 사각형 수의 곱이 만들어집니다.

12 ㉡ $9\times4=36$을 덧셈식으로 나타내면 $9+9+9+9=36$입니다.

14 • 당근을 7개씩 묶으면 2묶음이 됩니다. → 7×2
• 당근을 4개씩 묶으면 3묶음이 되고 2개가 남습니다.
• 당근을 2개씩 묶으면 7묶음이 됩니다. → 2×7

---

15 나뭇잎을 2장씩 묶으면 8묶음입니다.
→ $2\times8=16$
나뭇잎을 4장씩 묶으면 4묶음입니다.
→ $4\times4=16$

16 (한 판에 들어 있는 달걀 수)×(판 수)
$=6\times4=24$(개)

17 (한 장을 오렸을 때 만들 수 있는 하트 모양의 수)×(장 수)$=5\times4=20$(개)

168쪽 **2STEP 유형 다잡기**

18 12개　　　　　**19** 40개

20 1단계 예 ○표 한 날을 세어 보면 월, 수, 목으로 실천한 날수는 3일입니다. ▶2점
2단계 실천한 날에 푼 수학 문제의 수를 곱셈식으로 나타내면 $7\times3=21$입니다. 따라서 수학 문제를 모두 21개 풀었습니다. ▶3점
답 21개

19 > / 풀이 42, 32, 42, >, 32

21 '5의 5배'에 색칠　　**22** 이준

23 ㉡, ㉢, ㉠

20 2 / 풀이 2, 2, 14, 2

24 ( )(○)　　　　**25** ㉡, ㉢

26 4

21

| 2 | 6 | 3 | 8 | / 풀이 6, 4 |
| 7 | 9 | 4 | 1 | |

27 (왼쪽에서부터) 2 / 3, 6 / 6, 3

28 3, 8

---

18 한 사람이 펼친 손가락은 2개이므로 6명이 펼친 손가락 수는 2의 6배입니다.
→ (펼친 손가락 수)$=2\times6=12$(개)

19 달 모양이 그려진 규칙을 찾으면 8개씩 5줄입니다. 따라서 그려진 달 모양은 모두 $8\times5=40$(개)입니다.

21 $4 \times 6 = 4 + 4 + 4 + 4 + 4 + 4 = 24$
5의 5배 → $5 \times 5 = 5 + 5 + 5 + 5 + 5 = 25$
→ $24 < 25$

22 • 이준: $5 \times 4 = 5 + 5 + 5 + 5 = 20$(개)
• 진영: 17개
$20 > 17$이므로 고구마를 더 많이 캔 사람은 이준입니다.

23 ㉠ 6의 3배 → $6 \times 3 = 6 + 6 + 6 = 18$
㉡ $3 \times 4 = 3 + 3 + 3 + 3 = 12$
㉢ $7 \times 2 = 7 + 7 = 14$
→ ㉡ 12 < ㉢ 14 < ㉠ 18

24 32는 4씩 8묶음이므로 $4 \times \boxed{8} = 32$입니다.
30은 5씩 6묶음이므로 $5 \times \boxed{6} = 30$입니다.
→ $8 > 6$

25 ㉠ 40은 5씩 8묶음이므로 $5 \times \boxed{8} = 40$입니다.
㉡ 35는 7씩 5묶음이므로 $7 \times \boxed{5} = 35$입니다.
㉢ 25는 5씩 5묶음이므로 $\boxed{5} \times 5 = 25$입니다.
㉣ 36은 9씩 4묶음이므로 $9 \times \boxed{4} = 36$입니다.

26 27은 9씩 3묶음이므로 $9 \times \boxed{3} = 27$입니다.
→ ㉠ $= 3$
$3 \times ㉡ = 12$에서 12는 3씩 4묶음이므로
$3 \times \boxed{4} = 12$입니다. → ㉡ $= 4$

27 18은 2씩 9묶음(2×9), 3씩 6묶음(3×6),
6씩 3묶음(6×3), 9씩 2묶음(9×2)으로 묶어 셀 수 있습니다.

28 $6 \times 4 = 24$입니다. 곱이 24인 곱셈식은
$4 \times 6 = 24$, $3 \times 8 = 24$, $8 \times 3 = 24$이고 두 사람의 수 카드가 서로 다르므로 현우가 고른 수 카드는 3과 8입니다.

170쪽 2STEP 유형 다잡기

㉒ $8 \times 5 = 40$ / 40 / 풀이 8, 5, 40
29 12
30 예 2, 7, 4 / '작은'에 ○표 / 8
31 63, 6

㉓ 24 cm / 풀이 8, 3, 8, 3, 24
32 16 cm   **33** 32 cm
㉔ 31개 / 풀이 7, 28, 28, 3, 31
34 47살   **35** 17개
36 1단계 예 5의 5배이므로 $5 \times 5 = 25$(개)입니다. ▶3점
2단계 (서아가 가지고 있는 수수깡의 수)
$= 25 - 3 = 22$(개) ▶2점
답 22개
37 60쪽

29 곱하는 두 수가 작을수록 곱이 작아집니다.
→ (가장 작은 수) × (두 번째로 작은 수)
$= 3 \times 4 = 12$

30 채점 가이드 공 위에 수를 써넣고, 선택한 조건에 맞게 곱을 구하였는지 확인합니다.

31 • (가장 큰 곱)
= (가장 큰 수) × (두 번째로 큰 수)
$= 9 \times 7 = 63$
• (가장 작은 곱)
= (가장 작은 수) × (두 번째로 작은 수)
$= 2 \times 3 = 6$

32 (쌓기나무 1개의 높이) × 8
$= 2 \times 8 = 16$ (cm)

33 초록색 막대의 길이는 노란색 막대의 길이의 4배이므로 $2 \times 4 = 8$ (cm)입니다.
→ 사용한 리본의 길이는 초록색 막대의 길이의 4배인 $8 \times 4 = 32$ (cm)입니다.

34 9의 5배 → $9 \times 5 = 45$
따라서 도율이의 아버지의 나이는
$45 + 2 = 47$(살)입니다.

35 8의 3배 → $8 \times 3 = 24$
따라서 7개를 먹고 남은 젤리는
$24 - 7 = 17$(개)입니다.

37 일주일은 7일이므로 일주일 동안 읽은 책의 쪽수는 8의 7배 → $8 \times 7 = 56$(쪽)입니다.
→ (위인전의 전체 쪽수) $= 56 + 4 = 60$(쪽)

25 7개 / 풀이 27, 27, 20, 7

38 1단계 예 7장씩 6명이 나누어 가지려면 색종이는 7×6=42(장) 필요합니다. ▶3점

2단계 (더 필요한 색종이 수)
=42-30=12(장) ▶2점

답 12장

39 빵, 6개

26 48개 / 풀이 8, 8, 6, 48

40 38개　　　　　　**41** 45개

42 30개

27 8개
/ 풀이 4, 12, 5, 20, 20, 12, 8

43 9

44 주경, 5개

28 2, 3에 ○표 / 풀이 8, 12, 16, 4, 2, 3

45 28　　　　　　**46** 7, 8, 9

47 예 2, 7

---

39 (빵의 수)=3×5=15(개)
21>15이므로 빵이 21-15=6(개) 더 필요합니다.

40 4개씩 5묶음 → 4×5=20(개)
6개씩 3묶음 → 6×3=18(개)
따라서 보석은 모두 20+18=38(개)입니다.

41 (기계 3대가 1분 동안 만들 수 있는 모자의 수)
=3×3=9(개)
→ (기계 3대가 5분 동안 만들 수 있는 모자의 수)=9×5=45(개)

42 세나: 2개씩 3묶음 → 2×3=6(개)
건우: 6의 4배 → 6×4=24(개)
→ (세나와 건우가 접은 학의 수)
=6+24=30(개)

43 •5와 6의 곱: 5×6=30
•7의 3배: 7×3=21
→ 두 곱의 차: 30-21=9

---

44 주경이가 주운 밤: 8×4=32(개)
준호가 주운 밤: 3×9=27(개)
32>27이므로 주경이가 주운 밤이
32-27=5(개) 더 많습니다.

45 9×3=27
→ 27보다 큰 수 중에서 가장 작은 두 자리 수는 27보다 1만큼 더 큰 28입니다.

46 2×6=12, 2×7=14, 2×8=16, 2×9=18
→ 2를 곱한 값이 13보다 커야 하므로 □ 안에는 6보다 큰 수가 들어가야 합니다.

47 채점 가이드 3과 곱한 값이 한 자리 수가 되도록 첫 번째 □ 안에 수를 쓰고, 곱보다 큰 값이 되는 한 자리 수를 두 번째 □에 바르게 썼는지 확인합니다.

---

1 48

2
❶ 은우가 가진 꽃의 수 구하기 ▶2점
❷ 아린이가 가진 꽃의 수는 은우가 가진 꽃의 수의 몇 배인지 구하기 ▶3점

예 ❶ 아린이에게 주고 남은 은우의 꽃은 9-3=6(송이)입니다.
❷ 36을 6씩 묶으면 6묶음이 되므로 36은 6의 6배입니다. 따라서 아린이가 가진 꽃의 수는 은우가 가진 꽃의 수의 6배입니다.
답 6배

3 44

4
❶ 두 곱셈 계산하기 ▶3점
❷ □ 안에 들어갈 수 있는 수의 개수 구하기 ▶2점

예 ❶ •7의 3배 → 7×3=21
•5×5=25
❷ 21보다 크고 25보다 작은 수는 22, 23, 24로 모두 3개입니다.
답 3개

5 12가지　　　　　　**6** 2명

7 (1) 9살　(2) 31살　(3) 40살

8 (1) 30개　(2) 48개　(3) 6마리

1 가장 큰 경우: $9 \times 6 = 54$
가장 작은 경우: $2 \times 3 = 6$ $\Big] \rightarrow 54 - 6 = 48$

3 $\square \times 4 = 32 \rightarrow 8 \times 4 = 32$이므로 $\square = 8$입니다.
$3 \times 7 = \square \rightarrow 3 \times 7 = 21$이므로 $\square = 21$입니다.
$6 \times \square = 36 \rightarrow 6 \times 6 = 36$이므로 $\square = 6$입니다.
$1 \times \square = 9 \rightarrow 1 \times 9 = 9$이므로 $\square = 9$입니다.
$\rightarrow$ 보이지 않는 부분에 알맞은 수들을 모두 더하면 $8 + 21 + 6 + 9 = 44$입니다.

5 윗옷을 하나 골랐을 때 아래옷을 고르는 방법은 3가지입니다. 윗옷이 4개이므로 각각 3가지 방법으로 아래옷을 고를 수 있습니다.
$\rightarrow$ 민수가 옷을 입는 방법의 가짓수:
$3 + 3 + 3 + 3 = 3 \times 4 = 12$(가지)

6 8명이 모두 빈 병을 2개씩 모았다면 모은 병의 수는 $2 \times 8 = 16$(개)입니다.
모은 빈 병이 14개이므로 8명이 모두 2병씩 모았을 때보다 $16 - 14 = 2$(개)만큼 더 적습니다.
따라서 빈 병을 1개 모은 친구는 2명입니다.

7 ⑴ 5의 2배 $\rightarrow 5 \times 2 = 10$
$\rightarrow$ 래희의 나이: $10 - 1 = 9$(살)
⑵ 9의 4배 $\rightarrow 9 \times 4 = 36$
$\rightarrow$ (이모의 나이) $= 36 -$ (래희 동생의 나이)
$= 36 - 5 = 31$(살)
⑶ 래희의 나이와 이모의 나이의 합:
$9 + 31 = 40$(살)
$\rightarrow$ 아버지의 나이: 40살

8 ⑴ (개미 5마리의 다리 수) $= 6 \times 5 = 30$(개)
⑵ (거미의 전체 다리 수) $= 78 - 30 = 48$(개)
⑶ 거미의 수를 $\square$라 하면 $8 \times \square = 48$입니다.
$8 \times 6 = 48$에서 $\square = 6$이므로 거미는 6마리입니다.

177쪽 6단원 마무리

01 6개

02 ⑴ ·╳·
⑵ ·╳·
⑶ ·—·

---

03 15마리   **04** 8, 12
05 ㉡   **06** 6배
07 $6 + 6 + 6 + 6 + 6 = 30$ / $6 \times 5 = 30$
08 7   **09** 준혁
10 $9 \times 4 = 36$ / 36개   **11** 5배
12 35개   **13** 34살
14

| ❶ 곱셈식을 1개 만들기 ▶ 3점 |
| ❷ ❶과 다른 곱셈식을 1개 더 만들기 ▶ 2점 |

(예) ❶ 6씩 묶으면 4묶음이므로 $6 \times 4 = 24$입니다.
❷ 4씩 묶으면 6묶음이므로 $4 \times 6 = 24$입니다.
(답) $6 \times 4 = 24$, $4 \times 6 = 24$

15 2, 6   **16** 4묶음

17

| ❶ 빨간색 구슬의 수 구하기 ▶ 3점 |
| ❷ 어느 색 구슬이 몇 개 더 많은지 구하기 ▶ 2점 |

(예) ❶ 빨간색 구슬은 5의 5배이므로 $5 \times 5 = 25$(개) 있습니다.
❷ $25 > 23$이므로 빨간색 구슬이 $25 - 23 = 2$(개) 더 많습니다.
(답) 빨간색, 2개

18 ⑤

19

| ❶ 곱이 가장 작은 곱셈식 만드는 방법 알기 ▶ 3점 |
| ❷ 가장 작은 곱 구하기 ▶ 2점 |

(예) ❶ 가장 작은 수와 두 번째로 작은 수를 곱할 때 곱이 가장 작습니다.
❷ 수 카드 중에서 가장 작은 수는 2, 두 번째로 작은 수는 6이므로 $2 \times 6 = 12$입니다.
(답) 12

20 22

---

03 3씩 5묶음 또는 5씩 3묶음으로 셀 수 있습니다. 토끼는 모두 15마리입니다.

05 ㉠ 4씩 묶으면 3묶음으로 나타낼 수 있습니다.

06 지우개는 3개이고 연필을 3자루씩 묶으면 6묶음입니다.
3씩 6묶음은 3의 6배이므로 연필의 수는 지우개의 수의 6배입니다.

07 무당벌레 한 마리의 다리는 6개이고, 무당벌레는 5마리 있으므로 무당벌레의 다리의 수는 6의 5배입니다.

08 2, 4, 6, 8, 10, 12, 14이므로 14는 2씩 7묶음입니다.

09 준혁: 3씩 묶어 세면 3묶음이 되고 1개가 남습니다.

10 젤리가 9개씩 4봉지이므로 곱셈식으로 나타내면 9×4=36(개)입니다.

11 이준이가 연결한 모형은 2개이고 미나가 연결한 모형은 10개입니다. 10은 2씩 5묶음이므로 미나가 연결한 모형의 수는 이준이가 연결한 모형의 수의 5배입니다.

12 한 사람이 보를 냈을 때 펼친 손가락은 5개입니다. 7명의 학생들이 모두 보를 냈을 때 펼친 손가락은 5의 7배이므로 5×7=35(개)입니다.

13 9의 4배 → 9×4=9+9+9+9=36
따라서 리아의 선생님의 나이는
36−2=34(살)입니다.

14 참고 8×3=24, 3×8=24와 같이 나타낼 수도 있습니다.

15 18은 2씩 9묶음, 3씩 6묶음으로 묶을 수 있습니다.
2×9=18이므로 ●=2,
3×6=18이므로 ▲=6입니다.

16 3씩 8묶음은 3, 6, 9, 12, 15, 18, 21, 24이므로 24입니다. 24를 6씩 묶으면 6, 12, 18, 24이므로 4묶음이 됩니다.

18 ① 2×4=8 ② 3×6=18 ③ 5×3=15
④ 9×2=18 ⑤ 7×4=28
28>18>15>8이므로 곱이 가장 큰 것은 ⑤입니다.

20 2×5=□ → 2×5=10이므로 □=10입니다.
3×□=27 → 3×9=27이므로 □=9입니다.
□×6=18 → 3×6=18이므로 □=3입니다.
따라서 보이지 않는 부분에 알맞은 수들을 모두 더하면 10+9+3=22입니다.

180쪽 **1~6단원 총정리**

01

02 5번 **03** 10개
04 42 **05** ○, ×
06 4개, 2개 **07** 2개
08 (위에서부터) 6, 4, 3, 2
09 5, 4, 3 **10** 민수
11 18장 **12** 지훈
13 522, 512, 502, 492, 482
14 15 cm

15
> ❶ 두 사람이 말한 수 각각 구하기 ▶ 2점
> ❷ 더 작은 수를 말한 사람 찾기 ▶ 3점

예 ❶ 정미가 말한 수는 308이고 윤수가 말한 수는 312입니다.
❷ 308<312이므로 더 작은 수를 말한 사람은 정미입니다.
답 정미

16 17, 23 / 23, 17

17
> ❶ 쌓은 쌓기나무의 수 각각 구하기 ▶ 3점
> ❷ 더 필요한 쌓기나무의 수 구하기 ▶ 2점

예 ❶ 왼쪽 모양은 쌓기나무 4개로 쌓은 모양이고, 오른쪽 모양은 쌓기나무 6개로 쌓은 모양입니다.
❷ 따라서 똑같이 쌓으려면 쌓기나무가
6−4=2(개) 더 필요합니다.
답 2개

18 7 **19** 영현
20 16 **21** 24개

22
> ❶ ㉠, ㉡에 알맞은 수 구하기 ▶ 3점
> ❷ ㉠, ㉡에 알맞은 수의 합 구하기 ▶ 2점

예 ❶ ♡ 모양 단추에 ○표 하면 3개이므로 ㉠=3입니다. 구멍이 4개인 단추에 ∨표 하면 3개이므로 ㉡=3입니다.
❷ 따라서 ㉠+㉡=3+3=6입니다.
답 6

23 0, 1, 2, 3 **24** 7개
25 32

01 곧은 선 **3**개로 둘러싸인 도형을 찾습니다.

02 우산의 길이는 뼘으로 재면 **5**번입니다.

03 2씩 **5**묶음 또는 5씩 **2**묶음으로 셀 수 있습니다. 밤은 모두 **10**개입니다.

04 **7**+**35**=**42**

05 맛있는 것과 맛없는 것은 사람마다 다를 수 있으므로 분류 기준으로 알맞지 않습니다.

06 삼각형 **4**개와 사각형 **2**개로 만든 모양입니다.

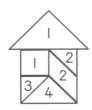

07 십의 자리 숫자가 **3**인 수는 **231**, **635**로 모두 **2**개입니다.

> **참고** 308에서 3은 백의 자리 숫자이고, 123에서 3은 일의 자리 숫자입니다.

08 컵케이크는 2씩 **6**묶음, 3씩 **4**묶음, 4씩 **3**묶음, 6씩 **2**묶음과 같이 나타낼 수 있습니다.

09 옷을 색깔에 따라 분류하고 그 수를 세어 보면 노란색: **5**명, 초록색: **4**명, 빨간색: **3**명입니다.

10 민수: 노란색 옷을 입고 온 학생은 **5**명으로 가장 많습니다.

11 (남은 색종이 수)
= (산 색종이 수) - (사용한 색종이 수)
= 30 - 12 = **18**(장)

12 길이가 자의 눈금 사이에 있을 때는 가까운 쪽에 있는 숫자를 읽습니다.
따라서 붓의 오른쪽 끝이 눈금 **6**에 가까우므로 바르게 잰 사람은 지훈입니다.

13 10씩 거꾸로 뛰어 세면 십의 자리 숫자가 **1**씩 작아집니다.

14 나의 길이는 가의 길이의 **3**배이므로
5×3=**15** (cm)입니다.

16 두 수의 합이 40이므로 일의 자리 수의 합이 **0** 또는 **10**이 되는 두 수를 찾으면 **17**과 **23**, **28**과 **22**입니다.
17+**23**=**40**, **28**+**22**=**50**
따라서 수 카드로 합이 **40**이 되는 식을 만들면
17+**23**=**40**, **23**+**17**=**40**입니다.

> **참고** 더해서 10이 되는 두 수
> → 1과 9, 2와 8, 3과 7, 4와 6, 5와 5

18 35를 5씩 묶으면 **7**묶음입니다. 35는 5씩 **7**묶음이므로 5의 **7**배입니다.

19 잰 횟수가 **5**번으로 같으므로 길이가 긴 뼘으로 재어 자른 끈이 더 깁니다. 영현이의 뼘으로 재어 자른 끈이 더 길므로 한 뼘의 길이가 더 긴 사람은 영현입니다.

20 21+42-□=47, 63-□=47,
63-47=□, □=**16**

21 고무줄에 둘러싸인 사각형에는 점이 가로에 **8**개씩 **3**줄로 놓여 있으므로 점은 모두
8×3=**24**(개)입니다.

23 124>12□에서 백의 자리, 십의 자리 수가 같으므로 일의 자리 수를 비교합니다.
4>□이므로 □ 안에 들어갈 수 있는 수는 모두 **0**, **1**, **2**, **3**입니다.

24
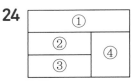

사각형 **1**개짜리: ①, ②, ③, ④ → **4**개
사각형 **2**개짜리: ②+③ → **1**개
사각형 **3**개짜리: ②+③+④ → **1**개
사각형 **4**개짜리: ①+②+③+④ → **1**개
→ 찾을 수 있는 크고 작은 사각형은 모두
4+1+1+1=**7**(개)입니다.

25 □×2=18 → 9×2=18이므로 □=**9**입니다.
6×3=□ → 6×3=18이므로 □=**18**입니다.
5×□=25 → 5×5=25이므로 □=**5**입니다.
따라서 지워진 부분에 알맞은 수들을 모두 더하면 9+18+5=**32**입니다.

1 세 자리 수

서술형 다지기

1 조건 10, 528
풀이 ❶ 538, 548 / 548
❷ 백, 548 / 548, 648, 748, 848
답 848

1-1 풀이 ❶ 어떤 수 구하기
㉎ 392에서 10씩 4번 뛰어 세면
392−402−412−422−432이므로
어떤 수는 432입니다. ▶3점
❷ 어떤 수에서 100씩 3번 뛰어 센 수 구하기
432에서 100씩 3번 뛰어 세면
432−532−632−732입니다. ▶2점
답 732

1-2 1단계 ㉎ 325에서 100씩 3번 뛰어 세면
325−425−525−625이므로 어떤 수는
625입니다. ▶3점
2단계 625에서 10씩 4번 거꾸로 뛰어 세면
625−615−605−595−585입니다. ▶2점
답 585

1-3 1단계 ㉎ 723에서 10씩 4번 거꾸로 뛰어 세면
723−713−703−693−683이므로 어떤 수
는 683입니다. ▶3점
2단계 683에서 1씩 5번 거꾸로 뛰어 세면
683−682−681−680−679−678입니
다. ▶2점
답 678

2 조건 800 / 70 / 3, 5
풀이 ❶ 800, 8 / 70, 7 / 3, 5, 4
❷ 8, 7, 4, 874
답 874

2-1 풀이 ❶ 백, 십, 일의 자리 숫자 각각 구하기
㉎ 백의 자리 숫자는 400을 나타내므로 4입니다.
십의 자리 수는 백의 자리 수보다 1만큼 더 크므로
십의 자리 숫자는 5입니다. 일의 자리 숫자는 7보다
크고 9보다 작으므로 8입니다. ▶3점
❷ 조건을 모두 만족하는 세 자리 수 구하기
따라서 조건을 모두 만족하는 세 자리 수는 458입
니다. ▶2점
답 458

2-2 1단계 ㉎ 십의 자리 숫자는 80을 나타내므로 8입니
다. 일의 자리 수는 십의 자리 수보다 2만큼 더 작으
므로 6입니다. ▶2점
2단계 ■86이 372보다 크고 654보다 작을 때
백의 자리 숫자가 될 수 있는 수는 3, 4, 5입니다.
▶2점
3단계 따라서 조건을 모두 만족하는 세 자리 수는
386, 486, 586으로 모두 3개입니다. ▶1점
답 3개

3 조건 43 / 10 / 1
풀이 ❶ 43, 430 / 10, 406 / 1, 419
❷ 430, 419, 406, 현우
답 현우

3-1 (풀이) ❶ 세 사람이 말한 수 각각 구하기

(예) 민우: 10이 78개인 수는 780입니다.

영서: 769보다 1만큼 더 큰 수는 769에서 1만큼 뛰어 센 770입니다.

현수: 805보다 10만큼 더 작은 수는 805에서 10만큼 거꾸로 뛰어 센 795입니다. ▶3점

❷ 가장 작은 수를 말한 사람 찾기

세 수의 크기를 비교하면 770<780<795이므로 가장 작은 수를 말한 사람은 영서입니다. ▶2점

(답) 영서

3-2 (1단계) (예) ㉠ 100이 7개이면 700, 10이 17개이면 170, 1이 4개이면 4이므로 874입니다.

㉡ 812에서 10씩 5번 뛰어 세면

812-822-832-842-852-862이므로 862입니다.

㉢ 100이 5개이면 500, 10이 32개이면 320, 1이 6개이면 6이므로 826입니다. ▶3점

(2단계) 세 수의 크기를 비교하면

826<862<874이므로 가장 작은 수부터 차례로 기호를 쓰면 ㉢, ㉡, ㉠입니다. ▶2점

(답) ㉢, ㉡, ㉠

서술형 완성하기

08쪽

1 (풀이) ❶ 어떤 수 구하기

(예) 517에서 100씩 4번 뛰어 세면

517-617-717-817-917이므로 어떤 수는 917입니다. ▶3점

❷ 어떤 수에서 10씩 3번 거꾸로 뛰어 센 수 구하기

917에서 10씩 3번 거꾸로 뛰어 세면

917-907-897-887입니다. ▶2점

(답) 887

2 (풀이) ❶ 어떤 수 구하기

(예) 412에서 10씩 4번 거꾸로 뛰어 세면

412-402-392-382-372이므로 어떤 수는 372입니다. ▶3점

❷ 어떤 수에서 1씩 6번 거꾸로 뛰어 센 수 구하기

372에서 1씩 6번 거꾸로 뛰어 세면

372-371-370-369-368-367-366입니다. ▶2점

(답) 366

3 (풀이) ❶ 백, 십, 일의 자리 숫자 각각 구하기

(예) 일의 자리 숫자는 2입니다. 십의 자리 수는 일의 자리 수보다 1만큼 더 크므로 십의 자리 숫자는 3입니다. 백의 자리 숫자는 8보다 크므로 9입니다. ▶3점

❷ 조건을 모두 만족하는 세 자리 수 구하기

따라서 조건을 모두 만족하는 세 자리 수는 932입니다. ▶2점

(답) 932

4 (풀이) ❶ 십, 백의 자리 숫자 각각 구하기

(예) 십의 자리 숫자는 60을 나타내므로 6입니다. 백의 자리 수는 십의 자리 수보다 3만큼 더 작으므로 백의 자리 숫자는 3입니다. ▶2점

❷ 일의 자리 숫자 구하기

각 자리 수의 합이 11이므로 일의 자리 숫자는 2입니다. ▶2점

❸ 조건을 모두 만족하는 세 자리 수 구하기

따라서 조건을 모두 만족하는 세 자리 수는 362입니다. ▶1점

(답) 362

5 (풀이) ❶ 십, 일의 자리 숫자 각각 구하기

(예) 십의 자리 숫자는 30을 나타내므로 3이고, 일의 자리 수는 십의 자리 수보다 2만큼 더 크므로 5입니다. ▶2점

❷ 백의 자리 숫자가 될 수 있는 수 구하기

■35가 637보다 크고 926보다 작을 때 백의 자리 숫자가 될 수 있는 수는 7, 8입니다. ▶2점

❸ 조건을 모두 만족하는 세 자리 수의 개수 구하기

따라서 조건을 모두 만족하는 세 자리 수는 735, 835로 모두 2개입니다. ▶1점

(답) 2개

6 (풀이) ❶ 세 사람이 말한 수 각각 구하기

(예) 서현: 10이 46개인 수는 460입니다.

준기: 438보다 10만큼 더 큰 수는 438에서 10만큼 뛰어 센 448입니다.

성훈: 504보다 1만큼 더 작은 수는 504에서 1만큼 거꾸로 뛰어 센 503입니다. ▶3점

❷ 가장 작은 수를 말한 사람 찾기

세 수의 크기를 비교하면

448<460<503이므로 가장 작은 수를 말한 사람은 준기입니다. ▶2점

(답) 준기

7 (풀이) ❶ 세 사람이 말한 수 각각 구하기

(예) 민석: 10이 39개인 수는 390입니다.

지은: 399보다 1만큼 더 큰 수는 399에서 1만큼 뛰어 센 400입니다.

현수: 418보다 10만큼 더 작은 수는 418에서 10만큼 거꾸로 뛰어 센 408입니다. ▶3점

❷ 가장 큰 수를 말한 사람 찾기

세 수의 크기를 비교하면 408>400>390이므로 가장 큰 수를 말한 사람은 현수입니다. ▶2점

(답) 현수

8 (풀이) ❶ ㉠, ㉡, ㉢이 나타내는 수 각각 구하기

(예) ㉠ 100이 5개이면 500, 10이 23개이면 230, 1이 7개이면 7이므로 737입니다.

㉡ 100이 7개이면 700, 10이 5개이면 50, 1이 14개이면 14이므로 764입니다.

㉢ 748에서 1씩 4번 뛰어 세면 748-749-750-751-752이므로 752입니다. ▶3점

❷ 가장 작은 수부터 차례로 기호 쓰기

세 수의 크기를 비교하면 737<752<764이므로 가장 작은 수부터 차례로 기호를 쓰면 ㉠, ㉢, ㉡입니다. ▶2점

(답) ㉠, ㉢, ㉡

2 여러 가지 도형

서술형 다지기

10쪽

1 (조건) 3, 4

(풀이) ❶ 3, 3

❷ 4, 2

❸ 삼각형, 3, 2, 1

(답) 삼각형, 1

1-1 (풀이) ❶ 만들어지는 삼각형과 사각형의 수 각각 구하기

(예) 색종이를 점선을 따라 자르면 삼각형이 2개, 사각형이 4개 만들어집니다. ▶4점

❷ 어떤 도형이 몇 개 더 많이 만들어지는지 구하기

따라서 사각형이 4-2=2(개) 더 많이 만들어집니다. ▶1점

(답) 사각형, 2개

1-2 (1단계) (예) 색종이를 점선을 따라 자르면 삼각형이 4개 만들어집니다. ▶2점

(2단계) 따라서 삼각형의 꼭짓점은 3개이므로 삼각형 4개의 꼭짓점의 수의 합은 3+3+3+3=12(개)입니다. ▶3점

(답) 12개

1-3 (1단계) (예) 색종이를 점선을 따라 자르면 사각형이 6개 만들어집니다. ▶2점

(2단계) 따라서 사각형의 변은 4개이므로 사각형 6개의 변의 수의 합은

4+4+4+4+4+4=24(개)입니다. ▶3점

(답) 24개

12쪽

2 (조건) 8 / 4 / 1

(풀이) ❶ 4, 1, 4, 1, 5

❷ 8, 8, 5, 3

(답) 3

2-1 (풀이) ❶ 모양을 만드는 데 사용한 쌓기나무 수 구하기
(예) 지원이가 모양을 만드는 데 사용한 쌓기나무 수는 6개입니다. ▶3점
❷ 남는 쌓기나무 수 구하기
(남는 쌓기나무 수)=9−6=3(개) ▶2점
(답) 3개

2-2 (1단계) (예) 승기가 모양을 만드는 데 사용한 쌓기나무 수는 5개입니다.
➡ (남는 쌓기나무 수)=10−5=5(개) ▶2점
(2단계) 유나가 모양을 만드는 데 사용한 쌓기나무 수는 7개입니다.
➡ (남는 쌓기나무 수)=10−7=3(개) ▶2점
(3단계) 따라서 남는 쌓기나무는 모두
5+3=8(개)입니다. ▶1점
(답) 8개

2-3 (1단계) (예) 민지가 모양을 만드는 데 사용한 쌓기나무 수는 8개입니다.
➡ (남는 쌓기나무 수)=12−8=4(개) ▶2점
(2단계) 준석이가 모양을 만드는 데 사용한 쌓기나무 수는 6개입니다.
➡ (남는 쌓기나무 수)=11−6=5(개) ▶2점
(3단계) 따라서 4<5이므로 남는 쌓기나무가 더 많은 사람은 준석입니다. ▶1점
(답) 준석

14쪽

3 (조건) 1, 2, 4
(풀이) ❶ 1, 4 / 2, 4 / 4, 1
❷ 4, 4, 1, 9
(답) 9

3-1 (풀이) ❶ 작은 삼각형 1개짜리, 4개짜리 삼각형의 수 각각 구하기
(예) 작은 삼각형 1개짜리 삼각형은 4개, 작은 삼각형 4개짜리 삼각형은 1개입니다. ▶4점

❷ 도형에서 찾을 수 있는 크고 작은 삼각형의 수 구하기
따라서 도형에서 찾을 수 있는 크고 작은 삼각형은 모두 4+1=5(개)입니다. ▶1점
(답) 5개

3-2 (풀이) ❶ 작은 사각형 1개짜리, 2개짜리, 3개짜리 사각형의 수 각각 구하기
(예) 작은 사각형 1개짜리 사각형은 3개, 작은 사각형 2개짜리 사각형은 2개, 작은 사각형 3개짜리 사각형은 1개입니다. ▶4점
❷ 도형에서 찾을 수 있는 크고 작은 사각형의 수 구하기
따라서 도형에서 찾을 수 있는 크고 작은 사각형은 모두 3+2+1=6(개)입니다. ▶1점
(답) 6개

3-3 (1단계) (예) 도형에서 찾을 수 있는 크고 작은 삼각형은 모두 4+2=6(개)입니다. ▶2점
(2단계) 도형에서 찾을 수 있는 크고 작은 사각형은 모두 1+2+1=4(개)입니다. ▶2점
(3단계) 따라서 크고 작은 삼각형이 사각형보다
6−4=2(개) 더 많습니다. ▶1점
(답) 삼각형, 2개

서술형 완성하기

16쪽

1 (풀이) ❶ 만들어지는 삼각형과 사각형의 수 각각 구하기
(예) 색종이를 점선을 따라 자르면 삼각형이 4개, 사각형이 2개 만들어집니다. ▶4점
❷ 어떤 도형이 몇 개 더 많이 만들어지는지 구하기
따라서 삼각형이 4−2=2(개) 더 많이 만들어집니다. ▶1점
(답) 삼각형, 2개

2 (풀이) ❶ 만들어지는 사각형의 수 구하기
(예) 색종이를 점선을 따라 자르면 사각형이 5개 만들어집니다. ▶2점

❷ 만들어지는 사각형의 꼭짓점의 수의 합 구하기
따라서 사각형의 꼭짓점은 4개이므로 사각형 5개의 꼭짓점의 수의 합은
4+4+4+4+4=20(개)입니다. ▶3점
답 20개

3 풀이 ❶ 만들어지는 삼각형의 수 구하기
예 색종이를 점선을 따라 자르면 삼각형이 5개 만들어집니다. ▶2점
❷ 만들어지는 삼각형의 변의 수의 합 구하기
따라서 삼각형의 변은 3개이므로 삼각형 5개의 변의 수의 합은
3+3+3+3+3=15(개)입니다. ▶3점
답 15개

4 풀이 ❶ 모양을 만드는 데 사용한 쌓기나무 수 구하기
예 수영이가 모양을 만드는 데 사용한 쌓기나무 수는 6개입니다. ▶3점
❷ 남는 쌓기나무 수 구하기
(남는 쌓기나무 수)=10−6=4(개) ▶2점
답 4개

5 풀이 ❶ 예은이가 모양을 만들고 남는 쌓기나무 수 구하기
예 예은이가 모양을 만드는 데 사용한 쌓기나무 수는 6개입니다.
➡ (남는 쌓기나무 수)=12−6=6(개) ▶2점
❷ 정빈이가 모양을 만들고 남는 쌓기나무 수 구하기
정빈이가 모양을 만드는 데 사용한 쌓기나무 수는 8개입니다.
➡ (남는 쌓기나무 수)=12−8=4(개) ▶2점
❸ 남는 쌓기나무 수의 합 구하기
따라서 남는 쌓기나무는 모두 6+4=10(개)입니다. ▶1점
답 10개

6 풀이 ❶ 수아가 모양을 만들고 남는 쌓기나무 수 구하기
예 수아가 모양을 만드는 데 사용한 쌓기나무 수는 8개입니다.
➡ (남는 쌓기나무 수)=13−8=5(개) ▶2점

❷ 준호가 모양을 만들고 남는 쌓기나무 수 구하기
준호가 모양을 만드는 데 사용한 쌓기나무 수는 5개입니다.
➡ (남는 쌓기나무 수)=11−5=6(개) ▶2점
❸ 남는 쌓기나무가 더 적은 사람 찾기
따라서 5<6이므로 남는 쌓기나무가 더 적은 사람은 수아입니다. ▶1점
답 수아

7 풀이 ❶ 작은 삼각형 1개짜리, 2개짜리 삼각형의 수 각각 구하기
예 작은 삼각형 1개짜리 삼각형은 4개, 작은 삼각형 2개짜리 삼각형은 4개입니다. ▶4점
❷ 도형에서 찾을 수 있는 크고 작은 삼각형의 수 구하기
따라서 도형에서 찾을 수 있는 크고 작은 삼각형은 모두 4+4=8(개)입니다. ▶1점
답 8개

8 풀이 ❶ 도형에서 찾을 수 있는 크고 작은 삼각형의 수 구하기
예 도형에서 찾을 수 있는 크고 작은 삼각형은 모두 7개입니다. ▶2점
❷ 도형에서 찾을 수 있는 크고 작은 사각형의 수 구하기
도형에서 찾을 수 있는 크고 작은 사각형은 모두 3개입니다. ▶2점
❷ 어느 것이 몇 개 더 많은지 구하기
따라서 크고 작은 삼각형이 사각형보다
7−3=4(개) 더 많습니다. ▶1점
답 삼각형, 4개

3 덧셈과 뺄셈

서술형 다지기

18쪽

1 조건 37, 37
풀이 ❶ 37
❷ 37 / 37, 63
❸ 63 / 37, 63, 37, 100
답 100

1-1 (풀이) ❶ 어떤 수 구하기

(예) 어떤 수를 □라 하면 □+19=81,

□=81-19=62입니다. ▶3점

❷ 바르게 계산한 값 구하기

바르게 계산한 값은 62-19=43입니다. ▶2점

(답) 43

1-2 (1단계) (예) 83과 9의 합은 83+9=92입니다.

▶2점

(2단계) 어떤 수와 18의 합은 92이므로 어떤 수를 □라 하면 □+18=92, □=92-18=74입니다. 따라서 어떤 수는 74입니다. ▶3점

(답) 74

1-3 (1단계) (예) (파란색 카드에 적힌 두 수의 차)

=63-28=35 ▶2점

(2단계) 빨간색 카드에 적힌 수 17과 뒤집힌 카드의 수의 차는 35입니다.

뒤집힌 카드의 수를 □라 하여 뺄셈식을 만들면 □-17=35입니다.

□-17=35 ➡ □=35+17=52이므로 뒤집힌 카드에 적힌 수는 52입니다. ▶3점

(답) 52

20쪽

2 (조건) 1, 5, 7, 8 / 두, 두

(풀이) ❶ 십 / 7, 5, 1 / 7, 십, 5, 1

❷ 71, 156 / (예) 81, 75, 156

(답) 156

2-1 (풀이) ❶ 십의 자리와 일의 자리에 놓는 수 구하기

(예) 2<4<6<7이므로 합이 가장 작으려면 2와 4를 십의 자리에, 6과 7을 일의 자리에 놓습니다.

▶2점

❷ 합이 가장 작은 덧셈식의 계산 결과 구하기

따라서 합이 가장 작은 덧셈식을 만들고 계산하면

26+47=73 또는 27+46=73입니다. ▶3점

(답) 73

2-2 (1단계) (예) 9>6>3>1이므로 차가 가장 크려면 9를 빼지는 수의 십의 자리에, 1을 빼는 수의 십의 자리에 놓고 6과 3을 일의 자리에 놓습니다. ▶2점

(2단계) 96-13=83, 93-16=77에서 받아내림이 있는 뺄셈식은 93-16=77이므로 계산 결과는 77입니다. ▶3점

(답) 77

2-3 (1단계) (예) 7>5>4>2>0이므로 차가 가장 크려면 가장 큰 수 7을 빼지는 수의 십의 자리에, 0이 아닌 수 중 가장 작은 수 2를 빼는 수의 십의 자리에 놓아야 합니다. ▶2점

(2단계) 받아내림이 있는 뺄셈식은

70-25=45, 70-24=46, 74-25=49이고 이 중 차가 가장 큰 뺄셈식의 계산 결과는 49입니다. ▶3점

(답) 49

22쪽

3 (조건) 57, 26 / 28, 39

(풀이) ❶ 57, 26 / 57, 26, 83

❷ 28, 39 / 28, 39, 67

❸ 83, 67 / 현우, 83, 67, 16

(답) 현우, 16

3-1 (풀이) ❶ 이틀 동안 방문한 남학생 수 구하기

(예) (이틀 동안 방문한 남학생 수)

=25+37=62(명) ▶2점

❷ 이틀 동안 방문한 여학생 수 구하기

(이틀 동안 방문한 여학생 수)

=39+42=81(명) ▶2점

❸ 누가 몇 명 더 많이 방문했는지 구하기
따라서 $62<81$이므로 이틀 동안 여학생이
$81-62=19$(명) 더 많이 방문했습니다. ▶1점
(답) 여학생, 19명

3-2 (1단계) (예) (1반의 동화책과 과학책 수의 합)
$\quad=57+35=92$(권) ▶2점
(2단계) (2반의 동화책과 과학책 수의 합)
$\quad=92-16=76$(권) ▶1점
(3단계) 2반의 과학책 수를 $\square$라 하여 덧셈식을 만들
면 $48+\square=76$ ➡ $\square=76-48=28$입니다.
따라서 2반의 과학책은 28권입니다. ▶2점
(답) 28권

서술형 완성하기

24쪽

1 (풀이) ❶ 어떤 수 구하기
(예) 어떤 수를 $\square$라 하면 $\square-26=39$,
$\square=39+26=65$입니다. ▶3점
❷ 바르게 계산한 값 구하기
바르게 계산한 값은 $65+26=91$입니다. ▶2점
(답) 91

2 (풀이) ❶ 준호가 말하는 수 구하기
(예) 53과 28의 합은 $53+28=81$입니다. ▶2점
❷ 어떤 수 구하기
어떤 수와 4의 합은 81이므로
어떤 수를 $\square$라 하면 $\square+4=81$,
$\square=81-4=77$입니다.
따라서 어떤 수는 77입니다. ▶3점
(답) 77

3 (풀이) ❶ 빨간색 카드에 적힌 두 수의 차 구하기
(예) (빨간색 카드에 적힌 두 수의 차)
$\quad=92-54=38$ ▶2점
❷ 뒤집힌 카드에 적힌 수 구하기
초록색 카드에 적힌 수 26과 뒤집힌 카드에 적힌 수
의 차는 38입니다.
뒤집힌 카드에 적힌 수를 $\square$라 하여 뺄셈식을 만들
면 $\square-26=38$입니다. 따라서 $\square-26=38$
➡ $\square=38+26=64$이므로 뒤집힌 카드에 적힌
수는 64입니다. ▶3점
(답) 64

4 (풀이) ❶ 십의 자리와 일의 자리에 놓는 수 구하기
(예) $3<5<7<8$이므로 합이 가장 작으려면 3과
5를 십의 자리에, 7과 8을 일의 자리에 놓습니
다. ▶2점
❷ 합이 가장 작은 덧셈식의 계산 결과 구하기
따라서 합이 가장 작은 덧셈식을 만들고 계산하면
$37+58=95$ 또는 $38+57=95$입니다. ▶3점
(답) 95

5 (풀이) ❶ 십의 자리와 일의 자리에 놓는 수 구하기
(예) $9>8>6>2$이므로 차가 가장 크려면 9를 빼
지는 수의 십의 자리에, 2를 빼는 수의 십의 자리
에 놓고 8과 6을 일의 자리에 놓아야 합니다.
▶2점
❷ 받아내림이 있으면서 차가 가장 큰 뺄셈식의 계산 결과 구하기
$98-26=72$, $96-28=68$에서 받아내림이
있는 뺄셈식은 $96-28=68$이므로 계산 결과는
68입니다. ▶3점
(답) 68

6 (풀이) ❶ 십의 자리에 놓는 두 수 구하기
(예) $9>8>3>1>0$이므로 차가 가장 크려면 가
장 큰 수 9를 빼지는 수의 십의 자리에, 0이 아닌
수 중 가장 작은 수 1을 빼는 수의 십의 자리에 놓
아야 합니다. ▶2점
❷ 받아내림이 있으면서 차가 가장 큰 뺄셈식의 계산 결과 구하기
받아내림이 있는 뺄셈식은 $90-13=77$,
$90-18=72$, $93-18=75$이고 이 중 차가 가
장 큰 뺄셈식의 계산 결과는 77입니다. ▶3점
(답) 77

7 〔풀이〕 ❶ 민성이네 모둠 학생들이 캔 고구마 수 구하기
예 (민성이네 모둠 학생들이 캔 고구마 수)
　　＝44＋36＝80(개) ▶2점
❷ 정훈이네 모둠 학생들이 캔 고구마 수 구하기
(정훈이네 모둠 학생들이 캔 고구마 수)
　　＝32＋29＝61(개) ▶2점
❸ 어느 모둠이 몇 개 더 많이 캤는지 구하기
따라서 80＞61이므로 민성이네 모둠이 이틀 동안
고구마를 80－61＝19(개) 더 많이 캤습니다.
▶1점

〔답〕 민성이네 모둠, 19개

8 〔풀이〕 ❶ 유진이가 어제와 오늘 한 줄넘기 횟수 구하기
예 (유진이가 어제와 오늘 한 줄넘기 횟수)
　　＝34＋29＝63(번) ▶2점
❷ 준서가 어제와 오늘 한 줄넘기 횟수 구하기
(준서가 어제와 오늘 한 줄넘기 횟수)
　　＝63＋19＝82(번) ▶1점
❸ 준서가 어제 한 줄넘기 횟수 구하기
준서가 어제 한 줄넘기 횟수를 □라 하여 덧셈식을
만들면 □＋54＝82 ➔ □＝82－54＝28이
므로 준서는 어제 줄넘기를 28번 했습니다. ▶2점
〔답〕 28번

4 길이 재기

서술형 다지기

26쪽

1 〔풀이〕 ❶ 4, 4 / 6, 6 / 3, 3 / 5, 5
❷ 6, 5, 4, 3 / 나, 라, 가, 다
〔답〕 나, 라, 가, 다

1-1 〔풀이〕 ❶ 가, 나, 다, 라의 길이 각각 구하기
예 각 길이를 자로 재어 보면 가는 5 cm, 나는
6 cm, 다는 4 cm, 라는 7 cm입니다. ▶4점

❷ 길이가 짧은 선부터 차례로 기호 쓰기
따라서 4＜5＜6＜7이므로 길이가 짧은 선부터
차례로 기호를 쓰면 다, 가, 나, 라입니다. ▶1점
〔답〕 다, 가, 나, 라

1-2 〔1단계〕 예 각 길이를 자로 재어 보면 가는 6 cm,
나는 2 cm, 다는 7 cm, 라는 3 cm입니다. ▶4점
〔2단계〕 따라서 가장 긴 선은 7 cm이고, 가장 짧은
선은 2 cm이므로 가장 긴 선과 가장 짧은 선의 길
이의 차는 7－2＝5 (cm)입니다. ▶1점
〔답〕 5 cm

1-3 〔1단계〕 예 각 길이를 자로 재어 보면 가는 5 cm,
나는 2 cm씩 두 번만큼의 길이이므로 4 cm,
다는 구부러진 곳을 기준으로 각각 재면 2 cm,
1 cm, 3 cm이므로 6 cm입니다. ▶4점
〔2단계〕 따라서 6＞5＞4이므로 길이가 가장 긴 철
사는 다입니다. ▶1점
〔답〕 다

28쪽

2 〔조건〕 10, 10, 10
〔풀이〕 ❶ '풀'에 ○표
❷ '긴'에 ○표, 윤지
〔답〕 윤지

2-1 〔풀이〕 ❶ 가장 짧은 단위길이 찾기
예 옷핀, 1 cm, 가위 중 가장 짧은 단위길이는
1 cm입니다. ▶3점
❷ 가장 짧은 막대를 가지고 있는 사람 찾기
잰 횟수가 같을 때 단위의 길이가 가장 짧은 것이
전체 길이가 가장 짧습니다. 따라서 가장 짧은
막대를 가지고 있는 사람은 소민입니다. ▶2점
〔답〕 소민

2-2 〔1단계〕 예 리코더의 길이는 지우개로 2번인 길이보
다 더 깁니다. ▶3점
〔2단계〕 지우개로 11번인 길이보다 리코더로 10번인
길이가 더 깁니다. 따라서 더 긴 밧줄을 가지고 있
는 사람은 도율입니다. ▶2점
〔답〕 도율

2-3 (1단계) (예) 잰 횟수는 클립이 가장 많지만 클립의 길이가 훨씬 짧으므로 주환이의 끈의 길이가 가장 짧습니다. 지팡이와 젓가락으로 잰 횟수는 같지만 단위의 길이가 지팡이가 더 길므로 경은이의 끈이 선우의 끈보다 더 깁니다. ▶3점

(2단계) 따라서 짧은 끈을 가지고 있는 사람부터 차례로 이름을 쓰면 주환, 선우, 경은입니다. ▶2점

답 주환, 선우, 경은

30쪽

3 조건 4, 2 / 2

풀이 ❶ 2, 4, 4, 8, 8
❷ 2, 2, 2, 2, 4

답 4

3-1 풀이 ❶ 액자의 긴 쪽의 길이 구하기
(예) 6 cm가 3번이면 6＋6＋6＝18(cm)이므로 액자의 긴 쪽의 길이는 18 cm입니다. ▶2점
❷ 액자의 긴 쪽의 길이는 연필로 몇 번 잰 것과 같은지 구하기
따라서 9＋9＝18이므로 액자의 긴 쪽의 길이는 길이가 9 cm인 연필로 2번 잰 것과 같습니다. ▶3점

답 2번

3-2 풀이 ❶ 책상의 짧은 쪽의 길이 구하기
(예) 12 cm가 3번이면
12＋12＋12＝36(cm)이므로 책상의 짧은 쪽의 길이는 36 cm입니다. ▶2점
❷ 책상의 짧은 쪽의 길이는 동생의 한 뼘으로 몇 번 잰 것과 같은지 구하기
9＋9＋9＋9＝36이므로 책상의 짧은 쪽의 길이는 동생의 한 뼘으로 4번 잰 것과 같습니다. ▶3점
답 4번

3-3 (1단계) (예) 4＋4＋4＋4＋4＋4＝24(cm)이므로 젓가락의 길이는 24 cm입니다. ▶2점
(2단계) 젓가락의 길이는 젤리로 8번이고
3＋3＋3＋3＋3＋3＋3＋3＝24이므로 젤리의 길이는 3 cm입니다. ▶3점
답 3 cm

서술형 완성하기

32쪽

1 풀이 ❶ 가, 나, 다, 라의 길이 각각 구하기
(예) 각 길이를 자로 재어 보면 가는 3 cm, 나는 5 cm, 다는 2 cm, 라는 4 cm입니다. ▶4점
❷ 가장 긴 선과 가장 짧은 선의 길이의 차 구하기
가장 긴 선은 5 cm이고, 가장 짧은 선은 2 cm이므로 가장 긴 선과 가장 짧은 선의 길이의 차는
5－2＝3(cm)입니다. ▶1점
답 3 cm

2 풀이 ❶ 가, 나, 다의 길이 각각 구하기
(예) 구부러진 곳을 기준으로 각각 재면 가는 1 cm, 1 cm, 2 cm이므로 4 cm, 나는 3 cm, 다는 1 cm씩 두 번만큼의 길이이므로 2 cm입니다. ▶4점
❷ 길이가 가장 긴 철사의 기호 쓰기
따라서 4＞3＞2이므로 길이가 가장 긴 철사는 가입니다. ▶1점
답 가

3 풀이 ❶ 가장 짧은 단위길이 찾기
(예) 머리핀, 칫솔, 엄지손톱의 너비 중 가장 짧은 단위길이는 엄지손톱의 너비입니다. ▶3점
❷ 가장 짧은 목걸이를 가지고 있는 사람 찾기
잰 횟수가 같을 때 단위의 길이가 가장 짧은 것이 전체 길이가 가장 짧습니다. 따라서 가장 짧은 목걸이를 가지고 있는 사람은 서아입니다. ▶2점
답 서아

4 (풀이) ❶ 단위의 길이 비교하기
(예) 교과서의 길이는 땅콩으로 **2**번인 길이보다 더 깁니다. ▶ 3점
❷ 더 긴 테이프를 가지고 있는 사람 찾기
교과서로 **12**번인 길이가 땅콩으로 **13**번인 길이보다 더 깁니다. 따라서 더 긴 테이프를 가지고 있는 사람은 정우입니다. ▶ 2점
(답) 정우

5 (풀이) ❶ 단위의 길이를 이용하여 세 사람이 가지고 있는 털실의 길이 비교하기
(예) 잰 횟수는 공깃돌이 가장 많지만 공깃돌의 길이가 훨씬 짧으므로 연우의 털실의 길이가 가장 짧습니다. 뼘과 국자는 잰 횟수는 같지만 단위의 길이가 국자가 더 길므로 우진이의 털실이 종민이의 털실보다 더 깁니다. ▶ 3점
❷ 긴 털실을 가지고 있는 사람부터 차례로 이름 쓰기
따라서 긴 털실을 가지고 있는 사람부터 차례로 이름을 쓰면 우진, 종민, 연우입니다. ▶ 2점
(답) 우진, 종민, 연우

6 (풀이) ❶ 가래떡의 길이 구하기
(예) 5 cm가 **3**번이면 $5+5+5=15(\text{cm})$이므로 가래떡의 길이는 **15** cm입니다. ▶ 2점
❷ 가래떡의 길이는 소시지로 몇 번 잰 것과 같은지 구하기
$3+3+3+3+3=15$이므로 가래떡의 길이는 길이가 **3** cm인 소시지로 **5**번 잰 것과 같습니다. ▶ 3점
(답) 5번

7 (풀이) ❶ 리코더의 길이 구하기
(예) 6 cm가 **4**번이면 $6+6+6+6=24(\text{cm})$이므로 리코더의 길이는 **24** cm입니다. ▶ 2점
❷ 리코더의 길이는 형의 손바닥의 길이로 몇 번 잰 것과 같은지 구하기
$8+8+8=24$이므로 리코더의 길이는 형의 손바닥의 길이로 **3**번 잰 것과 같습니다. ▶ 3점
(답) 3번

8 (풀이) ❶ 막대의 길이 구하기
(예) 9 cm가 **4**번이면 $9+9+9+9=36(\text{cm})$이므로 막대의 길이는 **36** cm입니다. ▶ 2점
❷ 지우개의 길이 구하기
따라서 막대의 길이는 지우개로 **6**번이고 $6+6+6+6+6+6=36$이므로 지우개의 길이는 **6** cm입니다. ▶ 3점
(답) 6 cm

5 분류하기

서술형 다지기

34쪽

1 (조건) 지우개, 가위, 풀, 자
(풀이) ❶ 9, 5, 7, 3
❷ 지우개, 자
❸ 지우개, 자, 9, 3, 6 / 6
(답) 6

1-1 (풀이) ❶ 모양별 가방의 수 구하기
(예) 모양별로 가방의 수를 세어 보면 핸드백 **4**개, 책가방 **10**개, 서류 가방 **7**개, 여행 가방 **5**개입니다. ▶ 3점
❷ 가장 많은 것과 가장 적은 것의 개수의 차 구하기
$10>7>5>4$이므로 가장 많은 것은 책가방이고, 가장 적은 것은 핸드백입니다.
따라서 가장 많은 것은 가장 적은 것보다 $10-4=6(\text{개})$ 더 많습니다. ▶ 2점
(답) 6개

1-2 (1단계) (예) 검은색 가방이 **9**개, 초록색 가방이 **2**개, 파란색 가방이 **7**개, 노란색 가방이 **5**개, 분홍색 가방이 **3**개입니다. ▶ 3점
(2단계) 따라서 $9>7>5>3>2$이므로 가장 많은 것은 두 번째로 많은 것보다 $9-7=2(\text{개})$ 더 많습니다. ▶ 2점
(답) 2개

1-3 [1단계] ⑩ 모양이 책가방인 가방은 **10**개입니다. ▶ 3점
[2단계] 모양이 책가방이면서 파란색인 가방은 모두 **4**개입니다. ▶ 2점
[답] **4**개

36쪽

2 [조건] 딱지치기, 공기놀이, 보드게임, 끝말잇기
[풀이] ❶ **5**, **2**, **7**, **3**
❷ 딱지치기, 딱지치기
❸ **7**, **7**
[답] 딱지치기, **7**

2-1 [풀이] ❶ ㉠을 빼고 색깔별 친구 수 구하기
⑩ ㉠을 빼고 색깔별 친구 수를 세어 보면 빨강이 **5**명, 노랑이 **2**명, 초록이 **4**명, 분홍이 **3**명입니다.
▶ 1점

❷ ㉠에 알맞은 색깔 구하기
㉠을 빼고 색깔별 친구 수를 센 것과 ㉠을 포함하여 센 것을 비교했을 때 친구 수가 다른 색깔은 빨강이므로 ㉠에 알맞은 색깔은 빨강입니다. ▶ 2점
❸ ㉡에 알맞은 수 구하기
초록을 좋아하는 친구는 **4**명이므로 ㉡에 알맞은 수는 **4**입니다. ▶ 2점
[답] 빨강, **4**

2-2 [1단계] ⑩ ㉠, ㉡을 빼고 나라별 친구 수를 세어 보면 ㉠, ㉡을 포함하여 센 것과 친구 수가 다른 나라는 호주와 영국입니다. ▶ 3점
[2단계] 따라서 호주와 영국에 가고 싶은 친구는 모두 **5**+**2**=**7**(명)입니다. ▶ 2점
[답] **7**명

서술형 완성하기

38쪽

1 [풀이] ❶ 모양별 아이스크림의 수 구하기
⑩ 모양별로 개수를 세어 보면 콘 모양이 **6**개, 막대 모양이 **4**개, 컵 모양이 **3**개입니다. ▶ 3점

❷ 가장 많은 것과 가장 적은 것의 개수의 차 구하기
6>**4**>**3**이므로 가장 많은 것은 콘 모양이고, 가장 적은 것은 컵 모양입니다.
따라서 가장 많은 것은 가장 적은 것보다
6-**3**=**3**(개) 더 많습니다. ▶ 2점
[답] **3**개

2 [풀이] ❶ 맛별 아이스크림의 수 구하기
⑩ 맛별로 개수를 세어 보면 바닐라 맛이 **5**개, 딸기 맛이 **3**개, 초콜릿 맛이 **4**개, 녹차 맛이 **1**개입니다. ▶ 3점
❷ 가장 적은 것과 두 번째로 적은 것의 개수의 차 구하기
5>**4**>**3**>**1**이므로 가장 적은 것은 두 번째로 적은 것보다 **3**-**1**=**2**(개) 더 적습니다. ▶ 2점
[답] **2**개

3 [풀이] ❶ 모양별 단추의 수 구하기
⑩ 모양별로 개수를 세어 보면 사각형 모양이 **3**개, 꽃 모양이 **4**개, 원 모양이 **6**개, 하트 모양이 **2**개입니다. ▶ 3점
❷ 가장 많은 것과 가장 적은 것의 개수의 차 구하기
6>**4**>**3**>**2**이므로 가장 많은 것은 원 모양이고, 가장 적은 것은 하트 모양입니다. 따라서 가장 많은 것은 가장 적은 것보다 **6**-**2**=**4**(개) 더 많습니다. ▶ 2점
[답] **4**개

4 [풀이] ❶ 단춧구멍이 **4**개인 단추 찾기
⑩ 단춧구멍이 **4**개인 단추는 ②, ④, ⑤, ⑦, ⑧, ⑩, ⑭입니다. ▶ 3점
❷ 단춧구멍이 **4**개이면서 꽃 모양인 단추의 수 구하기
따라서 단춧구멍이 **4**개이면서 꽃 모양인 단추는 ②, ⑩, ⑭로 모두 **3**개입니다. ▶ 2점
[답] **3**개

5 (풀이) ❶ ㉠을 빼고 계절별 친구 수 구하기

(예) ㉠을 빼고 계절별 친구 수를 세어 보면 봄이 3명, 여름이 6명, 가을이 3명, 겨울이 2명입니다.
▶1점

❷ ㉠에 알맞은 계절 구하기

㉠을 포함하여 센 것을 비교했을 때 친구 수가 다른 계절은 봄이므로 ㉠에 알맞은 계절은 봄입니다.
▶2점

❸ ㉡에 알맞은 수 구하기

여름을 좋아하는 친구는 6명이므로 ㉡에 알맞은 수는 6입니다. ▶2점

(답) 봄, 6

6 (풀이) ❶ ㉠을 빼고 과일 종류별 친구 수 구하기

(예) ㉠을 빼고 과일 종류별 친구 수를 세어 보면 사과가 3명, 망고가 5명, 포도가 1명, 딸기가 2명입니다. ▶1점

❷ ㉠에 알맞은 과일 구하기

㉠을 포함하여 센 것을 비교했을 때 친구 수가 다른 과일은 딸기이므로 ㉠에 알맞은 과일은 딸기입니다. ▶2점

❸ ㉡에 알맞은 수 구하기

망고를 좋아하는 친구는 5명이므로 ㉡에 알맞은 수는 5입니다. ▶2점

(답) 딸기, 5

7 (풀이) ❶ ㉠, ㉡에 알맞은 두 장소 구하기

(예) ㉠, ㉡을 빼고 장소별 친구 수를 세어 보면 ㉠, ㉡을 포함하여 센 것과 친구 수가 다른 장소는 동물원과 놀이공원입니다. ▶3점

❷ ㉠, ㉡의 두 장소에 가고 싶은 친구 수의 합 구하기

따라서 동물원과 놀이공원에 가고 싶은 친구는 모두 4+5=9(명)입니다. ▶2점

(답) 9명

8 (풀이) ❶ ㉠, ㉡에 알맞은 두 수 구하기

(예) ㉠, ㉡을 빼고 수별 카드 수를 세어 보면 ㉠, ㉡을 포함하여 센 것과 카드 수가 다른 수는 1과 2입니다. ▶3점

❷ ㉠, ㉡과 같은 수가 적힌 카드 장수 구하기

따라서 1과 2가 적힌 카드 수는 모두 5+3=8(장)입니다. ▶2점

(답) 8장

6 곱셈

서술형 다지기

40쪽

1 (조건) 9 / 4, 3

(풀이) ❶ 4, 9, 4, 36
❷ 4, 3, 36, 3, 39

(답) 39

1-1 (풀이) ❶ 6의 7배 구하기

(예) 6의 7배는 6×7=42입니다. ▶3점

❷ 어머니의 나이 구하기

따라서 어머니의 나이는 재현이 동생의 나이의 7배보다 2살 더 적으므로 42-2=40(살)입니다.
▶2점

(답) 40살

1-2 (풀이) ❶ 어머니의 나이 구하기

(예) 어머니의 나이는 은서 나이의 5배이므로 8×5=40(살)입니다. ▶3점

❷ 아버지의 나이 구하기

따라서 아버지의 나이는 어머니의 나이보다 3살 더 많으므로 40+3=43(살)입니다. ▶2점

(답) 43살

1-3 (1단계) (예) 6의 6배는 6×6=36이고, 이모의 나이는 소라의 나이의 6배보다 1살 더 적으므로 36-1=35(살)입니다. ▶3점

(2단계) 따라서 할아버지의 나이는 이모의 나이를 2번 더한 35+35=70(살)입니다. ▶2점

(답) 70살

42쪽

2 (조건) 3 / 3

(풀이) ❶ 3, 3, 3, 3, 9
❷ 7, 9, 7, 63

(답) 63

2-1 (풀이) ❶ 빨간색 막대 1개의 길이 구하기

(예) 빨간색 막대 1개의 길이는 초록색 막대 1개의
길이의 4배이므로 $2 \times 4 = 8$(cm)입니다. ▶ 2점

❷ 이어 놓은 막대의 전체 길이 구하기

따라서 빨간색 막대 1개의 6배 길이만큼 이어 놓은
막대의 전체의 길이는 $8 \times 6 = 48$(cm)입니다.

▶ 3점

(답) 48 cm

2-2 (풀이) ❶ 쌓기나무 3개의 높이 구하기

(예) 쌓기나무 3개의 높이는 쌓기나무 1개의 높이의
3배이므로 쌓은 쌓기나무의 높이는
$3 \times 3 = 9$(cm)입니다. ▶ 2점

❷ 쌓은 탑의 전체 높이 구하기

따라서 쌓은 쌓기나무의 5배 높이만큼 쌓은 탑의
전체 높이는 $9 \times 5 = 45$(cm)입니다. ▶ 3점

(답) 45 cm

2-3 (1단계) (예) 빨간색 막대 3개를 이어 놓은 길이는
$2 \times 3 = 6$(cm)이고, 초록색 막대의 길이는 3 cm
이므로 파란색 막대 1개의 길이는 $6 + 3 = 9$(cm)
입니다. ▶ 3점

(2단계) 따라서 파란색 막대 1개의 5배 길이만큼
이어 놓은 막대의 전체 길이는 $9 \times 5 = 45$(cm)입
니다. ▶ 2점

(답) 45 cm

44쪽

3 (조건) 44, 8

(풀이) ❶ 2, 2, 8, 16

❷ 44, 44, 16, 28

❸ 4, 28, 7, 7, 7

(답) 7

3-1 (풀이) ❶ 강아지 9마리의 다리 수 구하기

(예) (강아지 9마리의 다리 수)$= 4 \times 9 = 36$(개)

▶ 2점

❷ 오리의 전체 다리 수 구하기

(오리의 전체 다리 수)$= 54 - 36 = 18$(개) ▶ 1점

❸ 오리의 수 구하기

오리의 수를 □라 하면 $2 \times \square = 18$입니다.

따라서 $2 \times 9 = 18$에서 □$= 9$이므로 오리는 9마
리입니다. ▶ 2점

(답) 9마리

3-2 (풀이) ❶ 나비 6마리의 다리 수 구하기

(예) (나비 6마리의 다리 수)
$= 6 \times 6 = 36$(개) ▶ 2점

❷ 거미의 전체 다리 수 구하기

(거미의 전체 다리 수)
$= 84 - 36 = 48$(개) ▶ 1점

❸ 거미의 수 구하기

거미의 수를 □라 하면 $8 \times \square = 48$입니다.

따라서 $8 \times 6 = 48$에서 □$= 6$이므로 거미는 6마
리입니다. ▶ 2점

(답) 6마리

3-3 (1단계) (예) (7상자에 들어 있는 빵의 수)
$= 4 \times 7 = 28$(개) ▶ 1점

(2단계) (우유의 수)$-$(빵의 수)$= 14$이므로
(우유의 수)$= 14 +$(빵의 수)$= 14 + 28 = 42$(개)
입니다. ▶ 2점

(3단계) 우유의 상자 수를 □라 하면 $6 \times \square = 42$입
니다.

따라서 $6 \times 7 = 42$에서 □$= 7$이므로 우유는 7상
자 있었습니다. ▶ 2점

(답) 7상자

서술형 완성하기

46쪽

1 (풀이) ❶ 아버지의 나이 구하기

(예) 아버지의 나이는 준호 나이의 6배이므로
$7 \times 6 = 42$(살)입니다. ▶ 3점

❷ 어머니의 나이 구하기

따라서 어머니의 나이는 아버지의 나이보다 1살 더
적으므로 $42 - 1 = 41$(살)입니다. ▶ 2점

(답) 41살

서술형 강화책

6 단원

2 풀이 ❶ 삼촌의 나이 구하기

예 5의 6배는 $5 \times 6 = 30$이고, 삼촌의 나이는 소라의 나이의 6배보다 4살 더 많으므로

$30 + 4 = 34$(살)입니다. ▶ 3점

❷ 할머니의 나이 구하기

따라서 할머니의 나이는 삼촌의 나이를 2번 더한

$34 + 34 = 68$(살)입니다. ▶ 2점

답 68살

3 풀이 ❶ 초록색 막대 1개의 길이 구하기

예 초록색 막대 1개의 길이는 주황색 막대 1개 길이의 2배이므로 $4 \times 2 = 8$(cm)입니다. ▶ 2점

❷ 이어 놓은 막대의 전체 길이 구하기

따라서 초록색 막대 1개의 7배 길이만큼 이어 놓은 막대의 전체 길이는 $8 \times 7 = 56$(cm)입니다. ▶ 3점

답 56 cm

4 풀이 ❶ 쌓기나무 4개의 높이 구하기

예 쌓기나무 4개의 높이는 쌓기나무 1개의 높이의 4배이므로 쌓은 쌓기나무의 높이는

$2 \times 4 = 8$(cm)입니다. ▶ 2점

❷ 쌓은 탑의 전체 높이 구하기

따라서 쌓은 쌓기나무의 9배 높이만큼 쌓은 탑의 전체 높이는 $8 \times 9 = 72$(cm)입니다. ▶ 3점

답 72 cm

5 풀이 ❶ 보라색 막대 1개의 길이 구하기

예 파란색 막대의 길이는 2 cm이고, 노란색 막대 2개를 이어 놓은 길이는 $3 \times 2 = 6$(cm)이므로 보라색 막대 1개의 길이는 $2 + 6 = 8$(cm)입니다.

▶ 3점

❷ 이어 놓은 막대의 전체 길이 구하기

따라서 보라색 막대 1개의 4배 길이만큼 이어 놓은 막대의 전체 길이는 $8 \times 4 = 32$(cm)입니다. ▶ 2점

답 32 cm

6 풀이 ❶ 돼지 6마리의 다리 수 구하기

예 (돼지 6마리의 다리 수)$= 4 \times 6 = 24$(개) ▶ 2점

❷ 닭의 전체 다리 수 구하기

(닭의 전체 다리 수)$= 40 - 24 = 16$(개) ▶ 1점

❸ 닭의 수 구하기

닭의 수를 $\square$라 하면 $2 \times \square = 16$입니다.

$2 \times 8 = 16$에서 $\square = 8$이므로 닭은 8마리입니다.

▶ 2점

답 8마리

7 풀이 ❶ 거미 4마리의 다리 수 구하기

예 (거미 4마리의 다리 수)$= 8 \times 4 = 32$(개) ▶ 2점

❷ 장수풍뎅이의 전체 다리 수 구하기

(장수풍뎅이의 전체 다리 수)

$= 80 - 32 = 48$(개) ▶ 1점

❸ 장수풍뎅이의 수 구하기

장수풍뎅이의 수를 $\square$라 하면 $6 \times \square = 48$입니다.

$6 \times 8 = 48$에서 $\square = 8$이므로 장수풍뎅이는 8마리입니다. ▶ 2점

답 8마리

8 풀이 ❶ 물의 수 구하기

예 (물의 수)$= 6 \times 9 = 54$(개) ▶ 1점

❷ 김밥의 수 구하기

(물의 수)$-$(김밥의 수)$= 18$이므로

(김밥의 수)$=$(물의 수)$- 18 = 54 - 18 = 36$(줄)입니다. ▶ 2점

❸ 김밥의 상자 수 구하기

김밥의 상자 수를 $\square$라 하면 $4 \times \square = 36$입니다.

따라서 $4 \times 9 = 36$에서 $\square = 9$이므로 김밥은 9상자 있었습니다. ▶ 2점

답 9상자

초능력

초등 1, 2학년을 위한
추천 라인업

1~2학년 1, 2학기(전 4권)

어휘를 높이는
초능력 맞춤법 + 받아쓰기

- 쉽고 빠르게 배우는 **맞춤법 학습**
- 단계별 낱말과 문장 **바르게 쓰기 연습**
- 학년, 학기별 국어 **교과서 어휘 학습**

➕ 선생님이 불러주는 듣기 자료, 맞춤법 원리 학습 동영상 강의

1~2학년 대상

빠르고 재밌게 배우는
초능력 구구단

- 3회 누적 학습으로 **구구단 완벽 암기**
- 기초부터 활용까지 **3단계 학습**
- 개념을 시각화하여 **직관적 구구단 원리 이해**
- 다양한 유형으로 구구단 **유창성과 적용력 향상**

➕ 구구단송

1~2학년 대상

원리부터 응용까지
초능력 시계·달력

- 초등 1~3학년에 걸쳐 있는 시계 학습을 **한 권으로 완성**
- 기초부터 활용까지 **3단계 학습**
- 개념을 시각화하여 **시계달력 원리를 쉽게 이해**
- 다양한 유형의 **연습 문제와 실생활 문제로 흥미 유발**

➕ 시계·달력 개념 동영상 강의

큐브 유형

정답 및 풀이 | 초등 수학 2·1

연산 | 전 단원 연산을 다잡는 기본서

개념 | 교과서 개념을 다잡는 기본서

유형 | 모든 유형을 다잡는 기본서

큐브
찐-후기

시작만 했을 뿐인데 완북했어요!

시작만 했을 뿐인데 그 끝은 완북으로! 학습할 땐 힘들었지만 큐브 연산으로 기초를 튼튼하게 다지면서 새 학기 때 수학의 자신감은 덤으로 뿜뿜할 수 있을 듯 해요^^

초1중2민지사랑민찬

아이 스스로 얻은 성취감이 커서 너무 좋습니다!

아이가 방학 중에 개념 공부를 마치고 수학이 세상에서 제일 싫었다가 이제는 좋아졌다고 하네요. 아이 스스로 얻은 성취감이 커서 너무 좋습니다. 자칭 수포자 아이와 함께 이렇게 쉽게 마친 것도 믿어지지 않네요.

초5 초3 유유

자세한 개념 설명 덕분에 부담없이 할 수 있어요!

처음에는 할 수 있을까 욕심을 너무 부리는 건 아닌가 신경 쓰였는데, 선행용, 예습용으로 하기에 입문하기 좋은 난이도와 자세한 개념 설명 덕분에 아이가 부담없이 할 수 있었던 거 같아요~

초5워킹맘

심리적으로 수학과 가까워진 거 같아서 만족해요!

아이는 처음 배우는 개념을 정독한 후 문제를 풀다 보니 부담감 없이 할 수 있었던 것 같아요. 매일 아이가 제일 먼저 공부하는 책이 큐브였어요. 그만큼 심리적으로 수학과 가까워진 거 같아서 만족스러워요.

초2 산들바람

결과는 대성공! 공부 습관과 함께 자신감 얻었어요!

겨울방학 동안 공부 습관 잡아주고 싶었는데 결과는 대성공이었습니다. 다른 친구들과 함께한다는 느낌 때문인지 아이가 책임감을 느끼고 참여하는 것 같더라고요. 덕분에 공부 습관과 함께 수학 자신감을 얻었어요.

스리마미

엄마표 학습에 동영상 강의가 도움이 되었어요!

동영상 강의가 있어서 설명을 듣고 개념 정리 문제를 풀어보니 보다 쉽게 이해할 수 있었어요. 엄마표로 진행하는 거라 엄마인 저도 막히는 부분이 있었는데 동영상 강의가 많은 도움이 되었네요.

3학년 칭칭맘

수학 개념을 제대로 잡을 수 있어요!

처음에는 어려웠던 개념들도 차분히 문제를 풀어보면서 자신감을 얻은 거 같아서 아이도 엄마도 즐거웠답니다. 6주 동안 큐브 개념으로 4학년 1학기 수학 개념을 제대로 잡을 수 있어서 너무 뿌듯했어요.

초4초6 너굴사랑